中　国　水　产　学　会
中国农村致富技术函授大学　组织编写

专家图说水产养殖关键技术丛书

龟鳖高效养殖技术图解与实例

章　剑　著

海洋出版社

2010年·北京

图书在版编目(CIP)数据

龟鳖高效养殖技术图解与实例/章剑著.—北京:海洋出版社,2010.3(2016.1重印)

(专家图说水产养殖关键技术丛书)

ISBN 978-7-5027-7615-2

Ⅰ.①龟… Ⅱ.①章… Ⅲ.①龟科—淡水养殖—图解②鳖—淡水养殖—图解 Ⅳ.①S966.5-64

中国版本图书馆CIP数据核字(2009)第220625号

责任编辑:杨 明

责任印制:赵麟苏

海洋出版社 **出版发行**

http://www.oceanpress.com.cn

北京市海淀区大慧寺路8号 邮编:100081

北京画中画印刷有限公司印刷 新华书店发行所经销

2010年3月第1版 2016年1月北京第6次印刷

开本:850mm×1168mm 1/32 印张:11.375 插页:16

字数:244千字 定价:28.00元

发行部:62132549 邮购部:68038093 总编室:62114335

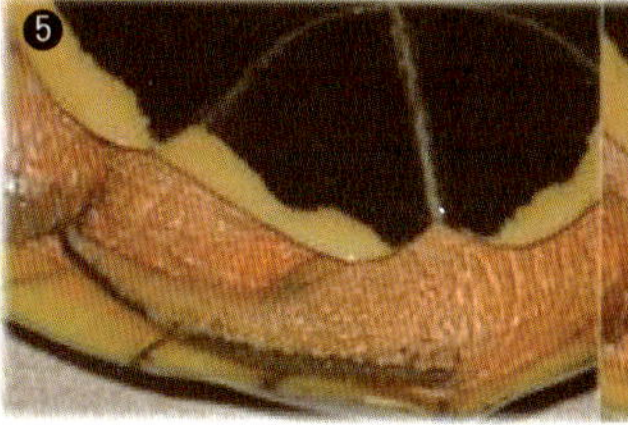

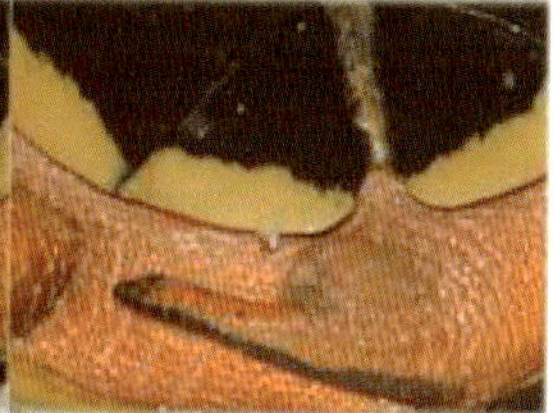

1.越南种群金钱龟
2.广西种群金钱龟
3.海南种群金钱龟
4.广东种群金钱龟
5.金钱龟的雌（右）雄（左）区别（自杨伟洪）
6.金钱龟正在摄食
7.越南种群的金钱龟腹部大都有半“米”字形的花纹
8.雄性金钱龟与雌性石龟的杂交龟背部（自区灶流）
9.雄性金钱龟与雌性石龟的杂交龟腹部（自区灶流）
10.石龟在台湾称“柴棺龟”（自Winter Chiang）
11.石龟苗种培育
12.石龟正在摄食动物性饵料

13.越南石龟亲龟（雌性）
14.越南石龟亲龟（雄性）
15.越南石龟龟苗
16.越南石龟成龟
17.大青头石龟龟苗
18.大青头石龟成龟
19.小青头石龟龟苗

20.小青头石龟成龟
21.大鳄龟
22.小鳄龟
23.南美拟鳄龟（小鳄龟南美亚种）
（自Stan Gielewski）
24.佛州拟鳄龟（小鳄龟佛州亚种）
（自Stan Gielewski）
25.中美拟鳄龟（小鳄龟罗氏亚种）
（自Stan Gielewski）
26.北美拟鳄龟（小鳄龟模式亚种）
（自Stan Gielewski）

27.黄背鳄龟
28.黑背鳄龟
29.李忠国先生培育的绿毛鳄龟（一）
30.野生小鳄龟含肉量较高
31.温室小鳄龟脂肪含量较高
32.乌龟温室池稚龟期设置食台
33.乌龟商品龟
34.性成熟的健康的乌龟雌性亲龟
35.性成熟的雄性乌龟甲壳黑色、尾柄粗长

36.乌龟卵显示受精白斑
37.稚龟在温室中采用网箱暂养
38.黄缘盒龟（自欧贻洲）
39.地面铺设塑料布并用等温水冲洗养殖黄缘盒龟
40.安徽种群黄缘盒龟正在摄食黄粉虫
41.黄缘盒龟喜食西红柿和蚯蚓
42.安徽种群黄缘盒龟原种背部

43.安徽种群黄缘盒龟原种腹部
44.安徽种群黄缘盒龟雌性亲龟
45.安徽种群黄缘盒龟雄性亲龟
46.黄缘盒龟在阔叶中越冬
47.黄缘盒龟稚龟即将出壳
48.刚孵化不久的黄缘盒龟稚龟
49.安徽种群黄缘盒龟（自陆义祥）
50.安徽种群黄缘盒龟头部较小、脖红、上喙钩曲

51.台湾种群黄缘盒龟背部“玫瑰红”
52.台湾种群黄缘盒龟头部“断色”特征
53.美国鳖（自E O Moll）
54.美国鳖苗
55.角鳖

56.角鳖苗
57.珍珠鳖
58.珍珠鳖苗
59.原种珍珠鳖（自mawipafl）
60.雄性珍珠鳖
61.乌龟正在晒背

61

62.苏州相城小型养龟繁殖出来的黄喉拟水龟苗
63.苏州同里小型家庭养龟产出的黄缘盒龟幼龟
64.李忠国先生培育出来的绿毛鳄龟（二）
65.用小乌龟培育的绿毛龟
66.用黄喉拟水龟培育的绿毛龟
67.屋顶温室池中高密度养殖鳄龟
68.屋顶温室内养殖的黄缘盒龟
69.屋顶温室内养殖的黄喉拟水龟

70.在稚龟池中培养蝇蛆活饵料
71.打开面板观察容器中的蝇蛆饵料
72.温室进、排水系统
73.温室中调温池结构
74.跃龙公司提供的红蚯蚓（自江雄文）
75.温室鳖因温差引起的应激反应
76.鳖出血病
77.白底板病（自刘建雄）

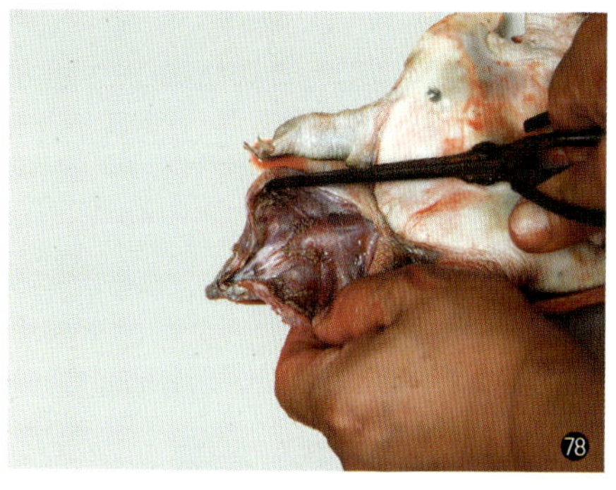

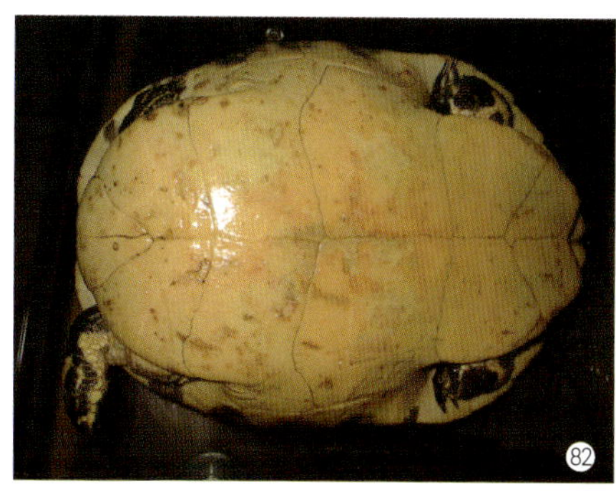

78.宜兴发生的一起中华鳖鳃腺炎病
79.鳖红脖子病
80.乌龟腐皮病
81.锦龟腐皮病
82.阿拉巴马红肚龟腐皮病
83.黄喉拟水龟腐甲病
84.乌龟腐甲病

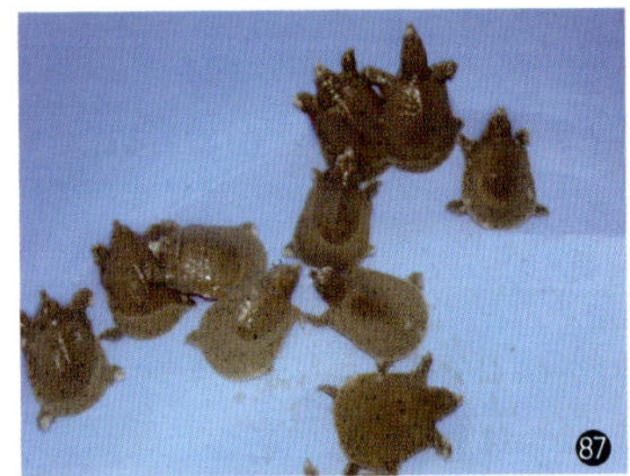

90

85.鳖白点病（自刘建雄）
86.珍珠鳖烂颈病
87.中华鳖白斑病
88.乌龟白斑病
89.白斑病与风寒症并发引起的萎瘪病
90.石家庄读者咨询时发来的鳖白斑病图片

91. 鳖水霉病（自刘建雄）
92.鳄龟水霉病
93.越冬池水面铺稻草的龟类越冬方法
94.越冬死亡的黄缘盒龟苗
95.观赏龟患钟形虫病
96.生殖器脱出（自刘建雄）

97.黄缘盒龟典型的脂肪代谢不良症
98.黄缘盒龟患轻度脂肪代谢不良症后腿微肿拖着爬行（自水静犹明）
99.黄缘盒龟轻度脂肪代谢不良症眼窝凹陷（自水静犹明）
100.金头闭壳龟脂肪代谢不良症（自杨岸山）
101.鳄龟肿瘤病（自孙素贤）

102.金钱龟畸形病（一）
103.金钱龟畸形病（二）
104.乌龟苗畸形病
105.温室鳖氨中毒引起前肢弯曲（自陆学民）

106.金钱龟应激引起的感冒（经笔者治愈）
107.鳄龟应激引起的感冒
108.稚鳖感冒后鼻尖肿胀
109.稚鳖感冒鼻尖“囊肿”病灶中的囊状物质
110.彩龟应激反应治疗前后眼睛一闭一睁

水产养殖系列丛书编委会

总　序

渔业是我国大农业的重要组成部分。我国的水产养殖自改革开放至今获得空前发展，已经成为世界第一养殖大国和大农业经济发展中的重要增长点。进入21世纪以来，我国的水产养殖仍然保持着强劲的发展态势，为繁荣农村经济、扩大就业人口、提高人民生活质量和解决“三农”问题做出了突出贡献，同时也为我国海、淡水渔业资源的可持续利用和保障“粮食安全”发挥了重要作用。

近年来，我国水产养殖科研成果卓著，理论与技术水平同步提高，对水产养殖技术进步和产业发展提供了有力支撑。但是，在水产养殖业迅速发展的同时，也带来了诸如病害流行、种质退化、水域污染和养殖效益下降、产品质量安全令人堪忧等一系列新问题，加之国际水产品贸易市场不断传来技术壁垒的冲击，而使我国水产养殖业的持续发展面临空前挑战。

科学技术是第一生产力。为了推动产业发展、渔农民增收致富，就必须普及推广新的科技成果，引进、消化、吸收国外先进技术经验，以利于产前、产中、产后科技水平的不断提升。农业科技图书的出版承载着普及农业科技知识、促进成果转化为生产力的社会责任。它是渔农民的良师益友，既可指导养殖业者解决生产中的实际问题，也可为广大消费者提供健康养殖的基础知识，以利于加强生产者与消费者之间的沟通与理解。为此，中国水产学会和海洋出版社联合组织了国内本领域的知名专家和具有丰富实践经验的生产一线技术人员编写这套水产养殖系列丛书，供广大专业读者参考。

本系列丛书有两大特点：其一，是具有明显的时代感。针对广大养殖业者的需求，解决当前生产中出现的难题，介绍前景看好的养殖新品种和现有主导品种的健康养殖新技术，以利于提升整个产业水平；其二，是具有前瞻性。着力向业界人士宣传以科学发展观为指导，提高"质量安全"和"加快经济增长方式转变"的新理念、新技术和新模式，推进工业化、标准化生产管理，同时为配合现代农业建设的大方向，普及陆基封闭式循环水养殖、海基设施渔业、人工渔礁、放牧式养殖等模式，全力推进我国现代化养殖渔业的建设。

本系列丛书包括介绍主养品种、新品种的生物学和生态学特点、人工繁殖、苗种培育、养殖管理、营养与饲料、水质调控、病害防治、养殖系统工程以及加工运输等方面的内容。出版社力求把握丛书的科学性、实用性和可操作性，本着让渔农民业者"看得懂、用得上、留得住"的出版宗旨，采用图文并茂的形式，文句深入浅出，通俗易懂，有些技术工艺还增加了操作实例，以便业界朋友轻松阅读和理解。

水产养殖系列丛书的出版是水产养殖业者的福音，我们希望它能够成为广大业者的知心朋友和科技致富的好帮手。

谨此衷心祝贺水产养殖系列丛书隆重出版。

中国工程院院士

中国水产科学研究院黄海水产研究所研究员

2008 年 10 月

前　言

为养殖者创造最大价值，是笔者不倦的追求。不少基层读者反映当前的技术类图书：一是多为文字类的书籍，读起来眼睛累；二是内容较深，看不懂；三是“图像”偏少，知识点和关键技术不突出。笔者在出版《龟鳖病害防治黄金手册》的基础上，根据读者需要和海洋出版社的要求，采用“语像”的形式，尝试编写了本书。以大量的图片和实例，系统介绍了龟鳖高效养殖关键技术，穿插介绍各龟鳖品种养殖的知识点，兼顾共性知识，强调新颖性、实用性和创造性。图文并茂（共110幅彩图以及大量黑白图片），深入浅出。大量实例，一看就懂，一学就会。

本书充分展示了近年来龟鳖养殖的新成果。内容包括常见的金钱龟、石龟、鳄龟、乌龟、黄缘盒龟、美国鳖等的养殖技术图解与实例，并重点介绍了多种生态型养龟模式（小型家庭养龟、现代家庭养龟、园林生态养龟、屋顶特色养龟）、温室建造、健康养殖、病害防治、常用药物等方面的知识，在现代家庭养龟一节中特别介绍了美国养龟农场的先进技术。针对我国龟鳖业发展现状，提出了龟鳖产业链系统整合。书中的金钱龟价值与发展趋势，石龟与普通黄喉拟水龟的区别，鳄龟养殖经济效益与市场前景，乌龟养殖常见问题与处理，黄缘盒龟南北种群争议与市场前景，美国鳖养殖中出现的问题与解决途径，生态型养龟要注意的问题，龟鳖温室养殖发展趋势，龟鳖应激反应防止技术，龟鳖病害防治突出问题，禁用药物不能使用的说明等知识点无不凝聚笔者多年来的心血。

书中多数内容为首次公开。比如，建立乌龟甲长与体重关系的数学模型，金钱龟感冒的治疗方法，金头闭壳龟脂肪代谢不良症的治愈实例，建立黄缘盒龟人工生态位，鳄龟繁殖中的难题与化解，龟鳖卵孵化控温加湿新技术，龟苗咬尾的原因与有效避免，龟鳖养殖自动加温控温装置专利，防治鳖白底板病的对症药物专利，温室建造与节能加温核心技术。

“等温”是抑制应激的法宝。我们在讨论龟鳖关键技术的时候，常会遇到这样的问题：应激反应怎么预防？应激因子、抗病能力和应激反应之间相互联系，相互作用。当应激因子来临时，有时我们无法避免，因为环境在不断改变。当应激因子作用到龟鳖的生态中，龟鳖的体质，也就是其抵抗力极为关键。我们不能直接控制龟鳖体质，但可以通过生物调控的手段，增强其体质。应激因子可能来自物理的、化学的或人为的，但龟鳖不能像人一样调整自已的状态，来适应周围环境，只能通过自身的抗病能力来抵御应激。因此，在环境胁迫、龟鳖体质和应激反应三要素中，龟鳖自身的作用最为重要。知道了这一原理后，我们可以有意识地在龟鳖养殖的各个关键环节中，始终注意把握龟鳖苗种质量，改善龟鳖生态环境，投喂营养丰富的饲料，加强卫生饲养管理，提高龟鳖免疫抗病力，避免应激反应发生。建立“等温”的理念，并采取相应的措施，是防止应激的有力武器。我们在养龟的各个环节中需始终考虑是否“等温”了，例如，当龟鳖苗种放养时，水温是否与外界一致？温室内的龟鳖移到室外时温度是否一致？用水龙头对龟进行冲洗时，水温是否与气温一致？诸如此类，必须严格把握。

“可以”是知道怎么做。在龟鳖养殖中，我们经常想一想“可以”、“不可以”。对于龟鳖卵孵化的问题，读者仍有很多的疑惑。温度、湿度和通气三要素怎样掌握？这时我们用“可以”、“不可以”来考虑就能解决这些问题。温度在一定的范围内是可以的，高于这一范围就不可以，适宜的温度范围28～32℃可以，35℃以上就不可以。湿度分为绝对湿度和相对湿度，绝对湿度7%～8%可以，10%以上不可以，相对湿度85%可以，80%以下和90%以上不可以。通气，主要通过选择良好的孵化介质来解决，选用粗沙、稻壳、珍珠岩、蛭石、黄泥等可以，采用细沙和黏土就不可以。龟鳖饲料要新鲜，营养要丰富可以，但使用变质的饲料就不可以。夏天，饵料蚯蚓容易变质，残饵要及时清除，新鲜的动物性饲料可以投喂，一旦变质就不可以使用，如变质的带鱼、杂鱼等。我们在放养龟鳖苗时，将龟鳖苗先放在平板上，让其自行爬入水中可以，将龟鳖苗直接投进水里就不可以。在温室养殖中，当恒温控制后，慢慢降温可以，突然降温不可以。无公害药物可以使用，国家禁用药物不可以使用。

“平衡”是健康的核心价值。疾病是生态系统失衡的表现，“平衡”就是健康。在科学养殖龟鳖实践中，要有“平衡”的理念。龟鳖体内微生态需要平衡，龟鳖与环境之间更需要平衡，只有内外都平衡了，才是真正的平衡；只有生态系统平衡了，龟鳖就健康了，这就是健康养殖。为促进龟鳖生态系统平衡，我们通常采取的措施是生态调控，具体包括环境调控、结构调控和生物调控。当我们遇到龟鳖发病时，首先要考虑的是生态系统中哪个环节失衡了，其次，才考虑病原是什么，使用什么治疗方法。

在本书出版之际，再次感谢恩师胡绍坤、姚宏禄、朱光定（按姓氏拼音排序），感谢潘雪荣局长大力支持，特别致谢海洋出版社和郑珂编辑。

由于许多技术仍在不断进步中，故本书难免有不足之处，敬请读者指正。

著　者

2009 年 9 月 30 日于苏州

目　次

第一章
绪论

我国龟鳖业与其他产业一样，正面临激烈的市场竞争，如何在竞争中立于不败之地？笔者认为，龟鳖业是一个完整的产业链系统，在这一系统中，处于低端的是养殖生产，需要注意的是稳定的质量输入、多元的工艺流程、精密的质量控制和信息的及时反馈；处于高端的是项目设计、苗种引进、饲料加工、仓储运输、商品销售、质量跟踪，制胜的关键是市场运作的效率。进一步发展我国龟鳖业，根本出路是产业链系统的整合，共同抵御市场风险，加快产业流程，掌握市场主动权。

第一节 龟鳖产业链系统整合

我国龟鳖业面临激烈的市场竞争，在项目设计、苗种引进、饲料加工、仓储运输、养殖生产、商品销售、质量追踪等产业链中必须注意系统的整合。其中，养殖生产是产业链的基础，处于低端，在市场中一般不具备价格制定权，制胜的关键是质量；其他环节组成产业链中价值含量较高的重头，处于产业链的高端，具有市场价格制定权，制胜的关键是效率。因此，我国龟鳖业是一个完整的系统，进一步发展龟鳖业的根本出路是产业链系统整合。

一、高端产业链分析

位于龟鳖业产业链高端的构成主要包括：项目设计、苗种引进、饲料加工、仓储运输、商品销售、质量跟踪。根据目前我国龟鳖业现状分析，这部分约占据市场价值的90%，具有市场价格制定权。处于产业链低端的养殖生产的产品要进入市场，自己可以还价或不卖，但价格不能决定，只能根据市场的变化决定什么时候出售对自己有利。目前，在所谓高端产业链中的各个环节中存在的最主要的问题是效率不高，比如苗种引进问题，从美国引进苗种到中国来，要根据养殖者的需要，什么时候需要，什么时候就有，就能卖个好价钱，如果等养殖者不需要的时候，或者养殖者随着时间的推移，处于观望的阶段，再好的苗种引进到市场，都很难被养殖者认可。这实际上就是效率问题。项目设计同样面临这样的问题，设计一个养殖场或设计一个饲料厂，都要根据市场需要和当地条件，尽快地拿出方案，一旦目标明确，就必须坚持，以最快的速度完成。饲料生产是服务于养殖生产的，饲料的质量固然重要，但随着加工技术的不断成熟，关键还是效率，要跟踪养殖生产中的需求，及时将优质的饲料送到养殖生产者的手中。仓储运输效率的重要性更加明显，周转要加快，运输效率要高，一切围绕市场和基础产业链的需要。商品销售的根本目的是卖个好价钱，追求较高的附加值，在商品质量稳定的情况下，还是要注意效率，进入市场的商品是消费者最需要的，就是市场欢迎的，肯定能卖好价钱。质量跟踪是出口企业必须做到的环节，否则商检部门不会让你出口，在国内销售同样要注意产品质量的跟踪，发现市场不能接受的产品，就要进行反思，查找原因，及时改进。为什么高端产业链可以控制市场90%的份额？因为具有市场价格决定权，它们的环节就有6个，每个环节都要赚钱，我们只要想一想，饲料上市，进入养殖生产前，价格就已经定好，苗种引进前，价格也已经定好，商品进入市场前，就有一个市场行情给你参考，这些环节组合在一起，形成高端的产业链，对养殖生产来说，高端的产业链就好比“上层建筑”，而养殖生产属于“经济基础”。因此，提高高端产业链的效率是做大做强龟鳖业的重要途径。

二、基础产业链分析

在基础产业链中，或者说在养殖生产中，我们最需要注意什么呢？前面已经讲过，是质量。不错，确实是这样，但不完整，应该是稳定的质量。解剖基础产业链，它可以分成4个部分：①稳定输入；②多元流程；③精密控制；④信息反馈。所谓养殖生产，实际上是通过各种物质、能量的投入，使用养殖技术，制造成市场接受的商品，在产出大于投入的情况下获得利润。在这一过程中，首先要关注的是稳定的输入，包括温度、水质、苗种、饲料、药物等生产要素都要确保稳定的质量。以苗种为例，引进的苗种最好是“头苗”和“中苗”，规格大而均匀，体健活泼，养殖成活率较高。如果是“尾苗”，大小不均，体质较弱，断尾、畸形较多，养殖后出现生长缓慢的“老人头”的比例较高。同理，温度不稳定容易产生应激反应，体质下降，发生疾病；水质不稳定，摄食量减少，皮肤病易发率增大，生长受抑制；饲料质量不稳定，直接影响受饲动物的生长发育，饲料系数增加，成本上升；药物的质量不仅要求稳定，还必须符合国家绿色食品生产的要求，做到无公害，无残留，效果好。稳定的输入，就是这批投入品质量好，还必须保证每批次都好。有个养鳖户进行露天池生态养鳖，投喂的杂鱼开始注意质量，但有一次将变质的杂鱼 3 500 千克投入到池里，结果 2 个月后养殖的鳖发病，病鳖浑身浮肿，无药可救，因而造成很大损失。其次，我们要注意多种生产模式，就是将生产过程分为多种模式的养殖生产系统的工艺流程，并对每个流程进行质量控制。在养殖生产中，我们要将其过程分为环境调控、结构调控、生物调控，具体可分为水质、温度、苗种、饲料、药物、防治、巡池、调整等环节，并一一加以质量管理和控制。其工艺流程分得越细，越有利于标准化生产，达到最佳效果。其实，国家制定标准就是为了控制每个生产环节符合标准化要求，以“制造”出合格的产品。精密控制在养殖生产中很重要，再好的技术标准和产品标准，你不能在生产中进行精密的控制，就不会产出符合市场要求的一流产品，也不可能获得较高的生产报酬。比如，一般温室养鳖最佳温度控制在 30℃，有些品种最佳温度可能是 31.5℃，还有的品种需要控制在 28℃。又如龟鳖性别受孵化温度控制，一般认为 28 ~ 30℃的情况下，雌雄比例几乎均等，低于 28℃时雄性比例较高，而高于 30℃时雌性比例较高。信息反馈在养殖过程中作用较大，如果发现养殖中龟鳖浮头，就要查找原因，发生在温室内，可能是氨浓度较高，需要通风或进行充氧，及时换水并可使用微生态制剂调节生态平衡。在露天池发现龟鳖摄食减少、沿池边缓游、趴在食台上不动等现象，都要及时进行分析找出原因，及时提出并实施整改措施。在养殖生产中，还必须注意市场信息的反馈，根据市场动向调整生产结构和出售产品的时机，所以在养殖生产中始终存在物流、能流、价值流、信息流。

三、产业链系统整合

产业链系统整合，就是将市场风险控制到最低，提高产业在市场中的竞争力。前面分析到，基础产业链就是养殖生产，在整个产业链中只是其中的一个环节，而在产业链的高端有6个环节：项目设计、苗种引进、饲料加工、仓储运输、商品销售、质量跟踪，这6个环节组成的高端具有市场定价权，因此，“6”控制“1”。如果将高端的“6”与低端的“1”进行整合，就会产生巨大的潜力，抵御市场风险。广东龟鳖养殖大型企业绿卡公司已经意识到这一点，他们看准中华鳖和中华泥龟两个国产品种，第一目标做成国内最大的纯种基地，最终目标是做产业链老大，坚持做大的同时继续想做强，不惜代价牵线国内众多的龟鳖企业和专家到虎门召开产业研讨会，接下来建立产业联盟，就是有了“1”，还要把“6”拿下来。根本目的就是整合龟鳖产业链，低端和高端产业链整合在一起，共同抵御市场风险，加快产业流程，掌握市场主动权。现在的绿卡公司生产的纯种中华鳖苗每只价格卖到6元，而市场上普通鳖苗每只只有1.5元左右就是明显的例证。从“6”控制“1”到“6+1”，是我国龟鳖业进一步发展的上策。产业链整合的结果是通过稳定的质量控制、高效率的市场运作和掌握市场价格制定权，降低成本抵御风险，以最少的投入获得最大的收益。不过，整合不是想象的那么简单，游戏规则固然重要，但在中国社会环境中，更为重要的是“一致”、“团结”和“纯洁”。因此，我国龟鳖产业链整合还有很长的路要走。

第二节　分类与分布

一、中国龟鳖动物的分类

目前，世界上已知龟鳖的种类有257种，分为曲颈龟亚目和侧颈龟亚目2个亚目。我国龟鳖类均属曲颈龟亚目，已知36种，隶属6科22属（赵尔宓，1997）。由表1－1可知，龟类5科18属31种，其中淡水龟类2科10属23种，陆龟类1科3属3种，海龟类2科5属5种。鳖类1科4属5种。近年来，由于不合理地开发利用和滥捕，其数量日趋下降，中国龟鳖类已有12种被列为一、二级保护动物，86种龟鳖列入《濒危野生动植物种国际贸易公约》进行保护。

表1－1　中国龟鳖动物分类

脊索动物门　Chordata
脊椎动物亚门　Vertebrata
爬行纲　Reptilia
龟鳖目　Testudormes
曲颈龟亚目　Cryptodira（6科22属36种）
Ⅰ　平胸龟科 PLATYSTERNIDAE

（1）平胸龟属 *Platysternon* Gray, 1831

1. 平胸龟 *P. megacephalum* Gray, 1831

Ⅱ 淡水龟科（新拟中名）BATAGURIDAE

（2）乌龟属 *Chinemys* Smith, 1931

2. 大头乌龟 *C. megalocephala*（Fang, 1934）

3. 黑颈乌龟 *C. nigricans*（Gray, 1834）

4. 乌龟 *C. reevesii*（Gray, 1831）

（3）盒龟属 *Cistoclemmys* Gray, 1863

5. 黄缘盒龟 *C. flavomarginata*（Gray, 1863）

6. 黄额盒龟 *C. galbinifrons*（Bourret, 1939）

（4）闭壳龟属 *Cuora* Gray, 1855

7. 金头闭壳龟 *C. aurocapitata*（Luo & Zong, 1988）

8. 百色闭壳龟 *C. mccordi*（Ernst, 1988）

9. 潘氏闭壳龟 *C. panni*（Song, 1984）

10. 三线闭壳龟 *C. trifasciata*（Bell, 1825）

11. 云南闭壳龟 *C. yunnanensis*（Boulenger, 1906）

12. 周氏闭壳龟 *C. zhoui*（Zhao, 1990）

（5）齿缘龟属（新拟中名）*Cyclemys* Bell, 1834

13. 齿缘龟（新拟中名）*C. dentata*（Gray, 1831）

（6）地龟属 *Geoemyda Gray*, 1870

14. 地龟 *G. spengleri*（Gmelin, 1789）

（7）拟水龟属（新拟中名）*Mauremys* Gray, 1870

15. 艾氏拟水龟（新拟中名）*M. iversoni*（Pritchard & McCord, 1991）

16. 黄喉拟水龟 *M. mutica*（cantor, 1842）

（8）花龟属 *Ocadia* Gray, 1870

17. 缺颌花龟（新拟中名）*O. glyhistoma*（McCord & Iverson, 1994）

18. 菲氏花龟（新拟中名）*O. philippeni*（McCord & Iverson, 1992）

续表

19. 中华花龟　*O. sinensis*（Gray，1834）

（9）锯缘龟属（新拟中名）　*Pyxidea* Gray，1863

20. 锯缘龟（新拟中名）　*P. mouhotii*（Gray，1862）

（10）眼斑龟属（新拟中名）　*Sacalia* Gray，1870

21. 眼斑龟（新拟中名）　*S. bealei*（Gray，1831）

22. 拟眼斑龟（新拟中名）　*S. pseudocellata*（Iverson & Mccord，1992）

23. 四眼斑龟（新拟中名）　*S. quadriocellata*（Siebenrock，1903）

Ⅲ　陆龟科 TESTUDINIDAE

（11）印支陆龟属（新拟中名）　*Indotestudo* Lindholm，1929

24. 缅甸陆龟　*I. elongata*（Blyth，1853）

（12）凹甲陆龟属（新拟中名）　*Manouria* Gray，1854

25. 凹甲陆龟　*M. impressa*（Günther，1882）

（13）陆龟属　*Testudo* linnaeus，1758

26. 四爪陆龟　*T.*（*Agrionemys*）*horsfieldii*（Gray，1844）

Ⅳ　海龟科 CHELONIDAE

（14）蠵龟属　*Caretta* Rafinesque，1814

27. 蠵龟　*C. caretta*（Linnaeus，1758）

（15）海龟属　*Chelonia* Brongniart，1800

28. 绿海龟　*C. mydas*（Linnaeus，1758）

（16）玳瑁属　*Eretmochelys* Fitzinger，1843

29. 玳瑁　*E. imbricata*（Linnaeus，1766）

（17）丽龟属　*Lepidochelys* Fitzinger，1843

30. 丽龟　*L. olivacea*（Eschscholtz，1829）

Ⅴ　棱皮龟科　DERMOCHELYIDAE

（18）棱皮龟属　*Dermochelys* Blainville，1816

31. 棱皮龟　*D. coriacea*（Vandelli，1761）

Ⅵ　鳖科 TRIONYCHIDAE

（19）山瑞鳖属（新拟中名）*Palea* meylan，1987

续表

32. 山瑞鳖　*P. steindachneri*（Siebenrock，1906）
（20）鼋属　*Pelochelys* Gray，1864
33. 鼋　*P. bibroni*（Owen，1835）（Ⅰ）
34. 斑鼋　*P. maculatus*（Heude，1880）（依赵肯堂）
（21）华鳖属（新拟中名）　*Pelodiscus* Fitzinger，1835
35. 中华鳖　*P. sinensis*（Wiegmann，1834）
（22）斑鳖属（新拟中名）　*Rafetus* Gray，1864
36. 斑鳖（新拟中名）　*R. swinhoei*（Gray，1873）

二、中国龟鳖动物的分布

我国龟鳖动物分布范围广，除西藏、青海外，均有分布的报道。黑龙江、吉林、宁夏、内蒙古、山西、北京仅有中华鳖分布的记录，其中黑龙江、吉林尚有东北鳖（*Amyda maackii*）分布的记载。其他地区均有龟类的分布，以华南地区分布的种类最多（表1－2）。

表1－2　中国龟鳖动物的分布

	平胸龟科	龟科																		陆龟科			棱皮龟科	海龟科				鳖科			
	平胸龟	黑颈乌龟	乌龟	大头乌龟	花龟	地龟	黄喉水龟	眼斑龟	四眼斑龟	锯缘摄龟	齿缘摄龟	金头闭壳龟	三线闭壳龟	潘氏闭壳龟	云南闭壳龟	白色闭壳龟	周氏闭壳龟	黄缘盒龟	黄额盒龟	四爪陆龟	缅甸陆龟	凹甲陆龟	棱皮龟	蠵龟	海龟	丽龟	玳瑁	中华鳖	斑鳖	山瑞鳖	鼋
广西	•	•		•	•	•	•	•	•	•			•			•	•	•	•		•	•	•	•	•	•	•	•		•	•
广东	•	•	•		•	•	•	•	•	•			•					•					•	•	•	•	•	•		•	•
海南	•				•	•	•	•	•	•			•						•			•		•	•	•	•	•		•	•
台湾			•		•		•											•					•	•	•	•	•	•			

续表

	平胸龟科	龟科																		陆龟科			棱皮龟科	海龟科				鳖科			
	平胸龟	黑颈乌龟	乌龟	大头乌龟	花龟	地龟	黄喉水龟	眼斑龟	四眼斑龟	锯缘摄龟	齿缘摄龟	金头闭壳龟	三线闭壳龟	潘氏闭壳龟	云南闭壳龟	白色闭壳龟	周氏闭壳龟	黄缘盒龟	黄额盒龟	四爪陆龟	缅甸陆龟	凹甲陆龟	棱皮龟	蠵龟	海龟	丽龟	玳瑁	中华鳖	斑鳖	山瑞鳖	鼋
福建	●		●		●		●	●					●					●					●	●	●	●	●	●			●
湖南	●		●			●				●								●				●						●			
湖北			●	●														●										●			
江西	●		●					●																				●			
浙江	●		●		●													●					●	●	●	●	●	●			●
江苏	●		●	●	●		●											●					●	●	●	●	●	●	●		●
安徽	●		●	●			●	●				●						●										●			
贵州	●		●					●																				●		●	
云南	●		●				●			●	●			●	●		●					●						●		●	●
四川			●																									●			
西藏																															
青海																															
新疆																				●											
甘肃			●																									●			
宁夏																												●			
内蒙古																												●			
陕西			●											●														●			
山西																												●			
河南			●															●										●			
山东			●																				●	●	●		●	●			
河北			●																				●	●				●			
辽宁																							●	●				●			
吉林																												●			
黑龙江																												●			
澳门			●										●					●										●			
香港	●		●		●		●	●					●					●					●		●	●		●		●	
重庆	●		●																									●			
天津			●																									●			

续表

	平胸龟科	龟科																		陆龟科			棱皮龟科	海龟科				鳖科			
	平胸龟	黑颈乌龟	乌龟	大头乌龟	花龟	地龟	黄喉水龟	眼斑龟	四眼斑龟	锯缘摄龟	齿缘摄龟	金头闭壳龟	三线闭壳龟	潘氏闭壳龟	云南闭壳龟	白色闭壳龟	周氏闭壳龟	黄缘盒龟	黄额盒龟	四爪陆龟	缅甸陆龟	凹甲陆龟	棱皮龟	蠵龟	海龟	丽龟	玳瑁	中华鳖	斑鳖	山瑞鳖	鼋
上海			●																									●	●		
北京																												●			

注：“●”为分布区。

第三节　经济价值

因生存竞争，龟有与众不同的习性。温顺，耐饥、耐渴、耐寒，新陈代谢慢，遇险缩头而寿命长。龟与人类有着不解之缘。在古代，就有“千年王八、万年龟”的民谚，将“麟、凤、龟、龙”视为人间“四灵”。在“四灵”中，唯龟是观其形、见其行的实物，加以神化，也就有了“天人合一、万物有灵、龟通人性”的灵异传说（图 1－1）。龟类作为天生神物、寿之物和占卜工具被人们顶礼膜拜，认为龟是避危解难，消灾降福，息事宁人的吉祥、长寿之物。人类对龟的利用历史已久，我国秦汉时期就有记载。

图 1－1　传说中的神龟

目前，随着科学

技术发展，生产生活实践，龟类被更广泛地利用。龟鳖具有极高的经济价值，在市场上龟鳖畅销不衰，而龟经深加工后，其经济价值更高，例如100千克龟可得龟肉15千克，龟血3千克，龟肝1千克，龟板10千克，龟骨3千克。龟板和龟骨添加辅助原料熬制后，可得药用龟板胶3千克。由于乌龟具有极高的经济价值，销量递增，而捕捉大量野生龟，使野生资源逐渐减少，市场价格上升，因此乌龟养殖已成为农村迅速致富的门路之一。目前野生金钱龟（三线闭壳龟）稀少，市场售价不断上涨，1千克金钱龟的价值达2万元以上。金钱龟不仅外形美观、肉味鲜美、营养丰富，而且具有滋阴壮阳、抗癌解毒之奇效，是龟类中最珍贵的滋补珍品，全身各部分均可入药，已成为近年来的养殖热点。

一、食用价值

龟肉素有“龟身五花肉”之称，是指龟肉不仅蛋白质含量高，营养极为丰富，味道特别鲜美，具有牛、羊、猪、鸡、鱼等5种动物肉的营养与味道。龟全身是宝，自古以来，我国民间就把龟看做营养滋补品和防治疾病的极好食物。写于两千年前的《山海经》中记载：“西南流注于伊水，其中多三足龟，食者无大疾，可以已肿。”龟肉与不同中药配伍的药膳是治病强身的上好食品，古人食用龟时，以玉兰片、杞子、当归等中药配伍，以增加营养价值。现时特别以龟肉、龟卵为主要原料配制而成为宴席上高级名肴之一。鳄龟全宴在北京王府井推出，受到广泛欢迎。在广州不仅有专门的龟市场，笔者还见到有专门的龟餐馆。

乌龟是我国自然分布最广、数量最多的土著龟类之一。其营养价值自古以来就得到充分肯定和开发。乌龟是一种高级滋补品和延年益寿的食疗佳品，具有滋阴补阳、延缓衰老、调节免疫功能的功效。与中药配伍的滋补珍品有杞龟汤、参龟汤、当归汤等，保健品有龟苓膏、全龟胶囊、龟酒等，名肴有清蒸龟肉、沙苑乌龟、龟肉粥等。现代科学检测表明：每500克乌龟肉中含有蛋白质16.5克、脂肪1.0克、糖类1.6克，并富含维生素A、维生素B_1、维生素B_2、脂肪酸、肌醇、钾、钠等人体所需的各种营养成分。

鳖的食用在我国有悠久的历史，早在秦汉时期就设有“鳖人”等专职渔猎的官职，专门负责捕鱼鳖供奉皇室。公元前827年至公元前728年周宣王时代，就以鳖为上肴，犒赏部属。至今随着科技的不断发展，鳖的利用更为广泛。鳖作为高档的滋补保健品被开发出来，全鳖粉、龟鳖丸等，成为人们探亲访友的馈赠品。鹿茸甲鱼、人参甲鱼汤、四喜甲鱼、“霸王别姬”等都是上等佳肴，特别是鳖的裙边更是被我国人民誉为筵席上的“八珍”之一。近几年来，由于控温养鳖业的快速发展，鳖的产量大增，许多餐馆将鳖作为主菜。民间有许多先富起来的地方办喜庆筵席，鳖已成为不可缺少的一道菜。食用鳖在我国各地已出现许多新品种和不同种群，满足了各地消费者的需求，如中华鳖、泰国鳖、台湾鳖、太湖鳖、黄沙鳖、黄河鳖、江西鳖、日本鳖、珍珠鳖、角鳖等。在亚洲诸国、港澳地区食鳖者亦相当普遍，并设有专门的鳖餐馆，新加坡的市民下班后喜欢到鳖餐馆喝鳖汤。在新加坡，有专门的食用鳖屠宰场，经统一屠宰后输送到各家酒店，目前新加坡的食用鳖主要从印度尼西亚进口。

鳖是一种淡水珍品，其营养成分极为丰富。含有人体必需的氨基酸、维生素、矿物质和微量元素，对人体有很强的滋补作用。据有关资料记载，全鳖粉蛋白质中的氨基酸组成为：每100克含精氨酸3.38克、赖氨酸2.86克、组氨酸1.10克、苯丙氨酸1.80克、酪氨酸1.22克、亮氨酸2.93克、异亮氨酸1.57克、蛋氨酸1.01克、缬氨酸1.94克、丙氨酸3.42克、甘氨酸6.81克、脯氨酸4.16克、谷氨酸6.34克、丝氨酸2.43克、苏氨酸1.84克、天冬氨酸3.84克、色氨酸0.36克、半胱氨酸0.35克。全鳖粉维生素组成为：每100克含维生素A 0.91毫克、维生素B_1 0.07毫克、维生素B_2 0.73毫克、维生素B_6 155.00毫克、维生素B_{12} 5.70毫克、维生素E 53.00毫克、维生素D_3 20.25毫克、维生素H 12.5毫克、尼克酸5.73毫克、叶酸0.13毫克、泛酸0.75毫克、肌醇0.10毫克。全鳖粉矿物质组成为：每100克全鳖粉含Zn 6.18毫克、Fe 10.0毫克、Ca 6.96毫克、K 418毫克、Se 0.071毫克、P 3.14毫克、Mn 3.47毫克、Mg 127.00毫克、Cu 5.34毫克。全鳖粉脂肪酸组成为：油酸35.5%、亚油酸2.4%、EPA酸5.1%、DHA酸8.8%、亚麻油酸0.4%、花生四烯酸0.3%。100克鳖肉中含水分80克、蛋白质16.5克、脂肪1.0克、碳水化合物1.6克、灰分0.9克、钙107毫克、磷135毫克、硫胺素0.62毫克、核黄素0.37毫克、尼克酸3.7毫克、维生素A 13国际单位。蛋白质、氨基酸、钙、磷等重要营养成分，都高于其他许多动物。

二、药用价值

龟的最大价值是药用。明朝李时珍所著《本草纲目》被达尔文称之为“中国的百科全书”，其中写道：“介虫三百六十，而龟为之长。龟，介虫之灵长者也。”用葱、椒、酱油煮龟吃可治虚痨咯血。龟板为传统的名贵药材，用乌龟的甲壳主要是腹甲制成，它富含胶质、脂肪及钙盐等，主要成分有蛋白质、钙、磷、脂类、肽类和多种酶，具有滋阴、潜阳、补肾、健骨等功效；龟板胶主要由乌龟的甲壳煎熬煮成的固体胶块，具有滋阴、补血、止血的作用；龟肉性味甘咸，平，大补，具有益阴补血、补心强肾的作用，对小儿生长虚弱，妇女产后体虚、脱肛、子宫下垂等有疗效；龟胆味苦、性寒，主治痘后目肿，经月不开；龟血性咸，寒，无毒，治脱肛、打扑损伤，宜和酒饮之。龟骨、龟皮、龟尿等，亦有药用价值。构成龟机体的是特殊长寿细胞，因而常食龟能延年益寿。

20 世纪 60 年代初，广东省航道局温先生的妻子因患肿瘤两次住院动手术，医生告诉他金钱龟能抗癌解毒，可作辅助治疗，温先生遂炖金钱龟给妻子吃，果然奏效。自此他与龟结下不解之缘。1994 年夏，香港珠宝商洪先生和他的太太多次到广州温先生家参观，后投资近 100 万港元养金钱龟，到 1996 年养殖金钱龟数百只，赚了 500 余万港元。

鳖作为药用，在我国亦有较长久的历史，李时珍的《本草纲目》一书中就有“鳖甲主治妇女经脉不通、难产、产后虚脱、丈夫阴疮石淋，鳖肉主治伤中溢气、补不足。鳖头烧灰治疗小儿诸疾”等详细记载。可见，鳖不仅具有丰富的营养，而且是我国传统的医药原料。

鳖甲含有丰富的动物胶、角蛋白、碘、磷和维生素 D，有养阴清热、平肝熄风、软坚散结等功效，能抑制人体结核所引起的结缔组织增生，对治疗肝硬化、肝脾肿大、经闭经漏、小儿惊痫等有一定疗效。

鳖头烧灰除可治疗小儿诸疾外，还可治久痢脱肛、产后子宫下垂、阴疮等病。

鳖肉清蒸、清炖或红烧等食用，具有滋阴补血、增强体质之功效。经常食之，可治伤中益气、补不足，还可防治肺结核、发烧、久痢、妇女崩漏和颈淋巴结核等疾病。

鳖脂煎成油，对治疗痔疮有特效。同时，还可治疗皮炎、皮肉溃烂、湿疹、烫伤、便秘等疾病。

鳖血兑酒服用，能补血强身，对心脏病、头晕眼花、肠胃病、小儿疳积潮热、骨关节结核、食欲不振、消化不良、烧心下痢、便秘、脱肛、白血病、贫血和血量不足引起的四肢发凉等疾病有显著疗效。用鳖血外敷，能治疗颜面神经麻痹；鳖血和蜂蜜混合饮用，能显著降低糖尿病患者的血糖值。

鳖胆汁外用可治痔疮、痔瘘。

现代医学认为，多食鳖有防治癌症的作用。日本东京大学和岩谷产业公司的研究结果显示“鳖体中含有奇特的维生素B_{17}，特别是裙边部的含量很高”，它具有防癌、抗癌作用。过去，我国医药研究单位曾试用中华鳖的抽取物处理离体培养中的癌细胞，癌细胞虽没有死亡，但不再生长，显示出中华鳖的提取物中含很强抑制癌细胞生长的物质。然而未加提取物的一组中的癌细胞不断生长分裂。苏州市相城区黄桥镇的一位农民妻子患乳腺癌，在医院化疗仍无法缓解，结果他用野生鳖熬汤给妻子喝，就这样喝了一段时间后，癌症竟然奇迹般地消失了。

三、观赏价值

乌龟的寿命，在动物界中是名列前茅的。正因为这样，人们常喜欢把乌龟当作长寿的标志，民间便有“龟鹤延年”之说。日本人爱将一对小小的金龟装在精致的盒子里作为祝寿的礼品。我国民间将龟养在金龟池或门前的假山中或培育绿毛龟供人们观赏。绿毛龟集观赏、食用、药用于一体，属经济价值较高的珍奇龟类，它与双头龟、白玉龟、蛇形龟并称为我国“四大珍奇龟”，因而在国内外深受欢迎。

近年来，观赏龟受到许多市民的欢迎。花鸟市场观赏龟摊位前，爱好者络绎不绝，小孩天性喜欢龟，有的小学生星期天到观赏龟店一呆就是一整天。在全国各地，都能见到观赏龟市场。笔者曾接待一位从上海来苏州的白领，送来生病的观赏龟求助治疗；还经常接到电话，求解观赏龟产卵时难产和因感冒不摄食等难题；上海的一位兰花专家在网上求助，咨询家养的观赏极品金头闭壳龟因患脂肪代谢不良症不摄食的治愈方法；2009 年 9 月 6 日笔者接到从美国纽约打来的电话，询问其饲养的东部箱龟不摄食的原因，并从网上传来通过（图 1－2、图 1－3），邀笔者一起欣赏。在观赏龟中，目前最受人们喜爱的品种有黄缘

图 1－2　北部大花钻纹龟

（自 itzxsusanx）

图1－3　东部箱龟（自 itzxsusanx）

盒龟、金头闭壳龟、金钱龟、鳄龟、缅甸星龟、火焰龟、太阳龟、锦龟、地图龟、麝香龟、钻纹龟和东部箱龟等。

目前堪称极品观赏龟的金头闭壳龟，因资源珍稀，民间仅有少量收藏和养殖，在上海价格已炒到25万元1只；越南种群金钱龟由于雄性亲龟奇缺，在广西钦州价格已炒到38万元1只。

第四节　知识点：形态特征与生活习性的关系

笔者研究发现，龟类的生活习性与其形态特征极其相关（表1－3、表1－4）。龟类的指、趾间具全蹼、半蹼还是无蹼这些形态特征，决定其水栖、半水栖还是陆栖习性。也就是说，可依据龟类指、趾间是否有蹼来判断其生活习性，进而依据其习性构建相应的饲养环境，采取与之配套的养殖方法。海产龟类四肢为桨状，这一明显的游泳器官特征决定其水栖的生活习性。大多数龟类为杂食性，部分龟类为植物食性（表1－3，表1－4），还有一些龟类偏植物食性（如泥彩龟），也有的龟类在野外食植物的较多（如马来西亚巨龟）。

表 1-3　国内常见淡水龟类的形态特征与生活习性的关系

品种	指趾间			习性		
	全蹼	半蹼	无蹼	水栖	半水栖	陆栖
乌龟	●			●		
黑颈乌龟	●			●		
黄喉拟水龟	●			●		
花龟	●			●		
四眼斑水龟	●			●		
齿缘摄龟	●			●		
三线闭壳龟	●			●		
金头闭壳龟	●			●		
地龟		●			●	
平胸龟		●			●	
锯缘摄龟		●			●	
周氏闭壳龟		●			●	
黄缘盒龟		●			●	
黄额盒龟		●			●	
四爪陆龟※			●			●
缅甸陆龟※			●			●
凹甲陆龟※			●			●

注：※指植物食性。

表 1-4　国外常见淡水龟类的形态特征与生活习性的关系

品种	指趾间			习性		
	全蹼	半蹼	无蹼	水栖	半水栖	陆栖
巴西彩龟	●			●		
安南龟	●			●		

续表

品种	指趾间			习性		
	全蹼	半蹼	无蹼	水栖	半水栖	陆栖
印度沼龟※	●			●		
草龟※	●			●		
亚洲巨龟	●			●		
庙龟※	●			●		
马来龟	●			●		
马来西亚巨龟	●			●		
斑点池龟	●			●		
粗颈龟	●			●		
（泥）彩龟	●			●		
（蛇）鳄龟	●			●		
条颈摄龟		●			●	
安布闭壳龟		●			●	
放射陆龟※			●			●

注：※指植物食性。

第二章
金钱龟养殖

金钱龟在我国南方饲养普遍，主要养殖分布在广东、广西、海南、香港和福建等地。在国外，主要分布在越南、泰国等地。因为它的背上有古钱币图案，所以叫“金钱龟”。金钱龟目前发现有4个种群：越南种群、广西种群、海南种群和广东种群。这4个不同种群具有明显的生物学差异，主要表现在外形特征上。其中，最为珍稀的是越南种群。金钱龟养殖大户主要集中在广东、广西和海南一带，香港大户，因土地资源紧张，迁移到广东省东莞市一带进行养殖，澳门的金钱龟养殖大户将金钱龟迁移到珠海进行养殖。金钱龟外形奇特，三线、红边、半“米”字形底板、红背、红脖等益显极品气质，金钱龟能治病的传说以及“金钱归”的谐音使得金钱龟身份居高不下，龟与“归”谐音，表达了人们对财源广进的期望，在香港很多人相信金钱龟就是“金钱归”，在广东有许多人相信金钱龟能治愈癌症。这样的传说为金钱龟的养殖前景拓展了新的空间，金钱龟不仅可用来治病，更具极高的观赏价值，吉祥、灵性、憨厚，传说乃镇宅之宝，能给主人带来安康和好运，与观赏的极品金头闭壳龟相比，具有更多的优势。金钱龟具有一定的药用价值，营养丰富，能滋阴壮阳、去湿解毒、消肿、益肝润肺等。金钱龟身份居高不下的另一个原因是其繁殖有一定的难度，这一难度不是它不能繁殖，而是繁殖力较低，这是基因决定的，很难一下子改变，需要通过复杂的生物工程来解决。由于金钱龟繁殖有限，更显珍贵，特别是广东一带，靠近香港，富人较多，保健要求迫切，纷纷把目光投向金钱龟，希望从金钱龟身上找到长寿秘诀，于是用金钱龟制作的保健品应运而生，面向高端消费者，金钱龟具有长盛不衰的市场前景。

第一节　生物学基础

金钱龟是三线闭壳龟的俗名，拉丁名为 *Cuora trifasciata*，英文名为 Chinese Three - striped box turtle 或 Three - banded box turtle，别名为红边龟、红肚龟、金头龟、三棱闭壳龟、断板龟、川字背龟。

一、分类地位

动物界（Fauna）→脊索动物门（Chordata）→脊椎动物亚门（Vertebrata）→爬行纲（Reptilia）→龟鳖亚纲（Chelonia）→龟鳖目（Testudormes）→曲颈龟亚目（Cryptodira）→龟科（Emydidae）→淡水龟亚科（Batagurinae）→闭壳龟属（*Cuora*）→三线闭壳龟（*Cuora trifasciata*）。

二、外形特征

金钱龟头部有黄色菱形标志，头部光滑无鳞，鼓膜明显而圆；颈角板狭长，椎角板第一块为五角形，第五块呈扇形，余下3块呈三角形，肋角板每侧4块，缘角板每侧11块；背甲棕色，具3条隆起的“川”字黑色纵纹；腹甲黑色，其边缘角板带黄色；背甲与腹甲两侧以韧带相连，腹甲在胸、腹角板间亦以横贯的韧带相连；指和趾间具蹼；尾短而尖。

依外形特征，金钱龟分为4个种群：头部灰黄色，颈部红色，背壳红棕色，腹部有半“米”字形黑斑纹，背甲四周下缘呈橘红色，四肢深红色，为越南种群（彩照1）；头部灰黄色，颈部淡黄色，背壳淡红棕色，腹部为黑色底板，背甲四周下缘呈红色，四肢红色，为广西种群（彩照2）；头部蜡黄色，颈部淡黄色或淡红色，背甲呈棕黄色，腹部为黑色底板，少见半“米”字形底板，背甲四周下缘呈淡红色或淡黄色，四肢淡红色，为海南种群（彩照3）；头部青黄色，颈部淡黄色，背壳灰棕色，腹部为黑色底板，背甲四周下缘呈淡红色或黄色，四肢淡红色或黄色，为广东种群，分布在福建的金钱龟与广东种群极其相似，故列入广东种群（彩照4）。这4个种群以越南种群最为漂亮、珍贵，市场上较常见的有越南种群和海南种群。其实，广西种群也很常见，混杂在越南种群内，一般读者难以区分。此外，广东种群（包括福建种群）也较为常见，俗称“青头金钱龟”。

三、生态习性

金钱龟多生活于丘陵山区，栖息在草丛、溪旁等潮湿安静的地方，以蜗牛、蚯蚓、小鱼、虾、螺类、金龟子以及植物的嫩叶和种子为食（图2-1）。金钱龟是变温动物，在5—10月份频繁活动摄食；秋季进行交配，翌年6—7月份才产卵；11月份后当气温下降到15℃以下时，则停止活动，进入冬眠。光照强度对金钱龟活动是否有影响，周工健对此进行了研究，结果发现，在适宜金钱龟生长的温度范围内，当光照强度在400勒克斯以下时，它能出洞正常地活动；当光照逐渐增强时，其洞外活动逐渐减弱；当光照强度超过5 000勒克斯时，则停止洞外的一切活动，躲进洞内栖息。采用人工方法改变环境条件，降低光照强度，可延长金钱龟洞外活动时间，加速它的生长。

图2-1　金钱龟栖息在草丛

（自罗小平）

四、繁殖特点

在自然状态下，一般动物的性别由性染色体控制。然而，龟类是具有近两亿年进化史的古老爬行动物，不少龟类动物都缺乏性染色体的分化，在国产闭壳龟类和盒龟类中，已查明三线闭壳龟、金头闭壳龟和黄缘盒龟具有常染色体，无性染色体，金钱龟具有常染色体（2n = 52）（郭超文等，1995）。由于金钱龟不具性染色体，其性别都依赖于环境温度，即由卵孵化中的温度决定，因而受环境的影响较大，金钱龟产卵量少，受精率低，在实际孵化中出现的雌性比例较大，造成性比失衡，繁殖难是金钱龟严重濒危的主要原因之一。目前还难以清楚地解释温度决定龟类性别的分子机理。温度如何影响金钱龟胚胎发育中的性别分化，需要从基因和性激素等多方面进行研究，以揭开金钱龟繁殖难的奥秘。

金钱龟性成熟，一般需要9年以上的培育时间。在海南自然条件适宜，环境状况良好，最快的6~7年进入性成熟期。因此，从野生引进培育到成熟期需要花费很长的时间，要细心并有足够的耐心。如果要缩短金钱龟的成熟期，目前有效的办法是在稚龟期到幼龟期加温、控温养育1年左右，当金钱龟长到350克以上时再进行常温养殖，向亲龟方向培育，这样可以缩短到7年左右。

金钱龟雌、雄性别的区分主要看三个方面：一是雄性尾部粗长，泄殖孔开在尾部的后段，离腹部较远的地方，而雌性尾部细短，泄殖孔开在尾部的前段，靠近腹部的地方；二是看体型，雄性体型较长，为长椭圆形，而雌性体型相对较圆；三是看腹部，雄性腹部内凹，而雌性腹部平坦，在生殖期甚至饱满。在成熟期，雌性金钱龟的颈部常被雄性交配时咬伤留下疤痕，这也是雌性的特征之一（彩照5）。

第二节　养殖池设计

依照金钱龟的生活特性，养殖池应建在向阳避风的地方，池子的大小可根据需要而定。选址的三原则是：环境安静、交通方便、水源水质符合国家相关标准。

一、稚龟池设计

金钱龟在气温 15℃以下时进入冬眠，低温对稚龟影响较大，有可能因此造成部分死亡。稚龟池应设计成可以控温的多层结构，用来帮助稚龟安全度过冬季，并促进稚龟生长，提早培育成幼龟，增强抵抗力，提高成活率。多层的稚龟池因地制宜，可设置在庭院中景观亭子的下面，使地面以下的空间得到充分利用。池子大小依据小型温室的空间来安排，上层池、中层池和下层池依次递进，相互错开，便于操作。池子内外贴上瓷砖，防止稚龟脚趾受伤，在池子的底部设置排水管，池子上方安装进水管，温室内安装双向进排风扇，使用自动加温、控温装置，将温度控制在 30℃的恒温。放养密度可以适当提高，因为稚龟个体小，一般每平方米龟池放养 10 只左右。并注意温室的保温结构，一般采用 5 厘米厚泡沫板，将温室上、下和四周共六面贴上泡沫板，确保温度恒定并节省加温能源（图 2－2）。

图 2－2　金钱龟稚龟池（控温培育稚龟）

二、幼龟池设计

半“回”字形养殖池可满足金钱龟水陆两栖习性的需要。幼龟池应设计成长方形，长为 1.8 米，宽为 1.5 米，深为 0.8

米，水陆面积比为6:4，采用砖砌混凝土结构，并用瓷砖贴面；水陆之间有引坡相连，在陆地上设有休息和产卵用的沙地，形成半“回”字形。在池的上方和水体中放置盆景，制造遮阳和安静的生态环境。这种养殖池适合金钱龟幼龟培育，也可用于金钱龟繁殖。如果作为幼龟池放养，密度可控制在6～10只；用于繁殖，密度控制在3～4只，放养1组金钱龟亲龟，1雄2雌或1雄3雌。在水中注意设置进、排水系统，一般采用简单的方法，用PVC管插拔用于止水和排水。进水采用普通的镀锌管或PVC管加水龙头开关就可解决。这种设计的优点是科学合理，环境优美，充分节约土地资源，养殖池利用率较高，便于饲养管理、投饲巡视、清扫卫生、清除残饵、调节水质。缺点是不适宜数量较多的金钱龟养殖（图2－3）。

图2－3　金钱龟幼龟池

三、亲龟池设计

金钱龟繁殖池标准面积为30～50平方米，设计成左右两侧。左侧为陆地部分，用于产卵休息，面积占30%；右侧用于水中生活，面积占70%，池深为0.5米，水深为0.2米，水陆设置引坡。在陆地部分，分三个地带，从右侧水池上来的金钱龟首先到无水的陆地，再经过中间的水体消毒池，最后到达沙地休息或产卵。消毒池的设计很关键，可以保证金钱龟能够经常消毒，确保健康防病效果。在金钱龟繁殖池的水体中和陆地休息地，放置多点盆景，用于遮阳和创造安静的生态环境。在炎热的夏天，繁殖池上方要设置遮阳网，并安装多个网络状的喷雾龙头，进行降温，防止金钱龟中暑。在产卵场上方，加盖石棉瓦等物品，不仅要创造产卵需要的安静环境，更重要的是保证雨天不影响金钱龟产卵，达到促进产卵的目的。金钱龟亲龟放养密度以每平方米1只为宜，同理，根据这一密度确定需要设计的繁殖池面积。对于进、排水系统，分别在繁殖池中有水体的地方设置排水管，一般采用PVC管插拔用于止水和排水。并在池周设置进水系统，常用镀锌管或PVC管加水龙头开关（图2－4）。

图2－4　金钱龟亲龟池

第三节　饲料与营养

一、饲料选择

金钱龟的饲料主要根据其营养需求和摄食习性而定。营养条件对金钱龟的生长发育有较大的影响，金钱龟食性为杂食性偏动物食性，喜食饲料以小鱼、虾、碎贝肉、螺肉、蚯蚓、煮熟切碎的动物内脏等动物性饲料为主，以香蕉和蔬菜等植物性饲料为辅。一般以罗非鱼和香蕉为主食。因为罗非鱼比较便宜，从市场买来后可以放入冰箱备用，使用时从冰箱取出切片后即可投喂。注意在投喂前将切好的冰冻鱼化冻，与常温一致后才能使用。在海南，金钱龟饲料一般选用海鱼制成肉糜，放在食台上，发现金钱龟喜食。香蕉、芭蕉都可以，需要切成段投喂。刚孵化出 1 ~ 2 天的稚龟因卵黄尚未被吸收尽，不需从外界摄食营养。孵出 2 天后开始投喂熟蛋黄、水蚤等，2 周后可逐步以切碎的鱼、虾、螺肉、动物内脏，并掺少量的麦粉、青菜等混合料投喂（彩照 6）。

蚯蚓是营养比较丰富的饲料，可以自己培养，节约成本。培养蚯蚓的关键技术：蚯蚓品种选“大平一号”，利用空闲地平整后，四周挖沟便于雨天排水。在平整的地面上堆上牛粪，呈馒头状排列，将蚯蚓种放入，每平方米放养蚯蚓种 1 千克左右，在牛粪上盖上稻草遮阳，根据天气情况决定洒水次数，保持湿度，经常检查牛粪被蚯蚓食用的情况，不够就添加新鲜牛粪，所用的牛粪均不需发酵，一定要使用新鲜的。大约 1 周时间就可采集蚯蚓，取大留小，继续培养。要快速取出蚯蚓，使蚯蚓和泥分离，技巧是在地上摊一块塑料布，用木齿耙将蚯蚓连土挖出来，用力甩开，蚯蚓和泥分离并散落在塑料布上，手工将蚯蚓迅速捡出，经过消毒后即可投喂金钱龟。在冬季，可在蚯蚓堆上覆盖塑料薄膜保温，促使其繁殖，以满足冬季金钱龟稚龟控温养殖的需要。

在天然饵料缺少的地区，可以选用配合饲料。既使在天然饵料充足的情况下，适当投喂配合饲料，也有利于金钱龟的生长发育。配合饲料要根据金钱龟的营养需要进行配制，可以自己设计配方到饲料厂进行代加工。用于养成，可以配合饲料为主；如果是亲龟培育，应以动物性饵料为主。在配合饲料定制时，要注意电解质的平衡和各种维生素的必需添加量。可以在饲料中添加药物制作药饵，用于防病治病，但一定要掌握剂量，并避免使用国家禁用药物和添加剂，药物添加量按说明书。配制亲龟饲料，蛋白质含量可适当降低，配制稚龟、幼龟和成龟饲料，蛋白质、脂肪含量可适当增加，钙等矿物质按标准添加。

二、营养需要

金钱龟需要大量的钙质，应喂食含有大量钙质的食物。但含量过高的钙质饲料容易引起金钱龟畸形。要注意微量元素和维生素的添加和平衡。经常让金钱龟晒太阳，有利于钙质吸收。可喂食一些营养均衡的金钱龟专用饲料，偶尔可喂些去骨的鱼肉、虾米等新鲜的食物。但仅喂鱼肉、肉片等会造成营养不良，需要添加水溶性的营养剂，还可搭配喂些菜叶、胡萝卜等蔬菜，以补充维生素的需要。金钱龟对一些抗生素比较敏感，在饲料中不要随意添加抗生素。根据需要添加微生态制剂，为金钱龟制造体内微生态平衡，是进行生物调控健康养殖的基本方法。

金钱龟性腺发育需要一定的生物激素。为了给金钱龟亲龟增加自然生物激素，提高繁殖力，可在饲料中添加含生物激素较高的动物性饵料。对雌性金钱龟，选用鹌鹑卵巢和发育中的卵添加到金钱龟饲料中，或直接投喂；对雄性金钱龟选用雄性鲤鱼的性腺，加入饲料，做成金钱龟日粮。避免使用化学激素，以免对金钱龟亲龟造成伤害。

肉毒碱，即我们常说的肉碱，是一种特殊的氨基酸。L-肉毒碱全名乙酰-L-肉毒碱（简称L-肉碱）。肉毒碱可以通过生物学和化学合成两种方法产生。肉毒碱的生物学合成方法主要指通过微生物发酵，目前国内尚未形成大规模工业化生产，化学合成仍是该产品的主要来源。化学合成的肉毒碱通过几十年的生产试验和研究，在水产动物生长方面都取得了与生物合成的肉毒碱同样的效果。目前工业上一般采用环氧氯丙烷为原料经过氨化、酸化等几步反应，得到L-肉毒碱。饲养中通过添加适量的肉毒碱可以明显促进动物的生长，提高增重效果，同时改善饲养动物的肉质，降低饵料系数；另外，肉毒碱可以提高幼龟的成活率，减少异常现象的发生。对龟类而言，还可以提高成体的繁殖能力。

三、配合饲料

金钱龟配合饲料的配方设计依据金钱龟氨基酸等营养的组成和比例以及金钱龟的生理机能和生活习性而定。金钱龟肌肉氨基酸的结构和含量究竟如何？李贵生、唐大由和方堃进行研究，发现金钱龟肌肉检出的氨基酸有17种，每100克肌肉中氨基酸含量分别为：天冬氨酸6 905毫克，苏氨酸3 240毫克，丝氨酸2 929毫克，谷氨酸12 740毫克，脯氨酸2 685毫克，甘氨酸2 953毫克，丙氨酸3 483毫克，胱氨酸804毫克，缬氨酸3 534毫克，蛋氨酸1 676毫克，异亮氨酸3 123毫克，亮氨酸6 213毫克，络氨酸2 910毫克，苯丙氨酸3 243毫克，赖氨酸

6 190 毫克，组氨酸4 130 毫克，精氨酸4 294 毫克。

使用配合饲料后，便于进行环境调控和生物调控，有利于金钱龟健康地生长发育，并按照人工控制的方向养殖生产。金钱龟配合饲料有粉状料和膨化料。其制作基本要求如下。

粉状料对适口性、黏结度和细度有所要求，金钱龟稚龟料、幼龟料、成龟料或亲龟料分别通过 100 目、80 目、60 目分析筛。并要求色泽一致，无霉变、结块、异味，有较浓的鱼腥味，水分小于 10%。混合均匀度变异系数：稚龟料、幼龟料、成龟料或亲龟料分别小于 5%、6%、8%。加水制成团状或软颗粒在水中的稳定性：稚龟料 3 小时不溃散、幼龟料 2.5 小时不溃散、成龟料或亲龟料 2 小时不溃散。

金钱龟配合饲料的营养成分目前研究还不够，这里仅提供参考资料。粗蛋白：稚龟料、幼龟料、成龟料和亲龟料分别大于 50%、48%、45%、47%；粗脂肪：稚龟料、幼龟料、成龟料和亲龟料分别大于等于 5%、4%、4%、4.5%；粗纤维：稚龟料、幼龟料、成龟料和亲龟料分别小于 2%、3%、5%、5%；灰分：稚龟料、幼龟料、成龟料和亲龟料分别小于 16%、16%、18%、18%；钙：稚龟料、幼龟料、成龟料和亲龟料分别大于 2.5%、2.5%、2.5%、3%；磷：稚龟料、幼龟料、成龟料和亲龟料分别大于 1.6%、1.6%、1.6%、2.2%。

软颗粒的制作方法：料水比为 1∶(1.1～1.2)，调配，搅拌均匀制成团状，再用软颗粒机或绞肉机，制成软颗粒饲料，现做现用。

油脂的添加：一般在饲料临喂前添加玉米油 1%～3%，适用于小型养殖场。对于大型养殖场在饲料厂通过高压油泵添加。为什么要添加油脂？这是因为饲料中含有大量不饱和脂肪酸，在饲料运输和贮存过程中极易氧化变质，因此饲料的保存期最长控制在3个月，1个月内吃完为佳。金钱龟亲龟油脂添加控制在1%，稚龟、幼龟、成龟控制在2%～3%。

膨化饲料属于浮性饲料，含水量控制在25%～30%，温度控制在120～140℃，淀粉含量在20%以上，漂浮率（3小时）要求在86%以上。

根据上述要求，提出金钱龟亲龟配合饲料建议配方：太平洋白鱼粉50%、秘鲁鱼粉10%、脱脂豆饼10%、谷朊粉1%、啤酒酵母3%、矿物质1%、沸石粉1.4%、复合维生素0.47%、α-淀粉23%、利康素0.1%、二氢吡啶20毫克/千克饲料、类胡萝卜素60毫克/千克饲料。此配方用于金钱龟稚龟和幼龟，对于成龟和亲龟要做适当调整，尤其是粗蛋白可适当降低。用于亲龟，脂肪含量也不能太高，过高的脂肪含量影响亲龟性腺发育。海口的一位金钱龟养殖者告诉笔者，他曾养殖过一批金钱龟亲龟，所用的饲料全部采用海鱼，结果由于海鱼脂肪含量过高，导致金钱龟体内脂肪过多不产卵，后来这批金钱龟全部被淘汰。因此，适当使用配合饲料，以补充各种微量元素、复合维生素和必需氨基酸，对金钱龟生长发育有促进作用。

第四节　繁殖与培育

1. 亲龟选择

金钱龟亲龟选择野生的或家养的都可以，要求体型完美，色彩鲜艳，纹路清晰，身体健康。对种群要求较高的养龟者可选择越南种群和海南种群，这两种龟从头上的颜色就能区别，前者灰黄色，后者腊黄色，越南种群的金钱龟腹部大都有半“米”字形的花纹，更显珍贵（彩照7）。如果采用稚龟自己培育成亲龟，常温下培育时间较长，一般需要9年以上才能进入繁殖期。如果在金钱龟稚龟期加温培育1年，也需要7年左右的时间才能培育成亲龟。亲龟雌雄搭配为（2~3）∶1。

2. 繁殖能力

金钱龟繁殖能力较差，1年只产1次卵（图2-5），年繁殖力2只左右，就是说每只金钱龟亲龟年产2只稚龟。如何提高金钱龟繁殖力，是金钱龟养殖者非常关心的问题。

图2-5　金钱龟繁殖能力较差，每年只产1次卵

广东省新会市读者陈先生来信反映：金钱龟可能是龟类中繁殖最慢的一种，在一般的喂养条件、不加任何添加剂的情况下，平均每年每个母龟产出2个小龟就非常幸运了。此龟一般情况1年只产1次卵，有时还停产1年，次年再产，每次产卵1~8枚不等，但很少能产到5枚以上，极少1年产卵2次，每年5—9月份是产卵期，6—7月份最盛。每年秋后9—10月份是交配活跃期，春季也有交配，但不是很活跃。

受精率是反映金钱龟繁殖力的重要指标之一。种群不同其产卵量和受精率也有差异。越南种群金钱龟产卵多，受精率低；海南种群金钱龟产卵少，受精率高。如越南种群产卵 10 枚，受精卵只有5 枚，而海南种群产卵6 枚，受精卵就有5 枚。

3. 培育方法

采用模拟自然的室外环境。金钱龟性成熟与环境有关，如果采用在阳台下培育亲龟，性成熟较晚。因此，宜选择室外能见到阳光的自然环境，在亲龟池周围和池中栽种大型盆景，设置假山真水，创造水陆两栖的生态环境，让亲龟在这种模拟自然的环境中安静地生活和繁殖。在炎热的高温要注意降温，一般采用喷雾的方法，在亲龟池上方架设喷雾管，经常喷雾，让亲龟享受自然舒适的常温环境，促进亲龟交配和产卵。在换水的环节需要特别注意恒温换水，所用的新水与池水温度需一致，以避免亲龟受到应激。每天早晨清扫培育池，并添加新水，因为清晨水温容易一致。在产卵场上方覆盖石棉瓦遮雨，不影响雨天产卵。在产卵季节和交配季节，不要随便接近亲龟池，以免干扰金钱龟生态位，让金钱龟有一个安静的环境。

为提高金钱龟的繁殖力，可在饲料中适当添加微生态制剂（平衡内环境）、卵磷脂（促进脂肪代谢）和鱼类性腺（含生物激素）等，并采用配合饲料与动物饵料相结合的混合饲料进行投喂，具体为：稚龟料 15%，鲜活动物料 65%，鸡蛋黄 5%，其余是植物料、骨粉及维生素、矿物质。为促进龟多产卵，可延长光照时间，并在饲料中添加鹌鹑内脏中的卵巢、卵、肝脏等富含生物激素的物质。

冬季寒潮来临前，要主动将金钱龟亲龟搬进室内保温，度过冬季低温季节。在海南琼海，冬季最低温度为 9℃ 左右，温度偏低。越冬过程中，需保持温度在15℃以上，可以少量进食；如果采用深井水越冬，并适当加温，控制温度在25℃以上可正常摄食。

对亲龟池常用消毒方法是每半个月泼洒一次生石灰水，终浓度为25克/米^3。生石灰现泡现用，配好立即全池泼洒。

4. 孵化技术

金钱龟孵化，一般采用孵化箱进行控温控湿孵化（图2－6）。在孵化中特别要注意的是通气，应选用通气性好的孵化介质，如粗沙加泥，需先用二溴海因对龟卵孵化的介质进行消毒，用水化开，与泥沙混匀，而后再将泥沙晒干备用。温度一般控制在30～32℃，恒温控制孵化全过程，控湿方法主要是控制绝对湿度和相对湿度。绝对湿度是指孵化介质的湿度为8%左右，相对湿度是指空气中的湿度，要求为85%左右。在孵化室中要求四面墙体和屋顶、地面共6面都要设置保温材料，在

图2－6　金钱龟孵化一般采用孵化箱进行控温控湿孵化

孵化室中放置面盆，在面盆中盛水，在面盆上方吊挂远红外防爆灯进行加温的同时，让盆中水体蒸发，以保持孵化室中的湿度，起到加湿作用。在孵化箱中同样要这样做，放置盛水的小盆，在孵化箱中采用石英管加温，在孵化箱外设置控温仪表，观察和掌握箱中孵化温度。注意在孵化箱的四周开小孔通气。金钱龟卵属于刚性卵，对湿度要求不高，湿度对其孵化过程和孵化率影响不大。因此可以采取孵化新方法。目前，新方法是在孵化箱底部铺粗沙，在沙上排列金钱龟卵，然后喷雾加湿，在孵化箱上覆盖潮湿的纱布保湿。较先进的方法不覆盖纱布，而在孵化箱上覆盖玻璃，这样既能保湿，又能观察金钱龟卵的孵化过程。更先进的方法是不覆盖玻璃，而直接在孵化箱上层层叠放孵化箱，每个孵化箱可以采用塑料周转箱或泡沫箱。

5. 稚龟暂养

稚龟出壳后的培育，需要经过暂养期（图2－7）。一般将稚龟暂养在塑料盆中，密度可以适当高一些，便于摄食和卫生管理。饲料选择稚龟专用配合饲料、红虫、蛋黄、丝蚯蚓以及黄粉虫等，每天要换注新水，水温要求一致。最好在恒温控制下培育，使稚龟尽快度过稚龟期，进入幼龟期，与自然越冬相比，能提高稚龟成活率。稚龟放养的科

图2－7　金钱龟稚龟（自区灶流）

学方法是：让稚龟自行爬入水中，不可将稚龟直接投入水中，以免呛水发生应激，甚至不明死亡。

稚龟在冬季控温培育，有利于稚龟度过幼小抗逆危险期，并促进生长。如果控温在25℃以上，从稚龟长到1千克，需要3年。实际恒温控制到30℃效果最佳。

第五节 管理与防病

一、饲养管理

环境、水质和饲料是金钱龟饲养管理的三要素。环境要求安静、整洁、舒适。因此，每天都要注重金钱龟的生态环境，清晨打扫卫生，对金钱龟池进行清扫，排除污水，清洗池底和池壁，换注新水。在清晨由于气温和水温几乎一致，这时换水没有温差，不会引起应激。检查池边和池中盆景是否生长良好，金钱龟对环境的适应情况如果没有异常，就可以准备当天的饲料。饵料必须新鲜和富有营养，将饵料切成金钱龟适口的大小，每天上午气温升高后就可投喂，其投喂量依据金钱龟在20分钟内吃完为度，并根据天气情况决定增减，每天投喂的次数根据实际情况来定。通常配合饲料的投喂量为金钱龟体重的1%～3%，新鲜动植物饵料为5%～10%。定时、定位、定质、定量是金钱龟的饲养管理中的基本要求。投喂后，要及时清除残饵，不让残饵在池水中变质、败坏水质，甚至导致疾病。水质要求符合国家标准，每年至少对水质检测1次，使用的新水必须保持与环境温度一致。将新水贮存在调水池中经消毒后备用，这样，从水源上杜绝将病原体带入金钱龟养殖池，确保水质环节不出问题。最后，要注意安全措施，安装必要的防盗设施，如视频监控系统，一方面用于防盗，另一方面用于对金钱龟的活动情况进行巡视，便于观察金钱龟摄食、晒背、产卵、交配等活动。

二、防病实例

广东省佛山市顺德区的一位金钱龟养殖者告诉笔者，他以前每年养殖的金钱龟莫名死亡损失超过100万元，原因究竟出在哪里？笔者现场调查发现，原来是金钱龟因环境的突然改变，也就是环境胁迫因子造成的应激反应引起的死亡。当时，另一位养殖者送来一只金钱龟病龟，此龟呼吸急促，头颈伸长，并不停地仰头、垂头，反应迟钝，口吐泡沫。根据这些症状，笔者认为由温差引起的严重感冒，并发上呼吸道感染、肺炎的可能性较大（图2－8）。该养殖户介绍说这只金钱龟亲龟在最近一次晒背时遭受过暴风雨的袭击。由此分析，强烈的温差刺激，可能是造成金钱龟严重感冒的原因。对症用药，采用抗生素加维生素注射治疗，每天1次，每注射3天停药1次，共11天，3个疗程后痊愈。此后，这位金钱龟养殖者很高兴地告诉笔者，多年来的困扰终于解决，对金钱龟应激性病害防治

图2－8　金钱龟应激引起的感冒

有了足够的把握。在此需要特别强调的是，金钱龟养殖过程中尤其要注意应激反应，这也是金钱龟防病要点之一。

第六节　知识点：金钱龟价值与市场发展趋势

一、金钱龟的价值

金钱龟是国家二级保护动物，野生金钱龟和家养第一代金钱龟不能随便捕捉和利用，且必须要获得省级相关部门批准的驯养许可证才能饲养。持证繁殖的子二代可以利用。金钱龟具有较高的观赏价值、食用保健价值、药用价值和科研价值，除了在民间有“家养金钱龟，金钱自然归”的口彩，在我国香港、澳门和台湾等地，有许多人热捧金钱龟，把它作为吉利和镇宅之宝。在广东，已经有人将金钱龟加工成高档的保健品，并采取团购的方法开发高端产品市场，广东省省委书记汪洋曾在2008年“第二届广东现代农业博览会暨名优农产品展销会”上看到金钱龟并询问其价值，了解金钱龟的市场趋势，鼓励在药用方面进行科学论证，积极发展金钱龟养殖。

金钱龟的观赏价值，主要表现在红、黄、黑三种基色。红腿、红肚、红壳、红脖是展示了金钱龟高观赏价值的体色，其中脖子发红尤其珍贵。在金钱龟四大种群中，只有越南种群有此特征，脖子发红，背壳暗红色，加上半“米”字形腹部底纹（彩照1、彩照7），特别惹人喜爱。黄色在金钱龟中常被人们认为是金色的象征，其中以海南种群较为突出，头顶部呈蜡黄色，是金头的典型特征（彩照3）。黑色主要体现在背部有

“川”字形黑色纵纹，越南种群的腹部有半“米”字形的黑色花纹，非常好看，是金钱龟中最珍贵的特征之一。尽管金头闭壳龟也有整个头部金黄色的重要特征，但其他部位如背壳、腹部、颈部等色彩没有金钱龟好看。因此，金钱龟也可说是观赏龟中的极品。一般认为，金黄色是金钱龟的主色调，也是体现其价值的地方，其实不然，红色才是区别金钱龟四大品系的最为珍贵的特色，金钱龟俗称红边龟、红肚龟即由此而来，红脖才是金钱龟中的极品特征（彩照 1、彩照 7）。

金钱龟具有一定的食用保健价值。在广东省佛山市顺德区，笔者亲见金钱龟养殖者家中客人不断，有参观学习的、交流经验的、购买金钱龟的，还有一群专门登门品尝用金钱龟制作龟苓膏的人，220 元一小碗，吃完后高高兴兴地离去。

对于药用价值，温桂敖曾著书论述金钱龟能治愈癌症，在读者中引起反响。笔者曾在广东金钱龟养殖者家中亲耳所闻一位癌症晚期患者的经历。这位癌症患者已被医院婉拒，让他回去想吃什么就吃什么，准备后事。突然，他想到自己要死了，这时他想到了金钱龟，它不是能治病吗？为什么自己不吃？于是他想开了，将自家的金钱龟一个一个地当药食用，几十只金钱龟被他吃了，他的癌症竟奇迹般地痊愈。说到此，还让大家看他头上当年化疗留下的后遗症。现身说法给我们一个启示，金钱龟的确有一定的药用功效，但需要用科学的方法进一步验证和完善。目前，根据中山大学研究结果：金钱龟制品，最高抑制肿瘤率为 37%。

此外，金钱龟的遗传机理、基因序列，长寿秘密、营养价值、生长发育和繁殖难题、临床药用、体色改变，可控技术等都体现了金钱龟的科研价值。

二、市场发展趋势

金钱龟，是一种神奇古老的生物。在我国民间，金钱龟常用于保健养颜、抑制肿瘤、益寿延年。在广东，由知名金钱龟养殖者李艺和中山大学许实波教授等共同研制的金钱龟深加工产品“金龟露”已经问世，主要原料为金钱龟酶解液、枸杞、甘草、罗汉果、白砂糖、红枣，给养殖金钱龟带来新的发展生机。目前，金钱龟在我国的资源量只有1万只左右，经济总价值5亿元左右。野生的金钱龟已经很难发现，主要集中在广西、广东、海南一带进行人工养殖，市场主要在港澳、广东、广西和海南等地。人工养殖规模较大的有广西钦州、梧州，广东顺德、南海、广州、博罗、茂名、东莞、新会，海南文昌、琼海等地。知名度较高的金钱龟养殖者有区灶流、马武松、陈明球、温桂敖、李艺、张增华、欧贻洲、杨伟洪等。繁殖率低和成活率低是制约金钱龟市场发展的主要“瓶颈”，也是金钱龟在较长时间内市场相对稳定，供不应求局面难以打破的关键（图2－9）。按金钱龟的特性和现有技术，金钱龟资源增殖较慢，预计到21世纪末有5万只左右的资源量，经济价值在50亿元左右。如果在现有的1万只的基础上，一方面积极进行人工养殖和科学探索，一方面进行深加工，把金钱龟产业做大，经济总量会成倍增长。高端的金钱龟市场长久不衰，主要在于供给稀缺。有条件的读者完全可以试养，在冬季温度较低的地区，可以采用人工加温控温使金钱龟安全度过冬眠期。金钱龟市场每年都在发生变化。以2008年的金钱龟市场情况作为参考：越南种群苗价为8 500 元/只，海南种群苗价为 11 000 ~ 12 000元/只。雌性金钱龟成龟价格为：规格 1 千克的为 18 000 元/只，1.25 千克的为 23 000 元/只，1.5 千克的为 27 000 元/只。雄性金钱龟成龟规格 0.50 ~ 0.75 千克的为50 000 元/只。

图 2 – 9　金钱龟在较长时间内市场相对稳定（自罗小平）

广西钦州的马武松先生从 1976 年开始养殖金钱龟，如今在钦州已盖有一栋金钱龟大厦，又在南宁购买了 600 亩①土地，准备进一步发展。他养殖的金钱龟主要出口香港。在广西他帮助农民养龟致富，被当地被称为“南国龟王”。1997 年，马武松在《科学养鱼》杂志上连载发表《金钱龟的人工繁殖与饲养技术》，较早地普及了金钱龟养殖技术，使更多的人了解了金钱龟。广州养殖者温桂敖多次出版金钱龟著作，如《吉祥宠物金钱龟养殖与药用》，对读者有较大启发，书中介绍金钱龟通人性的一面以及金钱龟能治愈癌症的实例等，生动展示了金钱龟的养殖前景。广东省的茂名市已形成了以电白县沙琅镇和水东镇以及茂港区坡心镇为重点的金钱龟驯养繁殖产业，全市

① 亩为我国非法定计量单位，1 亩≈666.7 平方米，1 公顷 = 15 亩，以下同。

家庭式金钱龟养殖场现已发展到150多家，驯养繁殖金钱龟亲体共4 000只。金钱龟不仅在国内受宠爱，在日本、东南亚地区也深受欢迎，市场前景十分广阔（图2－10），更多的人将会加入到金钱龟养殖的行列。通过科学养殖，增殖金钱龟资源，对金钱龟是最好的保护。当前需要加强金钱龟养殖和市场信息交流，有效扩大种群，促进金钱龟产业健康发展。

图2－10　金钱龟养殖前景广阔

三、养殖实例

以区灶流养殖金钱龟的实例，来展现未来金钱龟市场发展趋势。区先生在35年前就有意识地以金钱龟养殖为方向，开创了国内养殖金钱龟的先河。1974年他在生产队开手扶拖拉机，不惜以1年的工分钱换来一组金钱龟，由于他的文化有限，加上当时没有金钱龟专门读物，只好凭自己的经验摸索。在繁殖金钱龟上他就尝试了许多，走了不少弯路，曾将金钱龟卵放在鸡窝里孵化，放在大树下孵化，放在床下面孵化，结果都孵不出来，后来他找到一种科学的孵化方法，将金钱龟卵放在特制的孵化箱中，自动控温控湿，孵化终于成功。在治病方面，他也遇到过难题，比如金钱龟每年都要损失一批，主要是应激引起的严重感冒，家里备用的药物很多，就是没效果，后来与笔者交流，采取使用抗菌素和维生素等药物注射治疗的方法，终于成功，区先生从此对养殖金钱龟更有信心。养殖规模逐渐扩大，现在已发展到3个金钱龟养殖场，面积7 000多平方米，实现了稚龟控温养殖，夏天喷淋降温，自动监测生态环境，科学合理投喂饲料，并创造花园式的生态环境，假山真水，湖石亭阁，小桥流水，美不胜收，走进金钱龟养殖庭院感觉到了人间天堂（图2-11）。与龟同乐，助人为乐，自得其乐是区先生已经达到的境界。对于金钱龟的养殖前景，笔者在区先生家中遇到了来自澳门的龟友蓝海澄先生，他说金钱龟贵在珍稀，贵在药用价值，贵在极高的观赏价值，他甚至认为养殖金钱龟比开银行好。区先生儿时的一位朋友开办了一家造纸厂，由于造纸会造成环境污染，当地政府让他多次迁移，使他疲惫不堪，觉得赚同样的钱却没有区先生舒服，而金钱龟养殖是无烟工厂，造纸厂说不定哪天就倒闭了。因此，他现在也开始养殖金钱龟。区灶流的实践证明："家有金钱龟，金钱自然归。"

图2-11　走进金钱龟庭院养殖

金钱龟和越南石龟都是经济价值较高的龟类，但各有其优点和缺点，金钱龟是一种极品龟，外形优美，但繁殖率低，而越南石龟食用价值较高，生长速度快，繁殖率较高，如果将这两种龟进行杂交会是个什么样子？对此，区灶流进行了尝试。区灶流于1995年开始用雄性金钱龟与雌性石龟进行杂交实验，结果子代属闭壳龟类，外形特征为：背部像金钱龟，为灰黑色和橘黄色两种，出现金钱龟背部的三线性状，颈部和四肢红色，酷似金钱龟体色，腹部颜色像石龟具黑色斑纹，头部一般为灰黄色，全身肤色淡红（彩照8、彩照9）。从子一代到子三代，性状稳定。令人惊奇的是，7年前一次受精后，即将金钱龟父本移出后，一直延续到7年后精子在母本体内仍能起作用，后代杂交优势十分明显，性状几乎没有改变。特别使人兴奋的是：杂交后的所谓“石金钱”性成熟提早，仅需实足2.7龄就能产卵繁殖，而且每年产卵次数为2次，每次4～6枚，与石龟相当，比金钱龟多1次。

杂交后的“石金钱”有较高的观赏价值和食用价值。因为杂交种既不是父本金钱龟那样为国家二级保护动物，也不是母本石龟那样为省级保护动物，从而开发利用不受限制，由于繁殖力增强，生产效率得到迅速提高。

其缺点是种质资源可能受影响，因此不能乱交。杂交实验要严格控制在一定的范围内。杂交后代不能与原种混养，杂交后代绝不能放入大自然，以免金钱龟或其他珍贵的龟种资源受到人为的破坏，尽管野生资源中金钱龟等珍贵品种已极为罕见，这种破坏的可能性极小。

第三章
石龟养殖

石龟，拉丁文名为 *Mauremys mutica* Cantor，英文名为 Asian Yellow Pond Turtle，是我国南方养殖中常见的优良龟类，又是黄喉拟水龟南方种群的俗称，北方石龟常称为黄喉拟水龟。南方石龟包括越南、广西等种群，北方石龟包括福建、台湾和安徽种群。此外，还有海南种群，此种群应属于南方种群。不管是南方石龟或北方石龟，都有一个共同的特征，就是“黄喉”。由于地域自然条件不同，长期以来形成了种群差异，我国养殖的石龟主要分为越南石龟、大青头石龟、小青头石龟、广西拟水龟。其中大青头石龟主要分布在福建和台湾，在台湾又称“柴棺龟”（彩照 10）；小青头石龟主要指安徽黄喉拟水龟。石龟在广州市场销量较大，是重要的食用龟之一，由于其营养丰富，人们常用来煲汤滋补身体，笔者在广东农村集镇多次见到石龟与土茯苓一起卖，煲汤称之为“黄金搭档”，深受欢迎。

石龟的营养成分决定其营养价值和经济价值，科学研究证实石龟是一种高蛋白，低脂肪，肌肉中含有 16 种氨基酸的保健食品。朱新平等对此进行研究，分析了黄喉拟水龟成龟的含肉率及肌肉营养成分。结果表明：成龟的含肉率平均为

23.4%，内脏平均占体重的14.0%，骨骼平均占体重的39.4%，血液和体液平均占体重的18.4%，脂肪块变动较大，平均占体重的5.0%；肌肉中各物质质量分数平均分别为：水分79.7%，灰分1.0%，粗脂肪0.3%，蛋白质18.2%；在肌肉的16种氨基酸中，必需氨基酸质量分数平均为6.69%，氨基酸总量平均为14.9%；在测出的18种脂肪酸中，不饱和脂肪酸含量平均占64.77%，高度不饱和脂肪酸平均占22.91%。在分析的基础上，讨论和评价了黄喉拟水龟的食用价值，为其配合饲料的研究开发提供了基础数据。

如何区别石龟中的不同种群，将在本章最后的知识点中介绍。

第一节　场址选择

龟类动物的适应性强，对养殖环境要求不高，普通的养殖场地甚至家庭式的庭院均可进行养殖。石龟养殖场址选择坚持三要素。第一要素是环境安静：选择远离喧闹的厂区、公路或铁路沿线，屋顶、山上、庭院都是石龟喜欢的良好环境，为模仿自然生态，可在石龟场内种植遮阳植物或花卉，使石龟有一个安静、隐蔽、接近自然的环境。石龟晒背需要一定的阳光，有利于钙质的吸收，尤其是石龟亲龟，性腺发育需要一定的自然光线刺激。第二要素是交通方便：无论是种苗引进、饲料的运输、商品龟出售等都需要交通，能方便进出，有利于信息交流和商品流通。第三要素是水源水质卫生：符合国家《渔业水质标准》，建场前，首先要对当地的水源进行化验，送到有资质的国家或地方水质检测单位进行检测，符合要求才能进行下一步投资建场，石龟养殖场建成后，每年对水源进行定期化验1~2次，确认是否符合国家标准。土方法采用鱼类试水，将当地活鱼放在需要检测的水源中养殖1周，如果鱼类正常，说明水质基本符合养龟要求。

第二节　龟池设计

石龟池设计包括：稚龟池、成龟池和亲龟池的设计。所有新池建成后都要经过长期浸泡去碱后才可使用，并用高锰酸钾进行消毒。

一、稚龟池设计

稚龟个体小，为便于饲养管理，刚孵化出来的稚龟可以放在塑料盆中进行暂养，1周后移入正式的稚龟池。一般利用庭院中靠墙面设计一排稚龟池（图3－1），宽度为1米，长度根据实地情况而定，高度为40厘米，池内外全部贴瓷砖，以保护稚龟脚爪不受伤害。在稚龟池周围放置遮阳植物或花卉盆景，高温季节在稚龟池上覆盖遮阳网，并采用喷淋降温措

图3－1　稚龟池沿墙面设计

施。稚龟培育期要注意的是呛水、温差和饲料，具体知识在饲养管理中详细介绍。暂养密度 50～100 只/米^2；正式饲养的稚龟池放养密度为30～50 只/米^2。进、排水系统按照常规设计，进水管沿池边通向每只龟池，设有进水开关，排水采用粗 PVC 管插拔止水或排水。注意进、排水一定要分开，防止水质污染。

二、成龟池设计

大面积饲养场，要求每只池面积：水泥池为 50 平方米，土池为 2～3 亩，池深为 1.5 米，即使是土池，也需要设置水泥护坡。成龟池面积不宜太大，以方便饲养管理，食台一般设置在龟池中间，一条人行水泥板，两侧用石棉瓦斜放成“八”字形食台（图 3－2）。在成龟池之间要留有足够宽的走道，最好能通过手推车，便于运送饲料。按照美国的养龟经验，在走道上可以开汽车，投饵机安装在汽车上，投饵时只要在池边开一圈，配合饲料从汽车上的投饵机喷向龟池，完成投饵工作（图 3－3）。在成龟池中放养水葫芦，用于吸收污染物质、净化水质，并具有遮阳作用，水葫芦面积占成龟池面积的 40%左右，留有 60%的空间满足成龟晒背

图 3－2　成龟池一角

需要。成龟池面积一般按照3～5只/米^{2}设计，南方种按照3只/米^2，北方种按照5只/米^{2}设计。如果在温室内养殖，按照10只/米^{2}来设计。进、排水系统设计同稚龟池相关设计。

图3－3　借鉴美国养龟投饵机械化（自柴宏基）

三、亲龟池设计

面积大小根据亲龟的数量而定，一般按照每平方米放养1只的密度进行设计。亲龟池可以设计成南北向，在两池中间设计产卵场。产卵场上方要覆盖简易大棚，不要影响亲龟雨天产卵。产卵场介质采用0.6毫米细沙或黄泥，洒上水，保持湿度，含水量为7%～8%。由于两池中间被用来建造产卵场，人行走道需安排在每个亲龟池一侧大约1/5处，以串联的方式建成一条60厘米宽的走道，以便投饵、捡蛋、换水，进行防病等管理工作（图3－4）。进、排水系统设计同稚龟池相关设计。

图3－4　亲龟池设计

第三节　饲养管理

石龟饲养管理主要包括苗种培育和商品龟养成两个环节。下面以广东南海、顺德等地养殖石龟的实例，具体介绍石龟的饲养管理。

一、苗种培育

刚孵出的石龟稚龟个体重为 6.4 ~ 13.0 克，平均为 9.75 克，稚龟卵黄吸收完毕后，放入正式的稚龟暂养池中暂养。放养前对暂养池用 1 克/米^3 的高锰酸钾进行浸泡消毒，放养密度为 30 ~ 50 只/米^2。放养时需注意让稚龟自行爬入水中，水位要浅，以刚过背为准，为缩小温差，每日清晨换水 1 次。选用蛋黄、红虫、猪肝等做开口饵料，1 周后改用碎鱼肉和配合饲料饲喂，投喂量以每次稍有剩为宜，并及时清除残饵，清洗食台。一般上午和傍晚投喂，每天 2 次，做到四定：定时、定位、定质、定量。参考量：新鲜动物饵料以稚龟体重的 4% ~ 6% 为宜，配合饲料以稚龟体重的 2% ~3% 为宜。水位逐渐加深，最后达到 30 ~ 40 厘米（彩照 11）。消毒措施一般采用生石灰水全池泼洒，每半个月一次，使用浓度为 25 克/米^3 水体。在稚龟池中种植水葫芦净化水质、遮阳。注意进、排水通畅，雨天检查溢水口是否正常，防止稚龟逃逸。冬季来临时做好稚龟或幼龟的越冬准备工作。越冬有两种方法：一是室内越冬，二是室外越冬。在室内越冬，将稚龟或幼龟移入室内预先准备好的泡沫箱中，在箱中放入撕碎的面巾纸或碎稻草，喷淋保湿，放入稚龟或幼龟，盖上泡沫板，并在箱的四周打孔透气；在室外越冬，选择背风向阳的龟池，将水位降低，在水中放入稻草，稚龟或幼龟放入后自行钻入稻草中御寒，自然越冬。北方天气寒冷，一般采用室内越冬可靠。

二、商品龟养成

开春后，当水温回升至15℃以上，可以将50克以上的幼龟移到室外商品龟池进行养成。根据龟体大小决定养成密度，50克幼龟放养30～50只/米^2，500克成龟放养3～5只/米^2。如果龟鱼混养，每亩放养石龟1 300只、鱼650尾。为保持环境优化和安静的需要，在水中引种大量的水葫芦，用以净化水质和遮阳，同时在石龟池四周大量栽植观赏植物和放置盆景，留出通道保证正常的生产运输饲料和日常管理需要。饵料以鱼、虾、螺蚌、动物内脏等为主，以植物性瓜果、蔬菜和谷物等为辅，也可使用蛋白质含量为40%的配合饲料（彩照12）。不同饲料养殖石龟效果如何呢？周维官、覃国森为此进行了研究，用5种不同饲料（中华鳖配合饲料、蚯蚓、鲢鱼肉、福寿螺和河蚌肉）分别投喂石龟幼龟，结果表明：①投喂中华鳖配合饲料的黄喉拟水龟，其增重速度最快，平均日增重和蛋白质效率都为最高，且耗料增重比最低，其后依次是：蚯蚓>鲢鱼肉>福寿螺肉>河蚌肉；②投喂福寿螺肉的黄喉拟水龟，其饵料成本最低，其后依次是：中华鳖配合饲料>蚯蚓>河蚌肉>鲢鱼肉；③中华鳖配合饲料是养殖黄喉拟水龟较好的饲料，但福寿螺、蚯蚓来源方便，也不失为养殖黄喉拟水龟的好饵料。每天投喂1～2次，主要依据天气情况和石龟摄食强度按“四定”

原则投喂。每半个月使用生石灰消毒 1 次，防止病害发生，及时更换新水，适当使用微生态制剂，保持水质清新。

石龟在江浙一带主要采用加温养殖。由于石龟对温度比较敏感，其生长对温度有一定的依赖性，因此控温养殖时可以选择恒温为 30 ~ 31℃，偏高的水温下，生长速度可以保持最佳状态。稚龟放养时不能一下子投放到已经加温的温室，要在室内外恒温条件下才能放养，让稚龟自行爬入养殖池，最好设置网箱，经过网箱暂养后再放入池中。温室养殖选择配合饲料，一般采用膨化颗粒饲料。调节水质用微调的方法，从锅底形的池底排污后，添加少量新水，并使用微生态制剂，平衡生态环境，减少疾病发生。对温室内环境打扫干净，保持卫生整洁的生态环境是防病管理的基本要求。出售商品龟捕大留小时，要注意留池商品龟的温差控制，防止应激反应。

第四节　苗种繁育

石龟繁殖是石龟养殖中技术含量较高的一个环节。石龟自然性比为 1∶1，而人工繁殖需要雌雄配比为 2∶1。选 4 ~ 5 龄野生龟，体重 400 克以上，健康、无伤、无病、头颈伸缩自如、四肢有力，盾片和皮肤有光泽、身体饱满的石龟个体做亲龟。其雌雄区别明显：雌性较小，正常为椭圆形，腹甲中间平坦，尾短，泄殖孔离腹甲后缘较近（彩照 13）；雄性个体较大，长椭圆形，腹甲中间凹陷，尾较长，泄殖孔离腹甲后缘较远（彩照 14）。石龟繁殖期一般为5—10 月份，但在不同地区情况不同，在广东，石龟产卵期为 4 月末至 8 月末，海南和广西部分地区因自然温度较高，会提早繁殖。一般6—7月份进入产卵高峰。每年产卵1～3次，每次产卵4～9枚。石龟卵长椭圆形，灰白色，卵重为10～20克。交配以秋季频繁，春季和产卵季节也有交配现象，交配有时在水中，有时在陆地。读者刘萍反映，她老家地处广东信宜市，饲养的石龟亲龟44只是上年从电白引进的野生龟，其中雌性亲龟30只，雄性亲龟14只，规格为650～1 750克，2009年4月18日开产，第一次产卵44枚，全部受精，每窝产卵2～6枚，年产苗270只，平均每只雌性亲龟产龟苗9只。

产卵场一般设置在池一边或中央，多设置在坐北朝南的一边，也可设置在两只亲龟池中间相连的池埂上，不占用池内面积。产卵池南北向和东西向都可以，相对来说，南北向不抗风浪。产卵场里的沙要求松软，种植遮阳植物或放置多个花卉盆景，隐蔽性好，有利于亲龟产卵。

一、孵化室准备工作

主要是对孵化室用福尔马林进行熏蒸，杀灭室内有害昆虫。并对孵化沙或黄泥等孵化介质进行消毒，常用高锰酸钾浸泡消毒，晒干或烘干后备用。在孵化室中注意设置保温设施，在室内四面墙体和屋顶及地面都要铺上泡沫板，以节能保温。在孵化室中央吊挂防爆远红外灯进行加温，外接控温仪进行控温，一般控制孵化温度恒定在32℃。孵化介质绝对湿度控制在7%～8%，空气相对湿度控制在85%左右。控制相对湿度的方法是在远红外灯下放置盛满水的面盆，让水蒸气随着加温慢慢释放出来进行加湿，注意远红外灯不能接触面盆中的水面，应离开20厘米左右。孵化室内吊装几只远红外灯，要根据孵化室面积而定，一般每5平方米吊装1只275瓦的远红外灯。注意一定要购买防爆的远红外灯，因孵化室湿度较高，普通远红外灯容易爆裂。

龟卵采集一般在产卵后的第二天清晨，走进产卵场可见产卵点有直径为15～20厘米的圆形区域，有沙土翻新和亲龟走动的痕迹，这就是产卵窝，此时轻轻扒开，取出石龟卵，直接放在准备好的孵化箱中带回孵化室（图3－5）。

图3－5　龟卵采集

二、孵化方法

采用泡沫箱叠放的方法孵化。泡沫箱底部先垫上一层含水量为8%的细沙或黄泥，将石龟卵放在泡沫箱内孵化沙上，卵上不盖沙，这是关键点。将第二只泡沫箱叠放在第一只泡沫箱上，再层层叠放，最上面的泡沫箱用泡沫板盖住，也可用塑料薄膜盖上，还可以用玻璃盖没，以便于观察。注意在每只泡沫箱两侧开孔通气，开孔的方法也很多，比较常见的是在泡沫箱两侧的口面开一个三角形孔透气（图3－6）。这种方法在孵化过程中基本不需要再洒水。洒水过多，因通气不畅，不利于孵化。全程控温32℃。稚龟刚孵化出来，放入专用盆中，待卵黄完全吸收，转入暂养阶段（图3－7、图3－8）。

图 3－6　用泡沫箱孵化

图 3－7　越南石龟龟苗（背部）

图 3－8　越南石龟龟苗（腹部）

关于不同孵化介质对石龟孵化率的影响，陈敏瑶、梁健宏、刘汉生等（2004）通过对石龟产卵观察及利用细沙、泥沙和黄土 3 种介质进行龟卵孵化试验表明，石龟产卵时间集中于 5、6 月份，年平均产卵窝数为 2.05 窝，受精率为 66.9%，3 种介质孵化天数为 66.82 天，其平均孵化率分别为 25.34%、65.34%、78.66%，黄土在 3 种介质中为最优孵化介质。

第五节　知识点：石龟与普通黄喉拟水龟的区别

石龟，中文名原为黄喉拟水龟。1842 年由 Cantor 依据在浙江舟山采集的标本命名。石龟别名为石金钱、水龟、香龟、黄板龟、黄龟，隶属于龟科、拟水龟属。除乌龟外，黄喉拟水龟在我国的分布最广，数量最多，主要分布于安徽、福建、台湾、江苏、广西、广东、云南、香港等地；在国外，主要分布在越南等国。目前，在人工饲养条件下已能大量繁殖，福建、江苏、浙江、广东已有成规模的养殖场。黄喉拟水龟是培育绿毛龟常用的龟种，故市场需求量较大，发展养殖前景看好。石龟目前发现有多个种群，基本特征是：头小，顶部平滑，上喙正中凹陷，鼓膜清晰，头侧眼后具 2 条浅黄色纵纹，喉部黄色。背甲扁平，中央嵴棱明显，后缘略呈锯齿状。背甲棕色或棕褐色，腹甲前缘平，后缺刻较深，腹甲黄色，每一块盾片外侧有大墨渍斑，甲桥明显，背、腹甲间通过韧带相连。四肢扁平，指、趾间具蹼，指、趾末端具爪，尾细短。

石龟，顾名思义是原始生活在山溪卵石之中，龟体保护色与自然卵石一致，后来被人们称为“石龟”。长期在不同自然生态中生存，最后出现不同的体色和大小，逐渐形成所谓的种群。不同种群之间有许多明显的个性特征：一般南方种群个体较大，体色偏暗，适合做食用龟；北方石龟个体较小，体色鲜艳，适合做观赏龟。那么它们之间到底有什么区别呢？

越南石龟（*Mauremys* sp.），背壳呈棕黑透红或红棕透黑。最显著的特征是一条黑色的脊棱从颈盾直通殿盾（彩照 15、彩照 16）。腹甲蜡黄色，具有放射状黑色斑纹指向腹部中央，有些越南石龟的腹部全部为黑色，似金钱龟底板，故这种石龟又被称为“石金钱”。头顶部橄榄绿色，呈三角形。眼睛后面有黄纹，周围被黑色包围，瞳孔呈线状，好似黑线串黑珍珠。四肢黑褐色。当然也具有一般石龟共有的“黄喉”特征。

大青头石龟，主要分布在福建和台湾。鲜明特征是背壳黑色铮亮，无明显黑色脊棱（彩照 17、彩照 18）。腹甲底色浑浊，放射状黑色斑纹指向腹部中央。头部圆形，青灰色。面部花纹不清晰，瞳孔圆珠形。四肢黑褐色。颈部具共性黄色。

小青头石龟，主要指安徽黄喉拟水龟。背壳偏青色或淡黄色，脊棱黄色（彩照19、彩照20）。腹甲底色浑浊，腹面上具有黑斑，指向腹部中央，但斑纹较小。头部圆形，青色。面部花纹不清，瞳孔圆珠形。四肢花白。喉部黄色。

不同种群的腹部黑色面积从南到北，有显著的变化。南方种群底板甚至全黑色，大部分为大黑斑，北方种群黑斑较小，甚至出现无黑斑的所谓象牙板。以全黑色底板和无黑斑底板的石龟最为珍贵。

广西拟水龟是一个有争议的品种或种群。一般认为是一个品种，有人认为是南方石龟种群之一，甚至有人认为是杂交种。广西拟水龟为淡水龟科拟水龟属的一个品种，学名为 *Mauremys guangxiensis*（Cen）1991。中国科学院组织编著的《中国动物志·第一卷·总论·爬行纲·龟鳖目》一书中有详细介绍。廖伟认为，广西拟水龟为越南石龟公龟和福建或安徽石龟母龟的杂交种，常温下养殖3年，个体重达300～500克，少数个体达700～800克。

大青头石龟个体较小，成龟平均重为800克，常温养殖3年达600克，在食用龟市场价格较越南石龟低，此龟苗和龟种价低，适合资金少场地大的养殖者饲养。

小青头石龟色彩鲜艳，个体小，成龟平均重为400克，食量小，生长慢，适合做绿毛龟或直接做宠物龟。目前这种龟在江苏常温养殖、在浙江温室养殖较为普遍。

越南石龟食用价值和药用价值高，生长速度快，成龟平均重为1 500克。在自然条件中，石龟生长较慢，1龄龟重

30 克左右，2 龄龟重为 80 克左右，5～6 龄龟重为 500 克左右。在人工养殖条件下，生长较快，自然温度下饲养，2 年可达 500 克，3 年达 1 000 克。在温室，1 年可达 500 克。在食用龟市场价格较高，但其种苗价格较高，适合家庭饲养。2009 年越南石龟市场热门，价格较高。5 龄石龟亲龟价格，在海南为 450～480 元/500 克，在广东茂名 500 元/500 克以上；石龟龟苗为 175 元/只。

第四章
鳄龟养殖

不一样的武器，不一样的胜数，而技术就好比武器。科学养殖鳄龟需要完整的解决方案，掌握关键技术，以便少走弯路，降低成本，提高效益，增强市场竞争力。本方案力求创新，针对当前鳄龟养殖中出现的热点、难点、焦点，从鳄龟的特征、繁殖、养成、销路、效益等方面进行深度分析，希望能对广大读者养龟致富有所帮助。

鳄龟是我国 1996 年开始从美国引进，国家农业部专门发文大力推广的新品种（中华人民共和国农业部公告第 485 号）。目前在我国海南、广东、广西、江苏、浙江、安徽、湖南、湖北、河南、北京、天津、上海、四川、江西等地均有分布。其中海南、广东、广西、河南、上海、浙江、江苏等地已繁殖成功，江苏、浙江一带以开展工厂化养殖商品龟见长，并取得年增重 2 250 克、配合饲料系数为 1 的低成本高效益养殖模式。鳄龟脂肪含量低，含肉率高，肉质鲜美，无腥味和泥土味，与鳖的肉质比较味道更胜一筹，可说是龟类中味道最好的品种之一，因此深受市场欢迎和高档酒楼的青睐。在鳄龟养殖中出现的难点主要有：如何提高鳄龟的产卵率、受精率和孵化率？繁殖过程出现在水中产卵的现象如何解决？有没有可靠简便的孵化新方法？为什么稚龟阶段容易发生死亡？鳄龟工厂化养殖关键技术是什么？如何提高养殖成活率和提高生长速度？降低饲料成本的关键在哪里？如何避免养殖中鳄龟互相咬斗的现象发生？市场上最受欢迎的规格与养殖之间的矛盾如何解决？最终养殖经济效益如何？鳄龟的养殖前景怎样？笔者从鳄龟的特征、繁殖、养成、销路、效益等方面进行了分析，力求为读者提供一套完整的解决方案。

第一节　生物学特征

鳄龟就品种而言，分为大鳄龟（彩照 21）和小鳄龟（彩照 22），大鳄龟又名凸背鳄龟，小鳄龟又称平背鳄龟，小鳄龟分 4 个亚种。大鳄龟和小鳄龟的主要区别在于其背部盾片突起，随着年龄的增加，大鳄龟始终显著，而小鳄龟稚、幼期明显，成龟期就不那么突出。鳄龟长相奇特，尾棘尤像鳄鱼。以生长速度看，大鳄龟小时候生长缓慢，当生长到 250 克以后，生长速度加快，在人工控温条件下，从 250 克到2 500 克只要 1 年的时间，在自然界发现最大的个体在 100 千克以上。小鳄龟在 50 克以下生长缓慢，从 7 克长到 50 克需要 80 天左右，在控温条件下，7 克左右的稚龟平均长到 2 250 克仅需 1 年。在自然状态下，小鳄龟个体能长到 23 千克以上。大鳄龟和小鳄龟生长速度的差异，主要是习性不同造成的，大鳄龟性情懒惰，不善于主动摄食，靠酷似蚯蚓的“舌头”引诱小鱼“上钩”，而小鳄龟能主动摄食，生长速度比大鳄龟自然要快一些。大鳄龟在美国受保护，我国引进数量有限，我国养殖的小鳄龟比大鳄龟多。

陈新平等学者对鳄龟等3种龟类的生长进行比较研究，结果显示：在生长速度上，鳄龟>黄喉拟水龟>三线闭壳龟；温度对龟的影响程度依次为，黄喉拟水龟>三线闭壳龟>鳄龟；个体差异大小为，鳄龟>黄喉拟水龟>三线闭壳龟；饵料转化效果，鳄龟>黄喉拟水龟>三线闭壳龟；日粮需求，三线闭壳龟>黄喉拟水龟>鳄龟。鳄龟的背甲长与背甲宽比较接近，近似于圆形，其关系方程为 L_2（背甲宽）=0.975 8 L_1（背甲长）-0.133 6（r=0.999）。

一、分类地位

鳄龟隶属于动物界（Fauna）、脊索动物门（Chordata）、脊椎动物亚门（Vertebrata）、爬行纲（Reptilia）、龟鳖亚纲（Chelonia）、龟鳖目（Testudormes）、曲颈龟亚目（Cryptodira）、鳄龟科（Chelydridae）、鳄龟属（*Schweigger*）。大鳄龟拉丁文名为 *Macroclemys temmincki*，英文名为 Alligator Snapping Turtle；小鳄龟拉丁文名为 *Chelydra Serpentina*，英文名为 Common Snapping Turtle。小鳄龟4个亚种分别是：①南美拟鳄龟（acutirostris），又称假鳄龟，南美亚种，产于巴拿马至哥伦比亚地区。下颌有3对须状突起，前1对大，后2对细小。颈部突起较钝。尾部3列突起明显。侧腹、四肢突起非常多（彩照23）；②佛州拟鳄龟（osceola），佛州亚种，它能增长到43.2厘米、体重20.4千克。产于美国佛罗里达半岛。颈部突起多且尖利。头部较尖细，眼睛距吻端较近。尾部中央突起较大。第二、第三椎盾几乎等大。背甲呈长椭圆形，前窄后宽，后部呈明显锯齿状（彩照24）；③中美拟鳄龟（rossignoni），又称啮龟，罗氏亚种。是4个亚种中最稀少的亚种。产于墨西哥至中美洪都拉斯地区。头部较宽，头背部较平。下颌有2对须状突起。颈部突起尖锐。背甲近乎长方形。第三椎盾最大，占背甲长的25%。腹甲前段占背甲长的40%以上（彩照25）；④北美拟鳄龟（serpentina），又称磕头龟，鳄龟的模式亚种。加拿大南部到美国南部东侧广泛分布。背甲近乎圆形，后部几乎不成锯齿状。第三枚椎盾最大，可达到背甲长的31%左右。腹甲前段长应为背甲长的38%左右（彩照26）。

二、外部特征

大鳄龟上颌似鹰嘴状（图4－1），钩大，头部、颈部、腹部有无数触须，背甲上有3条凸起的纵走棱脊，褐色，每块盾片均有突起物，腹甲棕色，具上缘盾，尾较长，口腔底部有一蠕虫样的附器，常静伏水中，张着嘴，借附器诱食附近鱼类。

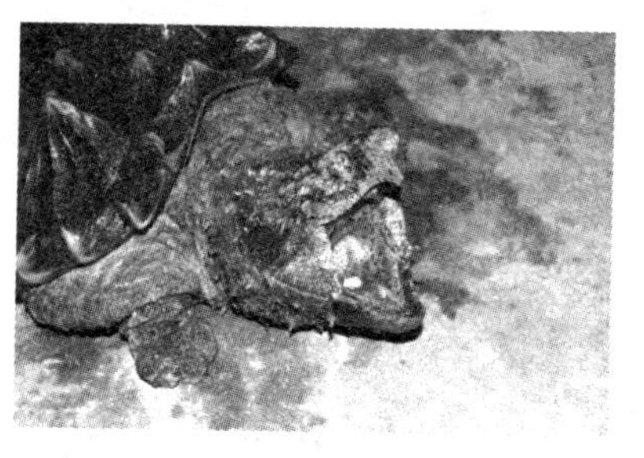

图4－1　大鳄龟上颌似鹰嘴状，口腔底部有一蠕虫样的附器

小鳄龟上颌似钩状，但钩小，触须仅有少量（图4－2）。

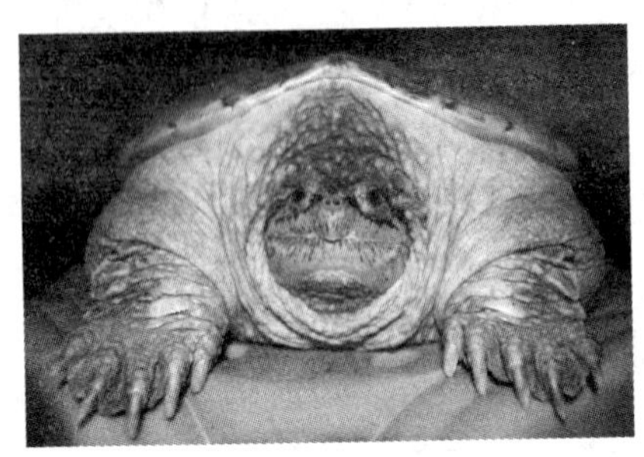

图4－2　小鳄龟上颌似钩状，但钩小，触须仅有少量

背甲棕黄色或黑褐色，有3条纵行棱脊，肋盾略隆起，随着时间的推移，棱脊逐渐磨耗。腹甲灰白色，无上缘盾，尾略短，最显著的特征是尾的背面有一锯齿形脊，又称尾棘。脚趾间具蹼，较发达，适应水中生存。

雌雄区别：雌性的大鳄龟，背甲呈方形，尾基部较细，生殖孔距背甲后缘较近；雄性的大鳄龟，背甲呈长方形，尾基部粗而长，生殖孔距背甲后缘较远。小鳄龟，除上述特征外，生殖孔位于尾部第一硬棘之内或与尾部第一硬棘平齐的为雌性，而生殖孔位于尾部第一硬棘之外的为雄性。

三、生态习性

鳄龟主要分布于北美洲和中美洲，以美国东南部为盛（图4－3），迈阿密是重要原产区之一。目前，鳄龟在美国主要分布在阿肯色州、爱荷华州和路易斯安那州，而佛罗里达州鳄龟由于大量捕捉出口，资源锐减。鳄龟在美国因分布的地区不同，有“南龟”和“北龟”之分，其体色分为“黄背”（彩照27）和“黑背”（彩照28）两种，黄背鳄龟耐高温，黑背鳄龟耐低温。初期，我国鳄龟主要从佛罗里达引进，除很少量的大鳄龟外，绝大部分为小鳄龟。

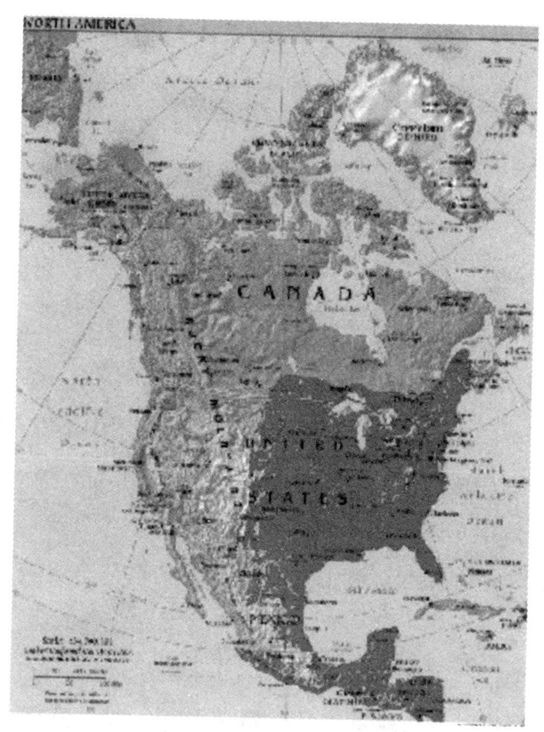

图 4－3 鳄龟原产地分布（深色代表有分布）

1. 适温范围

鳄龟 2～38℃时正常生活，1℃以上时可正常越冬，12℃以下时进入浅冬眠状态，6℃时进入深度冬眠，15～17℃时少量活动，18℃以上时正常摄食，20～33℃时为最佳活动、觅食温度，小鳄龟 28℃为最佳生长温度，大鳄龟 29℃为最佳生长温度，34℃以上时少动，潜伏在水底及泥沙中避暑。

2. 体型与最大记录

大鳄龟初生体重为 8～10 克，一般成年体长为 61～76 厘米，体重为77～91千克，最大记录体长为79厘米、体重为107千克（美国芝加哥Brookfield Zoo）；小鳄龟平均初生壳长为3.3厘米、体重为7.2克（最小为3.1厘米、5.8克，最大为3.7厘米、14.8克），一般成年壳长为31～46厘米、体重为23～36千克，在自然界中，最大个体可达38千克以上。与普通龟卵（椭圆）不同的是，小鳄龟的卵为圆球状，白色，直径为23～33毫米，卵重为7～15克。

3. 生活习性

大鳄龟和小鳄龟基本习性相似。平时在水中不好斗，而在陆上却能猛冲猛咬。大鳄龟能扭头突然袭击其他动物，小鳄龟能连同身体扭头转向寻找攻击目标，甚至追咬。指、趾具蹼，水栖性，息栖在深河、湖泊、泥潭，偶尔也分布于咸水区域。在人工养殖条件下，鳄龟对浅水和深水都有较好的适应性，但在稚龟阶段因游泳能力较弱，应放养于浅水环境。鳄龟的食性杂，偏肉食性，主食鱼、虾、蟹、泥鳅、蛙、蝾螈、小蛇、鸭、水鸟，间食水生植物，水果。喜夜间活动、摄食。大鳄龟和小鳄龟的繁殖习性不完全一样，小鳄龟在美国交配期为4—11月份（图4－4），在我国长江中下游地区产卵期为5—8月份（高温地区可提前和延长产卵时间），一般每次产卵8～150枚，实际情况根据亲龟的大小和发育程度

图4－4 鳄龟在生殖季节（仿Zang W）

而变化，在生殖季节解剖可见4千克体重的亲龟怀卵量80枚，其中硬壳卵20枚。一般1年产卵1次，1年多次产卵少见。笔者见过9千克的亲龟年产卵110枚，全部受精并孵出稚龟。浙江湖州南浔养殖的小鳄龟亲龟体重为17千克，2008年产1窝卵150枚，创新纪录。小鳄龟产卵后，进入秋季，亲龟交配频繁。大鳄龟在美国交配期为2—4月份，产卵期为4—6月份，每次产卵10～52枚。在自然条件下，大鳄龟和小鳄龟卵的孵化期为9～18个星期，天气较冷及干燥孵化期会较长。人工控温可缩短鳄龟卵的孵化期，恒温30℃时经65天左右即可孵出鳄龟。

第二节　苗种繁育

一、亲龟池建造

新建龟场，应选在水源良好、环境安静和交通方便的地方。龟池一般东西向，面积可大可小，因地制宜。在龟池的中央建造休息台，适应龟晒背习性。龟池主体包括：龟池本身、食台、陆地、进（排）水系统、溢水口等，其中陆地主要用于龟休息的场所，在亲龟池陆地部分用来建造产卵场。产卵场设置在龟池的一边或两池交界处（图4－5）。

龟池为砖砌水泥结构，池内面用水泥浆抹光，以防龟的皮肤被擦伤。一般为东西长、南北宽的长方形，也可建成圆形。大小因地制宜，深度为50～80厘米，最深处不要超过120厘米。池周做成8～10厘米的防逃返边，又称压延。长方形池底

图 4－5　鳄龟养殖场亲龟池

设置成高低倾斜坡，圆形池底设置成锅底形，便于排污。

食台 1/3 入水，2/3 露出水面，与水面呈 30°倾斜，实际上在水下部分又称为引坡，水上部分为食台，如果是亲龟池，食台的水上部分还有引导龟爬向产卵场的功能。食台设置在龟池的北边朝南向比较合理，食台的宽度为 2 米左右，长度为池边长度的 80%。产卵场宽 2～3 米，长与食台一致，场内铺上一层 20～30 厘米厚的细土。产卵场上方搭防雨棚，有利于龟在雨天产卵。进、排水管直径至少为 10 厘米，以便加快进排水速度，同时有利于排净污水，要注意的是排水口须设在食台下面或附近，因为食台附近的污物最多，龟摄食后喜欢在食台附近排泄。溢水口设置在龟池墙壁上方最高水位处，便于排出有机悬浮物及暴雨季节泄洪。

龟池建成后，要反复用清水浸泡至少 1 周时间，去除碱性。尔后用 150 克/米^3 的生石灰消毒，换新水后即可放养。为净化水质，可在亲龟池中移植水葫芦（图 4－6）。

二、亲龟选择与培育

1. 亲龟选择

提高亲龟产卵率关键是选择和培育亲龟。选择野生龟作为亲本，要求品种纯正，规格较大，体质健康、发育优良，达到生育年龄的龟类。从温室中选育亲龟，由于亲龟是长期生活在阳光缺乏的温室中，体色变淡的龟，在培育亲龟后繁殖的后代出现黄苗现象。如果从子一代选育亲龟，需要缩短培育周期，在稚龟阶段缩短加温时间，一般加温时间最多不超过1冬龄。亲龟一般选择野生原种，要求健康，无外伤和内伤，年龄5龄以上，规格为2.5千克以上，最好为4~5千克。如果用人工养殖的鳄龟制种，必须选择4龄以上，规格在6千克以上的健康龟做亲龟。性成熟的雌性亲龟怀卵状况是否良好可通过眼观、手摸、光透等方法检查，雄性亲龟活泼好动。无论是雌龟还是雄龟都要行动敏捷，轻触其头部，鳄龟应立即张开嘴巴，发出呼叫声，露出凶猛本性（图4－7）。手拉亲龟的腿脚回缩有力的表明体质较好。仔细观察龟的头颈是否灵活自如，检查脖子是否肿大，张开嘴看喉咙管内是否

图4－6　在亲龟池中移植水葫芦净化水质

图4－7　鳄龟亲龟要选择行动敏捷的健康龟（自欧贻洲）

有鱼钩，并可用金属探测仪检查龟体内部是否带有鱼钩。雌雄比例依龟的大小而定，以野生龟为例，一般规格小的 2.5 千克左右的亲龟以 2∶1 为准，中等大小的 4 千克左右的亲龟以 3∶1 为宜，再大一些的 5 千克以上亲龟完全可按 4∶1 的比例。在鳄龟亲龟雌雄比例为 2∶1 的情况下，正常产苗量为每 500 克亲龟产稚龟 2.4 只。按照这一参数可确定配套苗种生产规模及选择亲龟的数量。

2. 鳄龟亲龟初次产卵

如果采用人工制种，第一种情况是从稚龟开始培育，自然条件下，需要 8 年以上；第二种情况是稚龟进温室加温养殖 3 年，规格达到 4 千克以上，这种温室龟制种，需要在自然条件下再养 3 年，合起来 6 年达到初次产卵成熟期。如果采用野生鳄龟制种，亲龟引种回来，当年能产卵，但一般初次产卵多产在水中，这是因为对新的生态环境还不适应，尤其是对产卵场隐蔽的要求不能满足，鳄龟产卵一般在上午产卵，如果找不到合适的隐蔽之处，加上人影干扰，会造成产卵到水中的情形。第二年会好起来，自行到产卵场产卵。有一点很重要，就是野生鳄龟引种到顺产需要的时间不止 2 年，可能要 3 年以上，一些鳄龟繁殖场反映的情况也证实了这一点。也就是说，野生鳄龟真正顺产从引进时的 5 龄加上人工驯化的 3 年，至顺产时共需 8 年时间。根据这一情况，一些养殖农户在野生鳄龟引回来后，养殖 2 年，发现不顺产就把鳄龟卖了，实在可惜。

为避免野生鳄龟在引种的第二年再次将卵产在水中，可采取 3 种关键技术：一是将池底设计成斜坡形，从产卵场开始到龟池的另一边，由高到低倾斜，亲龟通过池底引坡，自行爬向产卵场，这种设计给亲龟一个自然引导，使之尽快适应环境，找到人工产卵场（图4－8）；二是产卵场介质采用土质，尽量不用沙，可以使用土和沙混合介质。实践证明鳄龟不喜欢将卵产在沙中，而喜欢产在土里（图4－9）；三是给鳄龟建造一个隐蔽安静的产卵环境，在产卵场内设置多排“人”字形的石棉瓦，鳄龟会钻进去产卵，非常隐蔽，采卵时将“人”字形石棉瓦挪开，完毕后将土整平再将“人”字形石棉瓦放置到原处。产卵季节不要随意入内产生人影晃动，干扰其产卵，保持安静的产卵环境最为重要。观察发现，鳄龟对环境安静的要求较高，在产卵时，一般要上来观察两次，觉得安全，第三次上岸才会产卵。

图4－8　池底设计成斜坡形通向产卵场

图4－9　鳄龟产卵场使用土沙混合介质

河南省博爱县清化镇北关村孙素贤女士曾来电反映，她家培育的鳄龟亲龟将卵产在水中，后将沙质产卵场改为土沙混合介质产卵场，当年立即见效。2009 年 7 月 6 日，她欣喜地告诉笔者，已发现鳄龟上岸产卵，1 窝产卵 44 枚，基本都是受精卵。

3. 鳄龟的发育情况

笔者解剖过野生的鳄龟和温室养殖的鳄龟，体重都是4千克左右，结果怀卵量相当，都在80枚左右（图4-10、图4-11）。通过解剖发现，温室养殖2年以上的鳄龟也能怀卵，而且怀卵量相当于野生鳄龟的5龄期，这表明温室养殖的鳄龟完全可以作为亲龟制种。尽管如上述这样的鳄龟制种后代体色变淡，但野生鳄龟越来越少，采用人工养殖的鳄龟只要精心培育，完全可以制种。笔者已经接待过河南、广东的养殖者来江苏引进温室鳄龟，回去培育亲龟，再加上2年自然条件下的精心培育，可以达到初产期。

图4-10　体重4千克的野生鳄龟怀卵情况

图4-11　体重4千克的温室鳄龟怀卵情况

4. 亲龟培育

放养密度要科学合理。水栖鳄龟亲龟适宜的放养密度为

2.5～3.0 千克/米^2（图4－12），为促进亲龟的性腺发育，保持环境安静，水质优良，及时排污和加注新水，对龟池、亲龟、水体进行必要的消毒，并可使用微生态制剂，让有益菌占主导地位。消毒剂与微生态制剂不可同时使用，常用药物选用无残留的生石灰、二氧化氯、PVP－I、氟哌酸等，常用微生态制剂有光合细菌、EM等。使用新鲜的动物饵料，如杂鱼、小虾、螺蚌、蚯蚓等，杜绝投喂变质饵料。为提高龟的产卵率，饵料要多样化，营养化。采用的饵料主要有龟卵壳粉＋鹌鹑内脏＋西红柿＋黄瓜＋蚯蚓＋配合饲料＋复方维生素＋微量元素。创新点是，采用龟卵壳粉、鹌鹑内脏。龟壳粉不仅能增加钙质，满足龟产卵对钙质的需要，而且能够利用其可能含有的生物激素，促进龟多产卵。鹌鹑内脏中肠子、肝脏，尤其是鹌鹑卵营养较为丰富，可满足龟产卵需要的各种营养和生物激素。鹌鹑内脏价格便宜，一般市场每500克只有0.7元，成本低，各地都能买到。对动物饵料可用食盐浸泡消毒。如果是野生亲龟，投喂时间以夜晚为主，占日投饲量的70%，其余30%早晨投放，并逐步驯化成白天投喂，如果不驯化也可以，只是增加夜间工作量。对人工养殖的亲龟，可在上午和下午各投喂1次，上午投喂日粮的40%，下午投喂剩余的60%。亲龟对饵料的营养要求较高，可

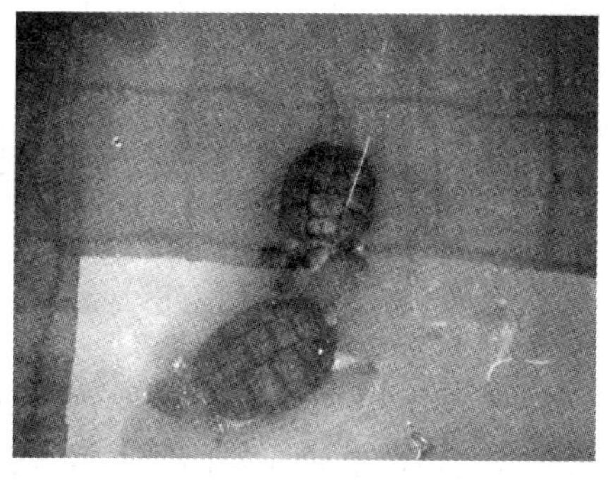

图4－12　鳄龟亲龟适宜的放养密度

在饲料中添加维生素和矿物质，方法是将需补充的营养液注入饵料鱼体内，并可使用有利于亲龟性腺发育的绿色添加剂，如中药、酶制剂、生物活性铬、微生态制剂。

三、产卵孵化与稚龟暂养

1. 提高鳄龟产卵率和受精率的方法

为避免鳄龟野生亲龟将卵产在水中，要给其创造良好的生态环境条件。在产卵场堆草可有效诱导龟爬向土堆产卵并促进多产卵。具体做法是：在产卵场以馒头状多点堆放稻草或青草，龟进入产卵场会自动钻进草下产卵，实际上给龟制造一个安静的小环境；另一种方法是在产卵场设置数个盆景，鳄龟亲龟会自行爬到盆景下沿盆底四周产卵；还可在产卵场放置数个“人”字形石棉瓦，鳄龟会自行钻入其中产卵。采集鳄龟卵时只要掀开石棉瓦，就可取卵，完成后恢复原样。

为提高龟卵受精率，创新点之一是，采用等温人工降雨刺激亲龟的方法。人工降雨模拟天然生态可促进亲龟交配，当施行人工降雨后，可见雄性亲龟特别兴奋，纷纷追逐雌性亲龟进行交配。人工降雨的时间可选在早晨，因为此时温差比较小。雌雄比例在引种后的 4 年发育适应期中不断由 2∶1 调整为 3∶1，调整出来雄性亲龟后，可增加雌性亲龟合理的配比，提高繁殖种群；创新点之二是，在饲料中有意添加雄性生物激素含量较高的食物，如雄性鲤鱼的性腺，雄性鹌鹑的性腺等；创新点之三是，每年进行雄性鳄龟组换调整，适当缩小亲龟池，将鳄龟分成一组一组的，分成小池后人工搭配 1 雄 2 雌或 1 雄 3 雌，第二年将雄性鳄龟调整到另一个亲龟池，与另一池的雌性亲龟重新组合，互相调换雄性鳄龟。实践证明，这样做可以有效提高鳄龟受精率；创新点之四是，解决雄性鳄龟生殖器被咬的难题。河南省周口市贾震先生反映，鳄龟受精率不高有一个重要原因，即雄性鳄龟生殖器在交配后未缩进去时被其他雄性亲龟咬伤，缩进去后生殖器发炎肿胀，不能再伸出，影响进一步交配，从而影响受精率。针对这一现象，应采取以下措施：及时发现，赶开其他雄性亲龟，防止撕咬，并积极治疗，对已被咬伤生殖器的雄性亲龟使用庆大霉素注射，剂量为每千克鳄龟体重用药 8 万国际单位。对咬伤严重的雄性亲龟及时淘汰，换上健康成熟的雄性亲龟；创新点之五是，挑选大小一致的雄龟在同一池中培育，避免大小争相交配，互相斗殴，发生撕咬生殖器的现象。大小分养是提高鳄龟受精率的关键技术之一。

2. 龟卵采集

鳄龟一般于白天上午产卵，在产卵后的第二天下午采集（图 4 – 13）。采集鳄龟卵要一次采集完成，如果挖开产卵窝后采集一半后有事走开，鳄龟会上岸将自产卵吃掉。新采集的鳄龟卵要在孵化箱中做好记号并进行记载。采集箱可直接用孵化箱，在箱中预先铺沙 5 厘米左右的厚度，将鳄龟卵轻取轻放，具白色受精斑的一端即动物极朝上放，动物极与植物极分

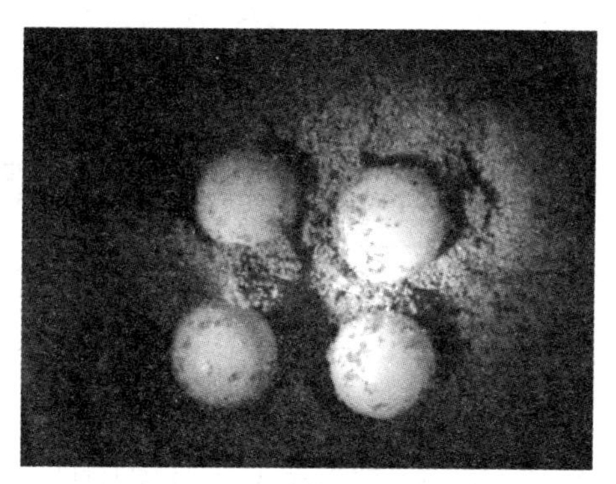

图 4 – 13　鳄龟卵的采集

界明显为正常受精卵，如分界不明晰，且受精斑呈点状分布，此卵为受精不足，看不到受精斑点的为未受精卵。经验表明，鳄龟卵表面粘沙的为未受精卵，表面光滑不粘沙的为受精卵。鳄龟卵之所以要轻放，是因为鳄龟卵没有蛋白系膜，操作不慎会影响孵化。

3. 孵化箱

孵化箱可用食品周转箱、木箱、泡沫箱等代替，箱高 10 厘米以上，鳄龟卵铺 1 层，卵放在沙的中间，卵下沙厚 5 厘米，卵周沙层 3 厘米，卵上盖沙 3 厘米，卵间距 1 厘米左右，为便于通气，底层沙用1/2 粗沙，1/2 细沙，细沙的粒径为0.6 毫米，沙子预先用20 毫克/升的高锰酸钾泼洒在沙中，一层层翻动消毒并晒干备用。孵化介质改用海绵代替沙也可行。

孵化控温设备。采用获得国家专利的自动加温控温装置（ZL 95239104. X），可靠实用，该设备功率、温度可调，全自动运行，不需专人看管（图4－14）。

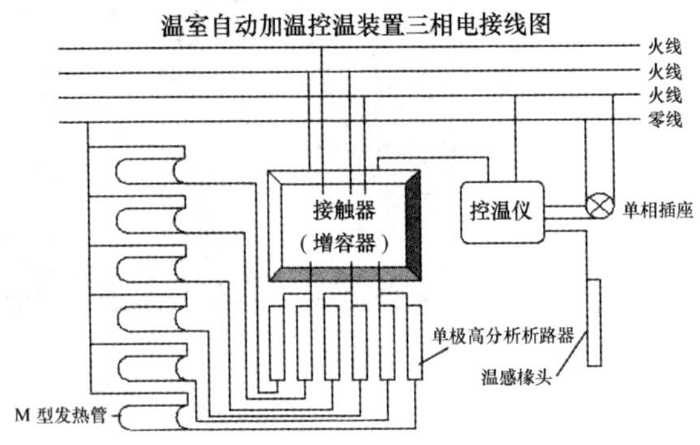

图4－14　鳄龟卵孵化采用自动加温控温装置（接线图）

4. 孵化室

利用住房内一角搭建，也可专门建造。关键是采用保温材料，做到孵化室内上、下、四周墙体都要安放保温材料，室内设置孵化架，孵化箱放置在架上，架层之间隔开一定距离，便于操作（图4－15）；另一种做法是将孵化箱直接放在地面上，再在孵化箱上四角放置砖块，在砖块上放置第二层孵化箱，然后一层层向上叠放；还有一种方法是直接在孵化室地面上铺1层沙，在沙中相应铺1层卵，在沙床的一边设置1条水槽，以便稚龟孵出后自动爬进水槽中。此外，还可采用专用孵化大箱，箱内再层层放置孵化小箱，采用控温设备和小型风扇，这是一种模拟金钱龟的孵化方法。

图4－15 孵化架分层孵化鳄龟卵

5. 孵化新方法

温度、湿度、通气是鳄龟孵化的三要素，也是所有龟鳖孵化的永恒主题。鳄龟孵化恒温需控制在32℃，时间为65天左右。沙温与空气温度不一致，一般控制沙温在32℃，空气温度在35℃左右。湿度控制包括绝对湿度和相对湿度；绝对湿度指沙中含水量要求在8%左右，以手捏成团、放开即散为准；孵化室中空气的相对湿度，用湿度计可测，保持鳄龟需要的85%

相对湿度，可采取人工不定期洒水，在孵化前期，洒水可以适当多一些，后期洒水尽量少一些，保持一定的干燥，以防受精卵中的成形稚龟受到过多水的刺激而早产。同时避免过多洒水有碍受精卵的呼吸和通气。

图 4－16　裸卵保湿孵化新方法

为进一步提高孵化率，突破性创新是采用“裸卵保湿孵化新方法”（图 4－16）。传统的龟卵孵化方法是采用全沙、沙泥混合或海绵作为介质，将龟卵覆盖在介质中进行孵化。新的方法是很少用沙，仅在孵化箱底部铺 1 层 1.5 厘米厚的薄沙用作缓冲和储藏水分，在沙上紧密排列龟卵，并在箱子四周打数个孔保持透气。箱中裸状龟卵，通气性好，不像原来龟卵埋在沙中水洒多了就不透气，容易闷死。为保证龟卵孵化过程中所需的湿度，在孵化箱口部用塑料薄膜覆盖，能有效地保持最佳湿度，一般半个月到 1 个月洒水 1 次就足够了，极大减轻人力和管理的难度。此方法颠覆传统，简单易行，孵化率极大提高，一般来说，只要龟卵受精好，都能孵出来。

6. 稚龟暂养

稚龟孵出后的 1～2 周内属于暂养期（图 4－17），刚孵出的稚龟卵黄囊约2天后逐渐吸收完毕，进入人工暂养过程。稚龟开口饲料可选蛋黄、猪肝、红虫、专用配合饲料。暂养容器可用塑料盆，密度为100只/米^{2}左右。稚龟阶段一般容易发生死亡，主要原因是水位太深，稚龟刚出壳游泳能力不强，过深的水位可能造成稚龟被淹。因此要注意水位不能太深，适宜水深为2~3厘米，以盖没龟背为限。因水位浅，水质容易变坏，要勤换水。容器小，每天换水1~2次，如果在较大的专用池暂养，一般每48小时换水1次。

图4-17　孵出后1~2周的稚龟

7. 避免龟苗咬尾现象发生

为什么有些龟苗会发生相互咬尾现象？这是由于有些龟苗尾部受细菌感染发白，有些是灯光照射使龟苗尾部发白，其他龟苗以为是饵料而进行吞食。咬尾后的龟苗在市场上不受欢迎，如果用于观赏，价值更低。因此保持适宜的密度，充足的饵料是减少咬尾的基本方法。根本的解决方法：一是培养水质，降低水体透明度，控制透明度在25厘米左右，使用有益菌制剂，维持水体微生态平衡，不让水质变臭；二是制造光线较暗的人工生态环境，只有在投喂饵料时打开灯光；三是满足饵料需要，确保每只鳄龟苗都能吃到；四是大、中、小不同规格分开培育，避免相互争食和撕咬。其他方法使用大蒜素，稚龟摄食后，尾部泄殖孔会散发出一股大蒜味，其他龟闻其味道就不会再追尾、咬尾。关键技术是大小分养和创造较暗环境。

第三节　露天池成龟养殖

一、龟池建造

露天池进行鳄龟成龟养殖，池子长方形，东西向，水深为 1 米左右，土池面积为 3 ~ 5 亩，水泥池面积设置为 50 平方米左右，便于饲养管理。要求背风向阳，环境安静，交通方便，养殖池周围没有污染源进入。每平方米放养幼龟数量：土池为3 ~ 5 只，水泥池为 7 ~ 10 只。土池由于池底为土质，净化能力较强，故生态养殖一般使用土池。在龟池朝南边设置食台，一般采用石棉瓦，长度为周边的 80%。可在池中央设置“八”字形晒台，以便鳄龟休息（图 4 – 18）。为优化生态系统，在土池中栽种占池塘面积 2/3 的水生植物（伊乐藻、苦草、轮叶黑藻、芦苇），并投放螺蛳，以增强净化能力；在水泥池中也可种植水葫芦等植物，有利于净化水质。在龟池中栽种水草，模拟自然生态，是露天龟池仿野生养殖的创新点。

二、饲料投喂

养殖成龟，每天投喂饲料 1 ~ 2 次，配合饲料投喂量为龟体重的 1% ~ 3%，杂鱼小虾投喂量为体重的 5% ~ 10%。从经济出发，投喂配合饲料成本较低，从品质出发，投喂杂鱼小虾

图 4-18　池中央设置“八”字形晒台，以便鳄龟休息

口味更好。饲料系数：配合饲料一般为 1，在 1.0～1.5 之间为正常范围；杂鱼小虾为 15。投喂次数依温度而定，水温在 25℃以上，日投喂 2 次，上午 09：00 和下午 14：00 各投喂 1 次；水温在 20～25℃，日投喂 1 次；水温在 18～20℃，2 日投喂 1 次。

三、水质管理

在养殖期间，坚持巡塘，观察鳄龟活动情况、防逃设备完好情况及水质变化，清除残饵，清扫食台，察看水质，保持水色为黄绿色或茶褐色，定期加水、换水。使用生石灰定期消毒，交替使用微生态制剂调节水质和预防病害，使池水 pH 值保持在 7～8，透明度为 30 厘米。

四、养成上市

养成 1 500 克商品鳄龟，是最受市场欢迎的规格（图 4－

图4－19　最受市场欢迎的规格

19），饭店喜欢这种商品规格，便于一顿吃完不浪费。因此要控制养成规格不要超过1 500克。矛盾是苗种成本较高，商品规格小，上市不合算，不能取得理想的经济效益。随着种苗价格逐步下降，成本降低后，商品鳄龟1 500克出售仍利润丰厚。根据市场变化，适时上市，可以取得较好的经济效益。

第四节　工厂化养殖

一、技术路线

稚龟暂养期结束后，进入了工厂化养殖阶段（图4－20）。这一阶段，主要是通过工厂化自动控温的技术手段，将稚龟、幼龟放养在最佳环境中，加快生长速度，缩短养殖周期。稚龟分批出壳后逐渐进入冬季，在自然状态下，体质差的难以越冬，死亡较多。在人工条件下，给以最佳温度和全价饲料，采取必要的生态调控措施，冬、春两季在温室中饲养，规格可达500克左右。夏季来临气温升高时将幼龟移出温室进入自然环境的露天池中饲养，几个月后即可长成1 500克以上的商品龟。实践证明，稚龟阶段生长缓慢，当鳄龟达到250克以上时生长速度加快（图 4 -21），当规格达到 500 克时移到室外饲养阶段生长速度更快，平均每个月可增重 200 克，其生长速度十分惊人。也就是说，采用工厂化养殖，鳄龟从出生 7 克左右长成 2 250 克仅需 1 年的时间，如采用自然温度养殖，不仅成活率低，要达到商品龟规格需要养殖时间 3 年。因此，工厂化养殖鳄龟，可缩短养殖周期 2 年。市场千变万化，早产出有利于抓住机遇，降低单位成本，提高经济效益，增强竞争力。

图 4－20　鳄龟稚龟暂养期结束后进入工厂化养殖阶段

图 4－21　稚龟培育阶段生长缓慢，当鳄龟个体达到 250 克以上生长速度加快

二、基本要点

工厂化养殖鳄龟的基本要点：①温室建造。建造节能型温室，这样既投资省，保温性能提升后又可节约热能。屋顶使用

2 层薄膜中间夹保温材料的方法，四面墙体也要夹保温材料，特别是室内地面必须安放保温材料，这样才能保证温室的保温节能效果，其实养龟温室的新建与造冷库的原理一样，要确保保温效果；②控温装置。小型温室或大型温室均可采用先进的专利技术——“龟鳖温室自动热水循环节能加温装置”（已经获得国家知识产权局颁发的专利证书，专利号为 ZL 01217344.4）（图 4－22）。该专利最大特点是：使用无烟煤全封闭运行对温室的空气和调节池水体进行自动加温，关键是热水自动循环，保证等温换水需要，每天耗煤量仅为 500 克/米^2，节能显著；③增氧设备。温室中呈现高温、高密度、高污染特征，增氧有助于改善水质，帮助有机物分解，减少污染。一般每 500 平方米温室配套 2.2 千瓦的增氧机；④进、排水系统。池底需一定倾斜，与室外龟池建造的要求相同。排水口用直径 10 厘米的 PVC 管插入止水，抽出排水，简易可行。或将池底做成锅底形，在池外壁下方设置排水管，此法排污迅速彻底；⑤食台设置。用石棉瓦斜放入龟池中，水下 1/3，水上 2/3，投喂饲料开始在食台的水下，逐步移到水上投喂，有利于观察摄食情况并减少残饵；

图 4－22　鳄龟温室养殖选用自动热水循环节能加温装置

⑥投饵方法。在温室中由于控温养殖，水温达到最佳，鳄龟摄食旺盛，因此，每天需要投喂2次，上午和下午各一次，一般采用配合饲料，以20分钟内吃完为适宜量，根据需要不断调整投饵量；⑦增氧机开启时间。为降低成本，在摄食前开启增氧机，摄食结束后关闭增氧机；⑧消毒防病。每半个月使用生石灰消毒一次，浓度为25克/米^{3}水体，全池泼洒；所有工具都要经常消毒，工作人员进入温室，要穿工作服；⑨使用微生态制剂（有益菌），调节生态平衡。但要注意微生态制剂不能与消毒药物同时使用，微生态制剂的使用量参考产品说明书；⑩微调换水。在温室环境中，高温下水质容易变坏，但经常换水可能导致鳄龟受惊吓产生应激反应，同时换水频繁带来养殖成本升高，因此换水一般采用微调的方法，即一般每周微调1～2次，就是少量换水，从锅形的池底排污，使水位下降3～5厘米，然后补充等温新水至原来的水位。

工厂化养殖鳄龟的关键技术是恒温控制鳄龟生长所需的最佳温度。一般控制恒温的范围为28～29℃，小鳄龟最佳生长温度为28℃，大鳄龟最佳生长温度为29℃。浙江桐庐的鳄龟工厂化养殖实践证明，控制水温恒定在28℃较佳，广东东莞虎门镇的养殖户采用高密度养殖新技术，控温在30℃恒定水温，也取得较佳的效果。这表明：恒温控制可以有不同的最佳温度，只是一旦恒温点确定后就不要轻易变动，保持温度的稳定是养殖技术的关键点。如果温度忽高忽低，会引起鳄龟的应激反应，动物抵抗力下降，产生疾病。

第五节　高密度养殖实例

研究鳄龟高密度养殖技术，主要目的是寻找一种适合我国实际的低投入、高产出的效益型养龟新方法、新技术、新工艺（图 4－23）。试验在特制的不锈钢水槽中进行，结果每平方米放养量为 25 只、产量为 37.6 千克，投入产出比为 1∶1.8。

图 4－23　鳄龟高密度养殖

关键技术是低水位、立体式、控温养殖。主要特点是"一低、三高、三省"。广东省东莞市虎门镇的某鳄龟养殖户，采用此技术养殖的鳄龟商品龟全部被深圳酒楼包销。

一、不锈钢水槽制作

采用不锈钢水槽、三层立体、控温养殖新工艺（图 4－24）。养殖过程全部在温室中进行，要求温室采光性好、保温性强，环境安静，水源卫生，交通方便，根据这样的原则，我们选择屋顶平台建造温室，使用的保温材料为泡沫板，厚度为 5 厘米，将温室顶部、墙体三面以及地面全部包围，留下的一面墙体用采光性好的玻璃围护，其中间安装铝合金为框架的玻璃移动门，在温室的一面墙体的上方还设置 1 只双向排风扇，以满足需要定期抽出室内污浊的空气，并可反向运转风扇将外面的新鲜空气补充入室内，如此进行空气对流交换。选用厚度为0.8毫米不锈钢板制作成养龟水槽，底宽为75厘米，高度为26厘米，口面压延2厘米，长度为244厘米。并用角铁支撑水槽，建成三层水槽立体架构，温室高度在2.2米左右。

图4－24　不锈钢水槽、三层立体、控温养殖新工艺

二、饲养方法

放养的鳄龟稚龟全部从美国进口，平均规格为7.2克，每平方米放养量为25只，一次放养，不再调节密度，直到养成商品龟。放养时间为每年的7—10月份，养殖周期为1年。使用温室自动热水循环节能加温装置和温室自动加温控温装置两套专利技术，此例全程自动控制在30℃恒温，以促进鳄龟最快生长。水位根据鳄龟不同成长阶段，主要依据其身高确定，以不超过其背部5厘米为宜（图4－25）。饲料选用天然海产小杂鱼，并使用常规的食盐和石灰消毒防病，不用任何化学药品，确保生产的鳄龟未受污染，为绿色食品，养成后可销往高档酒楼。

可买一套小型的饲料生产机组，使用先进的饲料配方，自己配制饲料。鳄龟饲料基本成分为白鱼粉、α－淀粉、植物蛋

图 4－25　低水位养殖新方法

白、矿物质、维生素、益生菌、益生元，并可添加其他绿色饲料添加剂，以促进的鳄龟的生长，减少营养性疾病发生，提高养殖成活率。

降低饲料成本的关键是尽量使用配合饲料。因为使用杂鱼等动物饵料，其饲料系数较高，一般在 15 左右，即按每 500 克杂鱼 1 元计算，增重 500 克鳄龟需动物饲料成本 15 元；而使用配合饲料，其饲料系数仅为 1，按配合饲料平均价格 4 元计算，增重 500 克鳄龟仅需 4 元饲料成本。对小鳄龟养成阶段投喂配合饲料，如果是粉状饲料需加水、玉米油、鱼油做成软颗粒或团状，放在食台上。如果养殖的品种是大鳄龟，投喂漂浮在水面的膨化饲料，形成动态的饲料能引诱不爱动的大鳄龟吞食。每天投喂 2 次，每次投喂量以 20 分钟内基本吃光，仅剩少许为宜。

定期用生石灰浆化水稀释后全池泼洒，消毒防病，交叉使用微生态制剂。并可采用先进的臭氧发生器定时自动对养龟水体进行消毒，效果好，成本低。发现水质变化，氨浓度较高，就要及时换水，有条件的养龟场可采用经典的水化学分析方法或现代仪器自动检测水质，并可采用电脑监控的方法对温室内鳄龟活动情况进行跟踪观察，发现问题立即采取措施。现代技术已经做到自动测试、自动换水、自动分析、自动报警。在饲养过程中要特别提醒的是“等温换水”。在稚龟从室外移到室内要逐渐升温，当幼龟移到室外要逐渐降温，注意温度的平衡。在养殖全程始终记住 12 个字，即“环境调控、结构调控、生物调控”。

三、养殖结果与分析

试养的 300 只鳄龟稚龟，经过 1 年的控温养殖，抽样 90 只，称重共 135.5 千克，平均规格为 1 505 克，随机测到的雌雄比例为5.9∶1，其中一只 2.05 千克重的鳄龟全长为 50 厘米（头伸最长为 16 厘米，身长为 19 厘米，尾长为 15 厘米），身宽为 17 厘米，身高为 8.5 厘米。

养殖成果分析：每平方米放养 7.2 克的稚龟 25 只，产出时最大规格为 3.5 千克，最小的为 750 克，最多的规格在 1～2 千克，平均规格为每只 1 505 克，每平方米池产出商品龟为 37.6 千克，平均日增重 4.1 克（图 4－26）。

图 4－26 鳄龟高密度养殖的规格

鳄龟高密度养殖关键技术可概括为“一低、三高、三省”。

“一低”是指低水位。控制水位在龟背以上 5 厘米内，如果大于 5 厘米就会出现鳄龟相互撕咬现象，而低于 5 厘米鳄龟表现安静。为什么要控制这个水位？经观察，在高密度养殖条件下，鳄龟易产生应激反应，如果水位高了，鳄龟在水中好动，撕咬尾巴、肢脚、头部、颈部，剧烈时可将尾巴咬断，从而影响外观和商品价值，在实践中摸索出来的这种养殖方法是本技术的关键。再选用钢板结构的水池，不仅便于清洗，还可保护龟爪不受磨损，出售时龟爪尖利而完整。同时，采用低水位养殖技术，用水量少，能源消耗降低，避免了龟与龟之间相互撕咬致残，减少病原感染机会和疾病发生。这也是提高鳄龟养殖成活率的创新点之一。

“三高”是指高密度、高产量和高效益。“高密度”，是指人工放养密度高达每平方米 25 只，一直养至商品龟，这在过去不敢想象，打破传统的养成密度最多不超过 10 只/米^2 的“瓶颈”。“高产量”，最终单产达到 37. 6 千克/米^2，在此之前，我们见过产量达 9. 39 千克/米^2 的高产纪录，本次实验的结果是不是最高密度和最高产量或者最大载龟量还有待于进一步研究，但可以说，到目前为止是最高密度和最高单产。高效益，此项目投入产出比为 1∶1. 8，家庭养殖 300 只，年利35 700 元，如果养殖 1 000 只，规模效益更加显著，可达 12 万元左右。

“三省”，是指省投资、省能源、省人工。“省投资”，每只水槽全部为不锈钢制作，成本为 350 元，具体制作时选用厚为 0. 8 毫米、长为 244 厘米、宽为 122 厘米的钢板（制作时 300 元/块，现行价上涨 20%），制作成的水槽长为 244 厘米、宽为 75 厘米、高为 26 厘米。另用宽为 2 厘米、长为 600 厘米的钢板条（20 元/条）连接成宽为 2 厘米的压延。每个温室由 4 只钢板水槽和 2 只地面油面砖龟池构成 3 层立体架构，地面池也可做成 1 只池，中间用角铁架面上铺木板搭建走道，便于饲养管理。每只水槽1.83平方米，可养46只鳄龟，平均每只鳄龟分摊的水槽制作成本仅为6.52元。由于高密度养殖，节省空间，相对投资就小。“省能源”，由于空间小，热能利用率高，又因为采用低水位养殖技术，从而节省水电，按实际计算，每养成500克商品龟仅需水、电费各1元。“省人工”，低水位养殖，换水量少，钢板结构的水槽排水快，清洗方便，因此用工省，从而节省时间。高密度养殖，不仅充分利用空间，发挥热能效率，创造高产高效，为集约化、工厂化、设施渔业、现代渔业开辟了一条新路。由于本技术还坚持使用海产杂鱼做饵料，不使用饲料添加剂和化学药物，确保了生产出来的鳄龟符合绿色食品的要求。

第六节　病害防治

鳄龟的病害较少，最常见的有应激反应、脂肪代谢不良症、肿瘤和中暑等，在实践中可能遇见其他病害，在有关龟鳖病害防治的共性知识的章节中有详细介绍。笔者认为，鳄龟病害防治的关键技术是，高度重视因温差引起的应激反应，并采取预防措施；疾病是生态失衡的表现，因此关注和调节鳄龟养殖生态平衡，是防治鳄龟病害的根本方法。

一、应激反应

因换水不当，温差太大，即环境的迅速改变，使龟的神经受到刺激，会引发曲肢病（图4－27）。2000年4月江苏苏北的一位养龟爱好者来电说，他养了9只鳄龟，因其外出，由母亲在家换水，未注意温差问题，结果用温差6℃的水换水后，出现了鳄龟前肢弯曲不能伸直的现象，后逐步死亡8只。如果龟类出现这种应激反应“环境病”，应及时采取有效措施，控制病情。要改善生态环境，将温室门窗打开，通气，彻底换“等温水”，将病龟挑出，用等温清水暂养，逐步降温后投放到室外专用病龟池，最好是有斜坡的土池，让病龟慢慢爬到土池坡上休息，待恢复体力后自然下水。

图4-27　鳄龟应激反应

对温室内病龟池新水，用0.5毫克/升的低浓度二氧化氯全池泼洒消毒，48小时后接种有益微生物EM，泼洒浓度为10毫克/升，连续3天，维持水体微生态平衡。增强鳄龟的抗病能力。对温室内尚未产生病变的幼龟和室外池已恢复体力和食欲的病龟口服抗病中药、维生素和微生态制剂。温室池由于施用杀虫杀菌剂，有益微生物减少，应投入纯培养的光合细菌或EM有益微生物制剂，可净化水质。使用具解毒和抗致畸的中药配方：山豆根、大青叶和生甘草以1:4:1组合，按饲料6%添加，连续服用7~10天。口服EM微生态制剂2毫升/千克饲料，连续服用7~10天。较大剂量服用维生素D、维生素C、维生素B_6（5~10克/千克饲料）。

温室养龟时，在外界自然温度与室内温度等温条件下，稚龟进温室后，必须慢慢升温，每天升高1℃，直至最佳温度；

同理，培育至幼龟出温室时，必须慢慢降温，每天降低 2℃，直至与外界自然温度一致。龟类耐低温临界温度为 4℃左右，耐高温的临界水温为 36℃。接近临界温度时，不论是稚龟、幼龟还是成龟在运输、放养、捕捉、转塘时，温度不允许有半度的相差。温度突变，严重时会影响抵抗力，新陈代谢紊乱，导致各种疾病的发生。有时会影响日后的生长速度，这点应引起养殖者高度重视。夏季要采取防暑降温措施：露天养龟池，尤其是水泥池要搭遮阴棚，要保持龟池四周环境凉爽通风。养龟池食台要建在阴凉通风处，及时更换池水，促进水的流动。冬季要采取防寒保温措施：池水要加深，越冬池北面要设挡风墙。有条件的注入深井水、地热水，使水温不低于 5℃，最好保持 10℃以上。

二、变质食物引起的脂肪代谢不良症

该病发病初期，外部症状不明显。病重后出现外表病症是：身体浮肿或极度消瘦，病龟腹部呈暗褐色并有灰绿色斑纹，无光泽，四肢和颈部肿胀，皮下出现水肿，四肢肌肉软而无弹性，裙边薄而且有皱纹。解剖，有恶臭味，体内脂肪组织呈土黄色或黄褐色，肝脏发黑，骨质软化。龟体外观变形，高而重，背部明显隆起，行动迟缓，常游于水面，最后停食死亡。

病因：长期投喂腐败变质的鱼、虾、肉和变质的干蚕蛹等高脂肪动物饲料，致使饲料变性酸败以及饲料中缺乏维生素等原因。龟吃食后变性脂肪酸在体内大量积累，导致脂肪代谢异常，肝、肾功能衰退，代谢机能失调，逐渐发生病变。该病较易在摄食旺盛的成龟池中发生。因饲养管理不当引起此病。亲龟在繁殖季节投喂一些新鲜动物饲料，对产卵有利。但将已腐烂变质小杂鱼投喂亲龟，导致饲料中变性脂肪酸在亲龟体内积累，造成代谢机能失调，就会逐渐酿成疾病。

防治方法：以预防为主。氧化脂肪对龟类的毒性影响表现在生长缓慢、贫血、肝脏病态、肌肉萎缩，甚至产生瘦背病。在饲料中添加0.25%～0.50%的维生素E时，能抑制病态发生。所以，含脂量高的配合饲料，除了要使用优质油脂外，应注意在饲料中添加适量的维生素E或其他抗氧化剂，减缓脂肪的自动氧化。此外，还要注意饲料卫生。投喂饲料时，要保证饲料新鲜，特别在炎热季节，不投喂腐败变质或霉变的饲料，最好以人工配合饲料为主，当天加工，当天投喂。食台要设在阴凉背光处或水下，防止烈日曝晒。对于动物性饵料，使用时要用5%的食盐水浸泡30分钟消毒后投喂。在饲料中添加50%的氯化胆碱0.4%～0.6%，预防脂肪肝病。对已经发病的龟必须要进行注射药物治疗。一般使用抗生素和喹诺酮类，可选用丁胺卡那霉素20万国际单位/千克、氟哌酸1毫升/千克。

三、肿瘤

此病发现于鳄龟温室养殖中，笔者在湖州也曾见到。其主要原因是经常使用高浓度禁用渔药红霉素浸泡防病，结果刺激引发部分鳄龟患良性肿瘤，发生的部位多在头颈侧面，一般采取果断的措施，用剪刀将肿瘤切除，并用青霉素和链霉素混合溶液浸泡后干放，待康复后下池。

四、美国大鳄龟中暑一例

笔者曾将美国大鳄龟（*Macroclemys temmincki*）与美国鳖（*Apalone ferox*）混养进行适应性试验，没有发现相互残杀的现象，反而相处很好。美国鳖喜欢钻在鳄龟腹部下休息，鳄龟没有任何反抗行为，从不咬美国鳖，但高温中暑未能幸免。2000 年 7 月 22 日苏州出现当年最高气温 37℃（百叶箱内温度），水温未测，估计在 36℃以上。笔者缸养鳄龟，中午因外出未能照应，上午投喂饲料时还是正常，傍晚观察发现 2 只鳄龟已中暑死亡，而同缸中养殖的另外 2 只美国鳖安然无恙，这说明美国鳖比鳄龟耐高温。分析原因：鳄龟与美国鳖混养，在缸中由于鳖喜欢钻到其腹部，将鳄龟顶起，从而将鳄龟暴露在空气中，接受强烈的阳光照射，在高温下时间过长引起中暑。

对死亡的鳄龟进行检查，外表无任何症状，与正常鳄龟一样。解剖后发现，肺特别膨大，上面布满小气泡，肝脏呈红黄间断花肝状，脾脏、胰脏、肾等其他器官未发现异常。肠道食物充满，但已消化，颜色正常，未见红色出血状。

因此，在养殖鳄龟时，夏季尤其要注意高温天气时，做好防暑降温工作。具体措施：提高水位，早晚换水，更换等温水。在养殖池上方搭棚，加盖遮阴网，牵种丝瓜等绿色植物自然降温，放养水葫芦，净化水质，挡阳光，其发达的根须还是鳄龟栖息的良好生态位。

第七节　知识点：鳄龟养殖经济效益与市场前景

一、经济效益

目前，鳄龟养成主要采用工厂化养殖。工厂化养龟是一项高技术、高投资、高风险的产业，能否产生最佳经济效益是决定养龟成败的关键。以 2006 年的行情为例，工厂化养殖鳄龟 1 000 只，能取得多少经济效益呢？下面以小鳄龟工厂化养殖实例进行分析。

1. 技术路线

采用控温型全封闭工厂化养殖，强调计划性，可控性和稳定性。选择环境安静、水源优良、交通方便的地方建立养龟工厂，有计划地实施温室建造、加温系统、进（排）水系统、增氧系统，制定生产指标；对密度、温度、水质进行全面调控，控制密度，全程控温，恒定水温为 30℃，采用锅底形池底，以便迅速排污，换水少量多次，对水质进行微调；使用稳定质量的配合饲料、定时定量的投喂饲料方式、优化水质环境，在一定的养龟周期内实现经济目标。

2. 养龟结果

养殖 1 000 只小鳄龟，终密度为 6 只/米^2，配套温室面积为 167 平方米，全程控制水温为 30℃，9 月份放养，第二年 8 月份收获，从个体重为 8 克稚龟养成平均规格为 2 250 克的商品龟，养殖周期仅 11 个月，使用上海松江产“统一”牌粉状配合饲料，单价为 8 000 元/吨，做成软颗粒饲料投喂，饲料系数仅为 1，即每增重 1 千克鳄龟消耗这种饲料只有 1 千克。

3. 投入

成本为 81 850 元。其中：鳄龟苗为 60 000 元（1 000 只小鳄龟，60 元/只）；饲料为 17 100 元（增重 2 137.5 千克，饲料系数 1，耗饲料为 2 137.5 千克，饲料单价为 8 元/千克）；水、电、煤为 4 750 元（950 只鳄龟，平均为 5 元/只）。

4. 产出

产值 128 250 元。其中放养 1 000 只鳄龟，成活率为 95%，成活 950 只，平均个体增重为 2.25 千克，商品龟为 2 137.5 千克，商品龟价格为 60 元/千克（此价格用于分析），实际出售价格随市价而变动。

5. 毛利

46 400 元。但必须指出：在计算生产成本中，未扣除固定资产折旧费、人工工资、当年设备维修费、药品费、产品质量检验费、生产管理费、销售费用 、流动资金货款利息及税费等。因此结果为毛利。通过生产实践可见，工厂化养殖鳄龟，每平方米产量和产值分别为 12.8 千克、768.0 元，获得较好的经济效益。

二、生态效益

鳄龟的生态效益主要表现在以下 3 个方面：一是增殖鳄龟资源，通过人工繁殖，鳄龟总量增加，满足人们对食用龟的需求，减少对自然资源的依赖，坚持从养龟场引进苗种，不去捕捉野生龟类，开展规模养殖正是对龟类的保护；二是保持生物多样性，目前国内仅存的龟类品种不多，增加鳄龟品种，与国产龟类没有矛盾，从生物多样性角度看具有积极的意义；三是促进生态平衡，鳄龟在自然生态中具有平衡的作用，是食物链中不可缺少的一环。此外，还可用于科研，探索保健功能、长寿机理，如龟脑强抗氧化功能与龟长寿的关系；用于观赏，陶冶情操。鳄龟具有较高的观赏性，无论是单独观赏，还是接种龟背基枝藻制作成绿毛龟都惹人喜爱。江苏常熟李忠国先生研究绿毛龟40年，最近利用鳄龟制作绿毛龟已获得成功（彩照29）。

三、社会效益

中央电视台在鳄龟引进后进行了专题采访和报道，拍摄的《鳄龟的温室养殖》（图4－28）和《带你去认识鳄龟》（图4－29）科教、科普片在中央电视台第七频道“科技苑”栏目播放，观众反响强烈。目前，鳄龟是农业部开放的食用龟之一，因此我们可以放手发展鳄龟养殖业，使鳄龟商品龟尽早进入百姓的餐桌，造福人民，并为农村致富奔小康提供了一条新途径。笔者认为，只

图4－28　《鳄龟的温室养殖》科教片中笔者接受中央电视台专访

要正确引导，积极鼓励，大力发展，鳄龟养殖前景广阔。

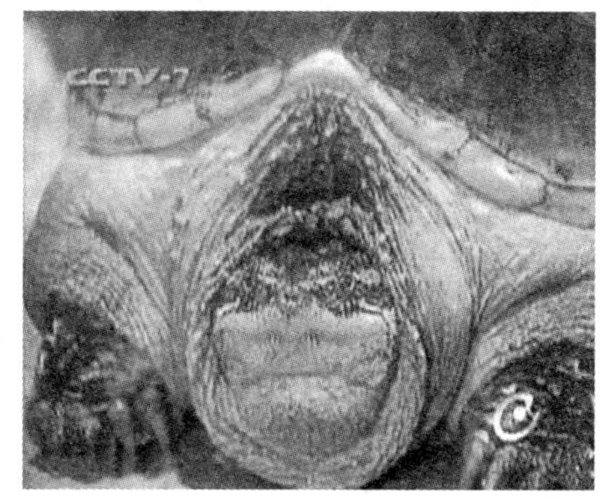

图4－29　中央电视台科普片《带你去认识鳄龟》

四、进入市场

鳄龟从国外引进我国时间不长，其中95%以上为小鳄龟。中华人民共和国农业部公告第485号指出“经全国水产原种和良种审定委员会第三届第二次会议审定，鳄龟等3个品种为适宜推广的从境外引进的品种，应严格控制在人工可控的水体中养殖”。当前小鳄龟进口量满足不了我国的需求，现阶段仍处于鳄龟苗种开发期，苗种供不应求，价格较高。当大批商品鳄龟进入市场，将不再限于饭店消费，大众化的消费会促进鳄龟生产更快发展。当鳄龟形成产业后，鳄龟产量继续增加，大约在5年后进入平利阶段，进一步发展，将进入薄利时代，到时优胜劣汰，只有依靠科技含量的提高才能在市场上占有一席之地。业内人士分析，10年内鳄龟养殖项目不会被淘汰。

五、进入酒楼

鳄龟的独特风味，已在经济发达地区得到消费者的公认，他们品尝鳄龟后一致认为鳄龟味道鲜美，无异味、泥土味及怪味，比鳖的裙边味道更美，鳄龟的肉质香酥，脂肪含量比普通龟鳖少得多。鳄龟肉质细腻，龟肉属高蛋白、高氨基酸、低脂肪、低胆固醇、低热量的天然保健品，因此，被农业部推荐为“适应推广的从境外引进的品种”。笔者在浙江与养殖者共同解剖过野生小鳄龟成体，3.4 千克的鳄龟，放血后去除背甲、腹甲和极少脂肪后，剩下的几乎都是纯精肉，经称重为2 千克，纯出肉率为58.8%，故鳄龟又称肉龟（彩照30）。笔者还分别对野生鳄龟和家养温室鳄龟解剖比较，发现野生鳄龟骨板色深，灰褐色，脂肪极少；温室鳄龟骨板色淡，灰黄色，脂肪色白，含量较高（彩照31）。过多的脂肪影响口味和食用者健康。解决办法是：①在温室养殖鳄龟时，注意饲料的改进，减少饲料中脂肪含量；②鳄龟在温室养成后移到露天池进行常温养殖一段时间再上市，适当投喂动物饲料，减少配合饲料，以改善品质；③露天生态全程养殖，从鳄龟稚龟开始在露天池中养殖一直到商品龟，全程自然环境，并全部采用天然饵料，养成的鳄龟品味更佳，接近野生风味，这种养殖方法又称仿野生养殖。市场上仿野生鳄龟价格是温室鳄龟价格的1 倍，从差价上可以看出市场价格与鳄龟的品质有很大关系。

今后可能出现的问题是：规格过大的鳄龟在未来全面上市时，一般消费者难以接受。因此，应尽量控制养殖鳄龟的上市规格不超过1 500 克为宜，对过大的鳄龟可分割成小包装，并可进行深加工，适应不同层次消费者的需要。笔者在北京、深圳调查时发现，饭店酒楼对鳄龟的规格要求很严格，就在1 500 克左右。酒店需要小规格的商品鳄龟，养殖者希望养成大规格的鳄龟，这是个矛盾。解决办法是鳄龟繁殖数量逐渐增加，不断满足生产需要，当苗种供大于求时鳄龟苗价格降低，养殖成本低，这时就可以按照市场需要将鳄龟养成，既满足市场需要的规格，养殖者也有钱可赚。

六、烹饪名菜

鳄龟美味与保健兼得，其营养价值超过本土甲鱼。目前，鳄龟烹饪名菜主要有8种，如北京王府井渔人码头海鲜酒家推出的鳄龟全宴包括：①延年益寿汤；②鲍汁扒龟掌；③红烧鳄鱼龟；④牛油浇汁焗龟尾；⑤鸡腿炒龟肉；⑥辣酒煮龟杂；⑦龟汤浸桂鱼；⑧腊味龟血煲仔饭。在深圳、广州、北京等地，“极品南山龟寿宴”、“鳄龟山珍宴”、“鳄龟海皇宴”相继推出。为什么鳄龟有如此美味？叶泰荣、李家乐和李应森对鳄龟肌肉部分的营养成分分析结果表明，水分、糖、脂肪含量分别为71.4%、1.2%、2.5%。鳄龟肌肉中的矿物元素以钠最高，背甲中矿物元素以钙最高。鳄龟肌肉脂肪含量为0.2%，脂肪酸组成以C 18:1为主，达33.08%，其次为C 16:0，维生素含量中，以维生素 B_6 最高。鳄龟肌肉的蛋白质含量高达19.6%，疏水氨基酸、亲水氨基酸、解离氨基酸、鲜味氨基酸和必需氨基酸分别占氨基酸总量的36.30%、35.90%、40.27%、44.91%和50.72%。氨基酸组成中以谷氨酸含量最为丰富；鳄龟的第一限制性氨基酸是缬氨酸（叶泰荣等，2007）。

最后，总结本章鳄龟健康养殖关键技术：就孵化而言，掌握温度、湿度和通气三要素；就养殖方面，突出温差、水质和饲料三秘诀；就综合技术要求，环境安静交通便，水源水质无污染，温室露天两相宜，技术路线多径途，亲龟选择健康体，孵化采用新工艺，高密养殖水位浅，饲料配置营养全，最佳控温不含糊，等温换水应激除，要想卖个好价钱，控制规格很关键，禁用药物记心间，安全食品价值添，绿色优先可持续，钥匙就在你身边，科学发展实践行，掌握技术富竟成，鳄龟肉多品质佳，滋补身体壮精神。

第五章
乌龟养殖

乌龟，英文名为 Chinese Three - keeled Pond Tutle，拉丁文名为 *Chinemys reevesii*。乌龟控温工厂化养殖技术，已在我国取得重大进步。全国 1 000 万只乌龟中 20% 进入花鸟市场，80% 养成食用龟进入集散市场，在食用龟养殖中约 80% 采用了控温养殖技术，只用 12 个月的时间，稚龟就能养成 400 克商品龟（图5 - 1）。温室投资小，每平方米仅需 100 元。新技术突出表现在保温、饲料、微调水等方面。温室顶部采用双层保温材料后，室内气温和水温之间能保持温差较小的最佳状态。采用膨化颗粒饲料，水质污染减轻，饲料系数仅有 1.5。“微调”的换水方法能保持水质清新，环境稳定。由于技术成熟，市场空间大，苗种成本低，经济效益显著。而露天池养殖，可以与工厂化养殖衔接，稚龟到幼龟在温室中培

图 5 - 1　养殖达到商品规格的乌龟

育，幼龟到成龟在露天池中进行养殖，可以有效改善乌龟品质，降低能源消耗。本章对乌龟繁育、龟卵孵化、环境调节、温差应激、水深要求、放养方法等进行了详细介绍，并对乌龟甲长与体重的关系作了分析。

第一节　工厂化养殖

一、温室结构

温室的顶层处理技术是温室结构中的关键。下面按主体结构、龟池结构、进排水系统、加温系统和增氧系统分别介绍。

1. 主体结构

实现 1 万只乌龟的养殖规模，需要建造温室实用面积 500 平方米、建筑面积 540 平方米以及工作室 60.75 平方米的养殖场。温室建造包括加温装置、增氧系统、进（排）水系统以及工作室需投资 5 万元，每平方米 100 元（图 5－2）。温室由地面向上建造，室内高度为 2.1 米，南北向，长度为 40 米，跨度为 13.5 米。四面墙体高度为 60 厘米，内夹 3 厘米厚的泡沫板保温。采用直径为 4 厘米、壁厚为 2 毫米的镀锌管弯成“钢管拱

图 5－2　乌龟工厂化养殖温室结构

架”，顶部分层处理由内而外分别为网片（二指网目）、3～4厘米厚的泡沫板、油毛毡、5厘米厚稻草、网片，用网绳牵拉至地面，以压紧温室顶部材料防风。在温室的南端设置长为13.5米、宽为4.5米的工作室，主要用于放置加温设备、生产资料，以及工作人员生活之用，同时为温室增加一道防风抗寒屏障，有利于保温。这种温室由于保温效果好，能控制温室内空气和水体温差，达到恒温30℃的最佳状态。

2. 龟池结构

养龟池设计为两排，每排池及池壁合在一起宽为6.5米、长为40米，中间走道宽为0.5米、长为40米，为长方形，每只池30平方米，长、宽、高分别为6米、5米、0.6米，池顶压延8～10厘米。为保证正常更换恒温新水，需要建造调温池，其架构在温室进口第一排左右养龟池的上方，设置2只，每只池体积为4.608立方米，其长、宽、高分别为3.6米、1.6米、0.8米。养龟池为砖砌水泥结构，内壁用水泥抹光，以防龟体擦伤，池底做成锅底形，四周高，中间低，便于尽快排水、排污。

3. 进、排水系统

进水部分比较简单，由调温池接内径2寸的PVC进水管送达每只养龟池，根据换水需要，释放30℃恒温热水。排水部分主要由排水管和排水沟组成，从每只养龟池锅形底中心接直径为10厘米的排水管，经池底下方排暗管至养龟池的一侧出口，并在走道的两侧各设一排水沟，在池外壁排水口连接一只与养龟池等高的皮管，平时提起来挂在池壁上方，排水时放下至排水沟。为防止龟随排水时逃逸，在池底排水口安装不锈钢栏栅。

4. 加温系统

配建500平方米的温室仅需投资8 000元，由炉体、烟道、热水管、冷水管和调温池构成加温系统（图5－3）。炉体设置在工作室内，与温室墙体紧密相连，炉体直径为0.85米，高为2米，炉体分为两部分容积，之间用管径为50.8毫米的镀锌管连接，上部高为0.42米，下部高为1.58米，为排解压力，在上部顶端和下部炉壁上首分别安装1根出气的管径为12.5毫米的镀锌管延伸至室外（高于水塔）。在炉顶中央接直径为10厘米的出水管至温室内调温池，并在该管进温室前接1根笔直向上的管径为12.5毫米的出气管（此管高于调温池），以进一步排解压力。在室外建水塔1座，水塔长为4米，宽为3.6米，高为0.5米，贮水7.2吨，塔比炉高为0.5米。塔与炉、塔与调温池、炉与调温池各用直径为10厘米的管道连接，并分别设开关。换水时，打开相关的开关，水塔因为设置比炉体高，水压使炉内热水压至调温池（图5－4），如果水温偏高，可将水塔与调温池的开关打开，注入冷水进行调节，当调温池温度达到最佳温度30℃时关闭开关。为测量调温池的温度，可在调温池中放一块泡沫板，上面插入感温探头，另一端连接到工作室中的温度指示表上，便于观察。为

图5－3　乌龟温室养殖加温设备

探测温室内气温动态变化，一般安装1台数字温度检测仪，与水温表一起安放在工作室中。烟道用于温室内空气加温，其穿室而过，形成“互”字形，烟道直径为15厘米，材料选用不锈钢焊接而成。因烟道较长，必须在烟道出口连接1台抽风机，其功率为500瓦，参考价格为400元。抽风机的开关安置在工作室，便于操作，在加温炉添加燃料时打开抽风机。一般每天添加燃料2次就可保持温室最佳温度。由于节能，使用煤加温，每天仅需30~100千克的煤，就能使500平方米内的温室空气和水体达到最佳30℃的恒温要求，并可使用柴草作为燃料。

图5-4　乌龟温室调温池

使用“龟鳖温室自动热水循环节能加温装置”（中国专利ZL 01 2 17344.4），热水管由炉体上部出口连接至调温池的一角，冷水管从调温池的另一角（与热水管出口对角）接出，回接到炉体的下部，形成回流，加温后，热水自动循环，满足恒温换水需要。用此方法养龟采取一次放养、多次捕捞的高密度养殖模式。每平方米放养密度可由一般的20只提高到30只乌龟。但这种加温装置适合规模较小的温室养殖。

5. 增氧系统

在温室加温环境下，龟行肺呼吸，增氧系统的设置主要是缓解水质变化和保持空气清新，为龟创造一个健康养殖的生态环境，减少疾病的发生。该系统由罗茨鼓风机、增氧管和气泡石氧气头组成。配套500平方米的温室使用功率为1.1千瓦的罗茨鼓风机，浙江德清生产的机器工作稳定，噪声小，比较可靠，参考价为750元。江苏宜兴产的便宜，600多元就可买到。增氧管选用直径为10厘米的白色塑料管，通至各养龟池，再用小皮管接入池中，终端为气泡石氧气头，每池放置8只气头。

二、饲养管理

乌龟温室养殖实际上就是工厂化养殖，采用高密度集约化的养殖方式，一般放养密度为20只/米^2。在饲养管理中最为重要的环节包括：水质管理、投饲管理和温差管理。

1. 水质管理

水质是养龟环境调控中最为重要的因素。关键是“微调”，具体为每周1次进排水，先排除污水，放下排水管排污，可见到黑色的污水并闻到一股恶臭味，等排出的水色变清时提起排水管，停止排污（图5－5）。再向池中注入新水，达到原来的水位为止。

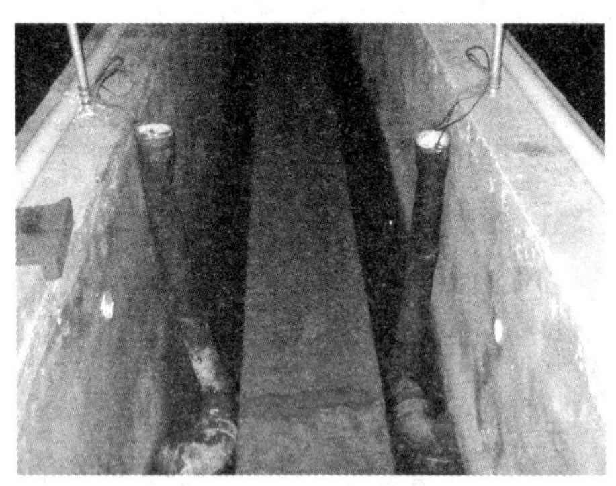

图5－5 乌龟温室排污管

为保持水质不被病原微生物污染，对调温池水体进行必要的消毒处理，可用终浓度为25克/米^{3}的生石灰；并使用终浓度为0.3克/米^{3}的二氧化氯对养龟池水体定期每15天消毒一次。在龟苗放养环节使用食盐或高锰酸钾消毒。使用的药物要求无残留，按照绿色食品生产的要求，从源头把关，实行健康养龟。尽量使用微生态制剂，不滥用抗生素。

为保证空气新鲜和水质稳定，对池水进行增氧。每天开增氧机16～17小时。为保持龟摄食时稳定的环境，在投喂饮料时停止开机片刻。

2. 投饲管理

图5－6　乌龟配合饲料外包装

一般使用配合饲料，有利于防止水质污染，提高饲料利用率，降低饲料系数。使用大型厂家生产的乌龟专用膨化饲料，质量可靠（图5－6、图5－7）。在稚龟期可使用粉状料，制成团状投放到木框加密网片制成的食台上（彩照32），进入幼龟养成阶段取消食台直接投放到水面上。投放的膨化饲料漂浮在水面上，便于观察龟的摄食情况，适时调节投饲量。每天投饲的次数为：乌龟稚龟养至个体重500克期间，日投喂3次，时间分别为06：00、13：00、21：00；个体重达到500克以上，日投喂2次，时间分别为06：00、18：00。每次投喂时间控制在10分钟左右吃完。膨化饲料中维生素不足，使用喷洒方法在饲料中添加复方维生素，

图 5-7　乌龟膨化饲料

适量增加维生素 C 的添加量（每千克饲料添加 2～4 克），以防应激反应，提高免疫抗病力。

3. 温差管理

温差是养龟的大敌，养龟中最容易忽视的经常是温差管理这一重要环节。温室养龟中的温差，主要来自于乌龟的放养、换水、成龟出池等几个环节。放养时注意温室内渐渐升温，每天升温 1～2℃；换水时记住“等温换水”，安全的温差范围，稚龟期为 1℃，幼龟期为 2℃，成龟期为 3℃；同理，出池时温室逐渐降温，每天降温 1～2℃。否则，龟会产生强烈的应激反应，严重时发生肺坏死，解剖可见淤血窦，并发生所谓的莫名死亡。因此，要坚持做到等温，创造恒温环境。

三、养龟结果

1. 养殖周期

乌龟控温养殖周期一般为 12 个月左右。放养乌龟苗时间为 7 月底 8 月初，收获商品龟采取捕大留小的方法，在养殖到8～9 个月时捕捞第一批，12 个月时捕捞第二批，全程结束。平均规格达到 400 克。中途可以根据花鸟市场需要，多次捕捞生长缓慢的幼龟作为观赏龟，约占 20%，其余 80% 养成商品龟进入食用龟市场（彩照 33）。

2. 技术评价

乌龟工厂化养殖，占地面积小，技术成熟，是设施渔业的一个重要组成部分，也是现代农业发展的方向。从温室建造到饲养管理有一套有效的健康养殖和成本管理方法。如低投资、高保温的温室结构，微调水质的生态技术，膨化料降低饲料系数的方法，温室气温与水温的温差控制等。本技术采用低投资、高保温、节能型的温室设计，建造成本每平方米只需100元左右，温室保温性能相当满意，能控制温室内气温与水温同步，均达到最佳温度30℃。而一般温室中空气温度至少比水温高3℃左右。"微调"的换水方法是节能型生态养龟渗透到控温养龟新技术中的关键。锅底形的养龟池设计，排污迅速彻底，每周仅需微调一次，就能保证养龟池水质清新，节能降本。使用膨化饲料，便于观察摄食情况，残饵少，水质污染减轻。在防病方面，从环境调控和生物调控着手，坚持以防为主，使用无残留的药物，不滥用抗生素，尽量使用微生态制剂，调节生态平衡，平衡就是健康。在养殖过程中，紧紧抓住"水质、饲料、温差"这六个字所包含的技术关键。

3. 推广乌龟控温养殖技术

乌龟控温养殖新技术特点是温室投资少，技术含量高，经济效益显著，并可适用其他水栖龟类的养殖。目前养龟市场空间较大，因地制宜，选择水源水质好、环境安静、交通方便的地方，积极推广控温养龟新技术，前景广阔。

第二节　露天池养殖

乌龟露天池养殖，主要有两种模式：一是从稚龟开始一直到养成商品龟，全部在露天池中养殖（图5－8）；二是稚龟在温室中培育到幼龟，然后从幼龟开始移到室外进行露天池养殖。这里介绍的是第二种模式。幼龟在温室中培育结束后，进入成龟养殖阶段。幼龟出池时间在5—6月份，苏州为6月25日左右。出池平均规格已达到150～200克。此时，外界自然温差较小，有利于龟的快速生长。为避免出池时温差过大而引起死亡，在幼龟移出温室前要逐渐降温，每天只能降低2℃，如果室外水温是25℃，那么从室内的30℃水温降到室外的25℃需3天左右的时间。移出室外进行成龟养殖的目标为：将150～200克的幼龟通过3个月的饲养达到400克商品规格。利用7、8、9三个月的高温季节，自然温度基本达到成龟需要的最佳温度，成龟养殖一般在露天池进行，生长速度加快。在这一阶段，不需要加温耗能，只要调控水质和满足龟的营养需求，防病促长，加强饲养管理。

图5－8　乌龟露天生态养殖

一、放养前养龟池与幼龟的消毒

放养前对养龟池、养殖工具和幼龟都要进行严格消毒。养龟池底质一般用生石灰彻底消毒，池水用二氧化氯消毒，工具用高锰酸钾消毒，幼龟用食盐消毒，使龟保持无病原体入池。

二、饲养与健康管理

幼龟放养量，依龟池条件和养殖技术水平而定。一般，土池放养3~5只/米^2，水泥池为5~8只/米^2，技术水平高的放养8~10只/米^2（图5－9）。一次放足，以减少中间分养的环节和对龟的干扰。密度越高，管理难度越大，要求技术含量要高一些。成龟的饲料主要是全价配合饲料，要求蛋白质含量达到40%，氨基酸、微量元素、维生素等营养全面。饲料系数在1.5以内。7、8、9月份成龟配合饲料投饲率分别为3.5%、3.5%、3%。为改善乌龟品质，在成龟期可适量投喂螺蛳、河蚌、新鲜鱼虾、蚯蚓等，但不能投喂变质的动物内脏等，以防带菌的动物饵料及变性的脂肪酸在龟体内积累，造成龟的代谢机能失调，逐渐导致疾病。饲料台与幼龟养殖一样，用石棉瓦制作，1/3入水为引坡，2/3露出水面为摄食和晒背场所，石棉瓦设置在龟池的北面向南，石棉瓦一块块放置在一起，连接长度占池边的80%左右。实行水位线投饲，投饲就投在水位线石棉瓦槽内，减少饲料浪费和防病用药的损耗。每天投喂2~3次，做到“四定”，即定时、定位、定

图5－9　乌龟在水泥池中养殖

质和定量。

三、环境调控

环境调控尤其重要，在成龟池内 1/4 ~ 1/3 面积放养水葫芦，用来净化水质。水葫芦是根须吸污和净化水质能力极强的水生植物（图 5 - 10），也是龟的隐蔽物和晒背的场所。在集约化水泥池里，可安装罗茨鼓风机进行充气增氧，从而加速水中有害气体的逸出。及时换水，一般 7 ~ 10 天加一次水，或部分换水。为防止换水过程中龟相互抓伤而导致细菌感染，每次换水后，立即泼洒 0.3 克/米^3 的二氧化氯或 25 克/米^3 的生石灰水防病。尽量少换水，加强生态调控力度，及时排污，接种有益微生物（与消毒剂不能同时使用），使溶氧量保持在 4 ~ 6 毫克/升。在盛夏季节，为防止高温对龟的不利影响，要及时提高水位，并根据天气情况增减。一般 9 月底 80% 左右的龟都可达到 400 克左右，作为商品龟上市，部分达不到上市规格的成龟留池继续养殖。进入冬眠期，成龟的越冬密度控制在 3 ~ 5 只/米^2。

图 5 - 10　在成龟池内 1/4 ~ 1/3 面积放养水葫芦

第三节　苗种繁育

人工养殖是对乌龟资源的最好保护。乌龟的繁殖能力仅次于巴西龟，但在野生环境中，乌龟资源越来越少，主要是因为环境恶劣、饵料难寻和人为捕捉，加上自身适应环境的能力不太强，尤其是当年繁殖的稚龟进入自然环境越冬，成活率较低。可以想象，如果不是积极开展乌龟人工养殖，现在能有1 000万只的乌龟资源量吗？因此，继续做好乌龟的苗种繁育意义重大。

一、生活习性

乌龟属于水陆两栖偏水栖，主要栖息在江、湖、河、库、塘等水域，白天多居水中，炎热季节成群寻找阴凉处，性情温和，遇敌害惊吓时便把头、四肢和尾缩进龟壳内（图5－11）。杂食性偏动物食性，喜欢摄食动物性昆虫、蠕虫、螺蚌、小鱼虾等，植物性饵料喜欢嫩叶、麦粒、浮萍、稻谷、瓜皮、杂草种子等。耐饥饿。属于变温动物，在自然条件下，水温10℃以下开始冬眠，15℃时出穴活动，18～20℃开始摄食。在江苏，乌龟10月底开始冬眠，3月20日开始苏醒，4月15日开

图5－11　乌龟遇敌害惊吓时便把头、四肢和尾缩进龟壳内

始摄食。耐低温，能自然越冬。常温下乌龟生长速度，雌性乌龟1龄体重15克左右，2龄体重50克左右，3龄体重100克左右，4龄体重200克左右，5龄体重250~300克，6龄体重400克左右；雄性乌龟生长较慢，最大个体一般为250克以下。

二、亲龟管理

亲龟池可因地制宜，大小均可，建在环境安静、水源无污染、交通方便的地方，在庭院中也可建造（图5－12）。设置产卵场、食台和晒台。食台设置成斜坡，伸向水中，饲料投在水位线处。产卵场上方需要盖遮阴棚，以便下雨天乌龟有舒适的产卵环境。池水深度为1.0~1.5米，池底淤泥厚度保持在15厘米左右，挑选性成熟的野生或人工养殖的健康乌龟（彩照34、彩照35）。6龄以上开产，11~12龄开始顺产，蛋大。亲龟放养密度为1只/米^2。精心培育，给足营养，有利于生殖细胞的发育。以动物性的鱼虾螺蚌为主，人工配合饲料为辅，每天一次，投饲量以第二天早晨检查有少许残饵为准，以保证所有的亲龟都能吃到饲料。雌雄性比为3∶1。性别特征是：雌性乌龟个体较大，壳色棕黄，纵棱显著，躯干短而厚，尾短柄粗，异味小；雄性乌龟个体较小，龟壳黑色，躯干长而薄，

图5－12　乌龟池可在庭院建造

尾长柄细，特殊臭味（彩照34、彩照35）。

乌龟繁殖力很强，交配不分季节，甚至冬季半夜也有交配现象，一般季节在17：00—18：00交配多一些，4月下旬开始频繁交配，在陆上或水下交配。产卵期要保持环境安静，确保产卵场泥、混合沙各占一半比例，沙土湿润，含水量为5%～10%。亲龟喜欢在草丛和树根下产卵，因此在产卵场堆放青草，让亲龟迅速找到合适的产卵环境，以便顺产。产卵时间，因各地气温条件差异而不同，在江苏，乌龟的产卵时间为每年的5月20日至8月10日，如果气温升高时间较早，产卵会提前，如2009年5月7日乌龟就已开产。傍晚产卵，至19：30前结束，黎明前产卵的现象少，下雨天全天产卵。乌龟产卵时后肢交替挖土成穴（图5－13），其穴深为10厘米，口径为8～12厘米。卵产穴中，乌龟盖土后离去，没有护卵习性。由于乌龟卵成熟不同步，因此多次产卵，江苏省金湖县的陆义强养殖的乌龟年产卵4.6次，60%的亲龟年产卵5次。每次产卵7～8枚，最多16枚。乌龟卵壳灰白色，椭圆形，长为2.7～3.8厘米，宽为1.3～2.0厘米。受精卵的标志，卵产出后30小时，壳上半部分透明发白，表面光滑不粘土，对着阳光观察，卵内部红润，则为好卵（彩照36），而卵内浑浊或有异臭

图5－13　乌龟产卵时后肢交替挖土成穴

味则为坏卵。

陆义强精心培育乌龟亲龟，目前已达到每500克亲龟（雌）年产龟苗11～12只的较高水平。据报道，湖南省南县养龟精英曾与本省以及汕头、湛江、大连等地的10多家水产院校和科研机构联姻，共同研究龟的繁殖和规模生产，获得了较成熟的繁殖和养殖技术。科研人员从改变乌龟的生态环境和食物入手，根据不同体重和雌雄性比，分20多个组别进行对比，经过上百次实验，得到上万个数据，终于筛选出最优亲龟组合和培育繁殖方案，使亲龟的产蛋率、受精率、孵化率极大提高，每500克体重的亲龟年产亲龟的龟苗数量由1～2只提高到12～14只，最高达16只。浙江省湖州市林建华培育的乌龟亲龟的繁殖力，平均每只雌性亲龟年产龟苗40只，雌雄（3:1）合起来平均每只亲龟年产龟苗30只，受精率为98%。培育的乌龟年产卵3次，第一次产卵16枚，第二次12枚，第三次13枚。2006年购进的温室乌龟，经培育3年后，2009年开产，实践证明：温室龟可以培育成亲龟，温室龟也能产卵。

亲龟池内种植水葫芦，净化水质，水深保持在1.2米，淡绿色，透明度为30～40厘米，pH值为7.3～8.0，每半个月泼洒一次生石灰溶液，终浓度为25克/米^3。在饲料中添加维生素和抗病药物，在生产中发现易发钟形虫病，采用全池泼洒硫酸铜，终浓度为1.5克/米^3，效果显著。

三、龟卵孵化

乌龟卵孵化采用的新技术主要是简化孵化中不必要的设备和方法。采用塑料周转箱或泡沫箱，在泡沫箱四周钻孔透气，在箱底铺沙3厘米厚，然后在沙上放置乌龟受精卵，在卵上不盖沙，孵化箱相互叠放，最上面孵化箱口面加盖（图5－14）。龟卵紧密排列，不需要留空隙（图5－15）。孵化箱放置在孵化室中恒温孵化，孵化室要求上下四周都铺设5厘米厚泡沫板节能保温。铺底的孵化介质要求含水量8%左右，孵化室空气中的相对湿度要求达85%，温度和湿度控制的方法是采用防爆远红外灯，每5平方米放1盏灯，吊挂，在灯下放置盛水的塑料面盆，灯离水面保持20厘米，在加温的同时蒸汽从水面蒸发到空气中，从而保证空气相对湿度符合孵化对湿度的要求。外接控温仪，孵化温度控制在30～32℃，孵化期为50～60天。刚出壳的稚龟体重为4～6克，卵黄囊需要1周左右吸收完毕，接下来就可开食，一般用红虫、黄粉虫、蚯蚓、猪肝、蛋黄或配合饲料做开口饵料。稚龟暂养密度为100只/米^2，经过1周左右的暂养，即可出售或放养到

图5－14　乌龟卵孵化的新方法

图5－15　乌龟卵紧密排列

图 5－16　乌龟稚龟孵出经暂养后出售或放养

幼龟池中培育（图5－16）。在稚龟期间，需要注意等温换水，以防止感冒发生，放养时，让稚龟自行爬入水中，不能将稚龟人工直接倒入水中，以免引起呛水等应激反应。

第四节　知识点：乌龟养殖常见问题与处理

一、环境问题与处理

乌龟稚龟期，是其生命最脆弱期，容易因物理、化学、人为等各种因素刺激而造成应激死亡，延长培育时间有利于提高稚龟成活率。稚龟暂养分为短期暂养和长期培育。短期暂养，即自稚龟卵黄囊消失后 1 周即可出售龟苗或移入温室内控温培育；长期培育，是指稚龟孵出后，卵黄囊逐步消失，开口摄食至进入越冬期前的培育过程。这一过程的产生，是由于龟类分批产卵，分批孵化，经过暂养一段时间后，在越冬期来临前，集中移入到温室，分级放养，进入稚龟至幼龟的培育过程。目的是通过强化培育，使稚龟体质健壮，为温室养殖打好基础。

创造良好的生态环境。暂养池宽为 1 ~ 2 米，长度不限，一般每池面积为 3 ~ 5 平方米，以操作方便为度。最好建成水泥池，便于控制水位和清除污物，也可用土池培育。无沙培育时，池底及池边用水泥抹光，内设网巢及水葫芦（图5－17），供稚龟攀附、栖息和隐蔽，实际上为稚龟安置了“生态位”。池中要留有1/2左右的陆地，或用石棉瓦垒成斜坡，具有食台、休息、引坡三功能。

改善环境有很多方法，无沙培育是其中的一种，即在池中吊上一串串龟巢，这种龟巢一般用无结网制作，每片网面积为40厘米×40厘米，网目为0.8～1.5厘米，抓住网片中心，用细绳扣紧，让网片下垂成伞状，再系到纲绳上，巢距20～30厘米，纲绳与纲绳之间的行距为30厘米左右，纲绳与水面持平，以便让龟爬到网巢上面休息（图5－17）。稚龟培育放养密度一般为100只/米^2，幼龟至成龟期养殖密度为20～30只/米^2。如密度过大，污物过多，水质容易变坏，难以控制；如密度过小，浪费水体，增加了建池的成本。开口饵料采用蛋黄、红虫（枝角类）、猪肝、配合饲料等，也可用配合饲料加猪肝等动物性饵料混合使用。鲜活饵料的投饵率为10%～12%，配合饲料的投饲率为4%～6%，以2～3小时吃完为度，要及时清除食台上、水下的残饵，并注意每天清除1次池底污物，加注新水，保持水质稳定。为保健防病，在饲料中还要添

图5－17　乌龟无沙养殖

加多种维生素，微生态制剂（如 EM 复合微生物），不加抗生素，以防产生抗药性和破坏稚龟肠道内的微生态平衡。环境调控是贯穿整个养龟过程的重要技术措施。从稚龟培育开始，就要注意环境调控，以改善生态环境，提高稚龟成活率和生长速度。

定量分析水化学，有利于判断水质。水化学要求：透明度为25～30 厘米，溶氧量为4～6 毫克/升，每天用气泵冲气1～3小时，pH 值为7～8，硬度为3 毫克当量/升，碱度为3 毫克当量/升，NH_3-N 不超过1 毫克/升，NO_2-N 不超过0.02 毫克/升，最适水温为23～30℃，最佳水温为28～30℃，临界水温为4℃、36℃，温差不超过2℃。要维持上述稳定水化因子，使水质始终保持良好，符合稚龟的要求，就要进行人为干预，进行生态调控。常用方法是，引用嫩绿色的肥水，放养水葫芦净化水质（图5－18），每天进行排污和加注新水，每48 小时更换1次水，在水中接种有益微生物，如用5～10 毫克/升的光合细菌全池泼洒。使用微生物制剂后，池水明显改善，因此可以减少更换水的次数，节约能源，更主要的目的是稳定水质，减少稚龟的应激反应和疾病的发生。笔者在湖南浏阳见到在稚鳖池中使用EM 有益微生物，池水明显变清，无异臭，而对照池中

图5－18　引用嫩绿色的肥水，放养水葫芦净化水质

未使用有益微生物，池水变黑，有异臭。

从7月份第1批稚龟孵出到9月底最后1批出苗，经2个月左右的时间，在冬眠来临之前，约9月底将稚龟集中分级后移到温室内培育，进入稚龟至幼龟的培育阶段。有的养龟场不经过暂养，将稚龟直接放入温室养殖，这样做的问题是7—9月份夏季温室内气温一般较高，因此，一定要采取通风降温措施，在饲养管理中的要求与暂养一致。暂养过程中的消毒，包括池水消毒和龟体消毒。目前较为先进的方法是采用臭氧消毒，放养时将稚龟放入盆中，里面盛有少量水，用臭氧发生器的气头通入盆中对水体冲臭氧，5～10分钟后关机，将消毒后的稚龟放入暂养池，暂养结束后移入温室时的稚龟消毒也用此法（图5－19）。暂养池水体消毒一般用生石灰100克/米^{3}泼洒消毒，7天药效消失后放苗；也可用二氧化氯消毒，终浓度为2.5克/米^3，24小时药效消失后放苗；水体消毒同样可用臭氧发生器。

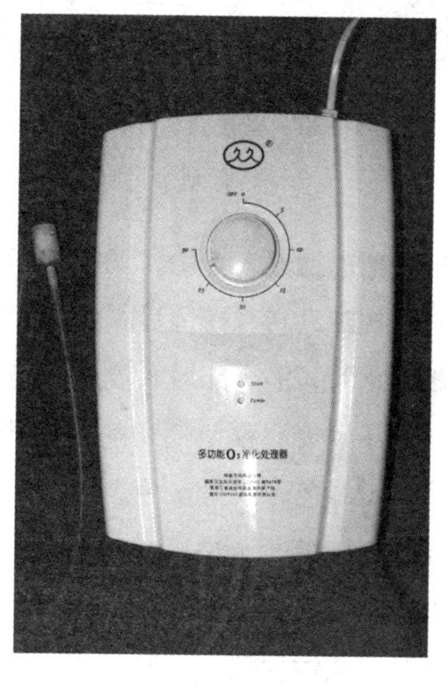

图5－19　乌龟消毒使用臭氧发生器

放养前对养殖池、工具和稚龟要进行严格消毒，消毒方法同稚龟暂养一致。不同批孵出的稚龟应分开培育，放养时尽可能保持同池规格一致。用配合饲料培育，稚龟期的投饵率为摄食的饲料干重占自身体重的4% ~8%，一般为6%，远高于成龟期的2% ~3%。以投喂2小时后饲料台上略有剩余为宜（图5－20）。外购龟苗，要鉴别质量，龟苗经过暂养，规格整齐均匀，体重为5～10克；体质健壮，神态活泼，四肢有力，喉颈活动自如；体表光洁，无损伤和寄生虫，脚爪完整；悄悄接近暂养池或养殖池时，能看到龟苗群集在晒台上；当受到惊吓时，能全部迅速潜入水中，无滞留不动者，也无单独在水面或池子四周蹿动者，投饲后5分钟即可看到龟苗群集摄食；当排干池水时，能全部潜入沙中或隐蔽物中隐蔽或群集，无单独静卧不动者。稚龟期防病关键措施是，引用经消毒的肥水，水质油绿色，或对水源进行臭氧消毒后，注入稚龟池，并施用光合细菌、玉垒菌、EM复合微生物、活性酵素等微生态制剂，以净化水质。在配合饲料中添加维生素E，可有效地预防真菌性疾病。对发病池，每半个月1次用0.3克/米^{3}的二氧化氯或25克/米^{3}的生石灰溶液进行全池泼洒。若使用微生态制剂，必须与消毒剂分开使用。在稚龟至幼龟的整个培育过程中，也可实行一次放养，不再进行分级。但在初次放养时必须将大、中、小分开，挑选规格一致的放养在一

图5－20　以投饵2小时后饵料台上略有剩余为宜

起。同规格乌龟放养，可避免大小争食和咬尾现象发生（图5－21）。因为每40天左右，对稚龟进行捕捉和挑选分类一次，使龟紧张和拒食，可导致5～7天摄食不正常。特别是分级易造成龟产生应激，细菌感染致病，影响龟的生长和健康。放养时，一次放养量为20～30只/米^2，技术条件好的，建议放养最高量30只/米^2，以提高单位面积产量和能源利用率，降低养殖成本。

图5－21　乌龟初次放养大小要分开

二、温差问题与处理

温差是造成乌龟无名死亡的原因之一。笔者试验表明，温差为10℃，乌龟在14天左右就会死亡。稚龟由暂养期移入温室进行控温培育，最关键的是放养初期温室内温度的控制。因为稚龟娇嫩，移进温室内一下难以适应高温、高密度的环境，为逐步适应环境，必须将温室池水温与外界暂养池水温保持一致的基础上，开始加温。特别注意要慢慢升温，每天只能升高1℃，如果放养时温度为25℃，要经过5天左右逐步将水温升到养龟所需要的最佳水温30℃左右，尔后恒温控制，不要忽高忽低（图5－22）。放养初期的7天内，是稚龟进入温室的敏感期，如果温度控制不好，造成温差太大，大批的死亡损失将是必然的。所以在加温初期，最好采用自动加温控温装置，以便

图 5-22 乌龟温室控温养殖逐渐升温

控制温度，通过微调逐步升温，最终达到恒温控制在最佳温度，促进龟的快速生长。

稚龟在 50 克以下，处于生命敏感期。体质弱，病害多，对温度、水质等环境要求较高。因此，要创造条件，使稚龟从暂养开始就处于温室内，实现人工控制最佳生态条件下快速生长，要求气温为 33～35℃，不超过 36℃。水温为 28～30℃，不低于 28℃。在长江中下游地区，稚龟的控温培育最迟从每年 10 月 1 日开始，由暂养后出池，移入温室稚龟—幼龟培育池，至第 2 年的 5—6 月份培育成 150～200 克的幼龟，再移出室外成龟池中养成商品龟。加温培育主要是在稚龟至幼龟阶段，通过自动或人工加温控温，以保证最佳温度的实现。

三、呛水问题与处理

水太深和放养方法错误，都会导致乌龟呛水等应激反应，严重时引起死亡。暂养池水位要控制在 3～10 厘米，最深不超过 20 厘米。稚龟下池后的水位控制，初期不宜太深，从 10 厘米水深开始逐步加深，蓄水过深极易造成稚龟死亡。已见有因温差和水位问题造成稚龟进入温室 7 天内大量死亡的报道。如湖北省荆州特种水产养殖场，1996 年 11 月至 1997 年 2 月进行乌龟稚龟培育至幼龟，在温室内控制水温为28～30℃，投饵率为5%，分池前稚龟死亡402只，下池7天内死亡200多只。究其原因温度水深都有问题，下池时温室内外温差较大，当时水深为50厘米，水温为29℃，当场死亡75只。投放第二批稚龟时，先将稚龟放入塑料盆中，待完全适应室内温度后再投池，结果当场仅死亡13只。湖北广水特种水产养殖场也出现同样的情况。该场于1997年10月至1998年10月控温养殖乌龟，在温室内从稚龟培育至幼龟，控温在28～31℃，投饵率为3.5%，稚龟下池7天内死亡较多，试验总成活率只有65.3%。他们认为是因水太深引起。不蓄水，7天内无1只死亡，但蓄水后，即使水深只有30厘米，乌龟很快死亡，7天后死亡减少，并逐渐正常。因此，鳄龟稚龟期应控制水深为3厘米、幼龟为6厘米、成龟为10厘米；乌龟稚龟期控制水深为5～15厘米、幼龟为20～40厘米、成龟为60～120厘米；温室养殖乌龟稚龟期控制水深为10厘米、幼龟为30厘米、成龟为50厘米。

对于水太深对乌龟的伤害问题，处理方法是：在温室池中设置网箱对刚放养的稚龟进行控制水深培育，在温室池水面上设置网箱，可以有效调节网箱的深度和水深，网箱大小根据养殖池面积而定，一般占20%（彩照37）。当乌龟稚龟在网箱中暂养规格达到50克以上，就可拆除网箱直接放养温室池中进入幼龟培育阶段。

放养方法错误也会导致乌龟呛水。如果在放养时直接将乌龟投入水中，结果会出现呛水，不久会出现死亡。其实这是人为操作不当产生应激反应引起的。正确的放养方法是将待放养的乌龟放在木板等平台上，将平台向水面倾斜 30°，让乌龟自行爬入水中，这样放养的乌龟，就不会出现呛水现象。

四、乌龟甲长与体重关系问题与处理

我们在乌龟养殖过程中，很少关心乌龟甲长与体重的关系。养殖界一般只关心其体重，观赏界却喜欢问乌龟的甲长。那么，甲长与体重之间的关系究竟如何？知道甲长能否换算出体重？知道体重又怎能得知甲长？如此问题得到解决，则可方便应用。

我们将乌龟的实际甲长与体重进行采样（表 5－1），通过曲线回归分析，建立了数学模型：

表 5－1　乌龟背甲长与体重关系测定

体重 y/克	背甲 x/厘米	腹甲/厘米
460	15	13
370	13.5	12
100	9	7.4
90	8.5	7.2
80	8.1	7.0
60	7.5	6.0
40	6.8	5.5
30	6.0	5.0
20	5.0	4.0
10	3.8	3.4

$$y=\frac{615.96923}{1+266.26145e^{0.44419365}x}\quad(r=0.99979338),$$

拟合生长曲线，找到乌龟甲长与体重之间的关系（图 5 - 23），最后分析得出乌龟甲长与体重相互转换的参考依据（表5 - 2）。例如，我们想知道背甲长 10 厘米的乌龟体重是多少？查表 5 - 2 就可知道是 150. 5 克；同理，想知道 250 克左右的乌龟背甲长是多少？查表结果是 12 厘米。

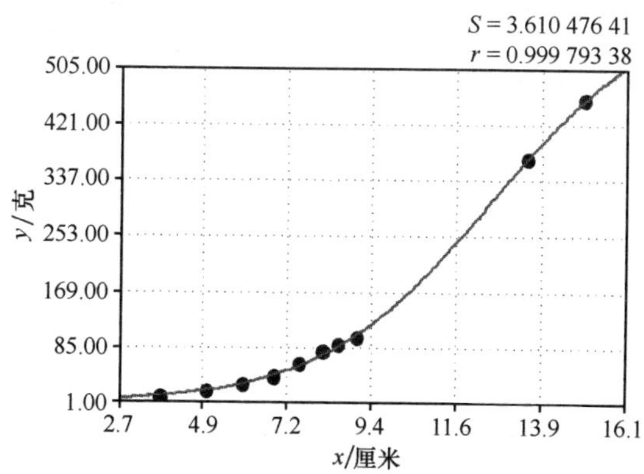

图 5 - 23　乌龟拟合生长曲线

表 5 - 2　乌龟甲长与体重关系分析

体重 y/克	背甲 x/厘米
11. 1	4
15. 9	5
28. 1	6
47. 6	7
74. 5	8
108. 8	9

续表

体重 y/克	背甲 x/厘米
150.5	10
199.6	11
256.1	12
319.9	13
391.1	14
469.7	15
555.7	16

第六章
黄缘盒龟养殖

黄缘盒龟，拉丁文名为：*Cistoclemmys flavomarginata*，英文名为 Yellow margined Box turtle，俗称断板龟、夹板龟、金头龟、克蛇龟和黄缘闭壳龟，因其背甲上的缘盾腹面为黄色且背部较高而得名（彩照 38）。主要分布在我国安徽、湖北、台湾、福建、广东、广西、河南、湖南、江苏、浙江、香港、澳门等地。在日本的琉球群岛、九州岛等地也有分布。主要生活在森林的边缘，湖泊和河流等湿地。属于杂食性动物。黄缘盒龟的头顶光滑，并呈现橄榄色，两眼之间连接着一条黄色“U”形条纹，眼睛较大且有清晰的鼓膜。嘴部上唇有明显的钩曲且整体向前端平。它的龟甲是暗红色或棕红色的，高高隆起，中央脊棱很明显，颜色是黄色的，盾片上的同心环状纹路比较清晰。腹部的颜色为黑褐色，背甲和腹甲，胸盾和腹盾间由韧带连接。腹甲的前后边缘都是半圆形的且没有残缺。四肢颜色为灰褐色，形状扁平且有鳞片。趾间半蹼。

第一节　环境设计

人工养殖黄缘盒龟，环境设计是依据其生活习性。在野生条件下，黄缘盒龟栖息于丘陵、山砂丰富的山区林缘的杂草、灌木丛、树根、石缝中，喜欢环境阴暗，且离溪水流不远，群居，常见多个龟在同一个洞内（图6－1至图6－3）。半水栖，不喜欢在深水域。春秋季节气温为18～22℃时，早晚活动少，中午活动多。夏季气温为25～34℃时，夜间、清晨和傍晚活动多，白天隐蔽在洞穴、树木和沙土中。雨季，则常到洞外淋雨。因此，可设计人工降雨，有利于黄缘盒龟交配繁殖，增加摄食，但需注意等温实施，就是说人工降雨的雨水温度与外界必须保持一致。原产地居民反映，常在山下水稻田里、山上茶叶树下、板栗树下捡到野生黄缘盒龟，并发现黄缘盒龟起得早，常以露水解渴。笔者见到的野生黄缘盒龟不怕人，眼睛有神，行动敏捷。冬季来临前气温降到19℃时，停食，降到10℃时进入冬眠，黄缘盒龟喜欢钻进洞穴、树枝堆、枯萎树叶或草

图6－1　黄缘盒龟栖息于山砂丰富的山区林缘的杂草、灌木丛中

图6－2　黄缘盒龟喜欢环境阴暗，且离溪水不远

层下，并在向阳背风处冬眠。当春季气温达到13℃时，开始苏醒，连续1周最低气温稳定在15℃以上、最高气温25℃左右开始进食。因各地气候条件不同，在苏州，它们于每年的4月10日左右苏醒，4月15日左右开始进食。开食一般使用黄粉虫、蚯蚓、猪肝、配合饲料等。

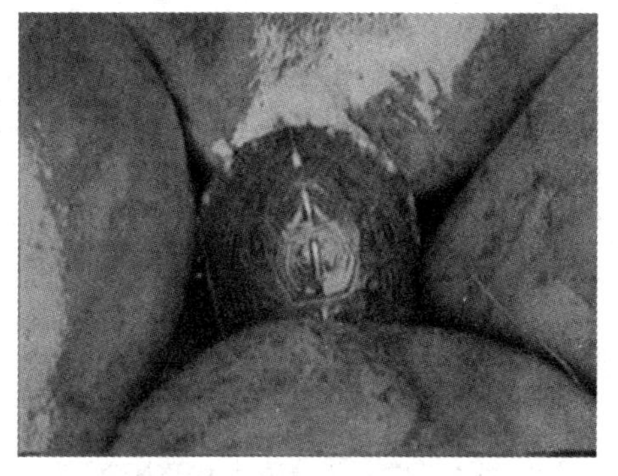

图6－3　黄缘盒龟喜欢钻进石缝中栖息

人工养殖黄缘盒龟要根据其生物学特性，设计成仿野生环境（图6－4）。黄缘盒龟养殖对场地选择的基本要求是环境安静、水源无污染、交通方便。仿野生黄缘盒龟繁殖对生态环境要求较高，需要有充足的阳光、人工小森林、沙石山地、水槽和清洁水源等。仿野生一般采用旱养，在养殖场内栽种南天竹，上盖遮阳网（图6－5），地铺沙石，建水槽，让山泉微流，不停地流经水槽，以满足黄缘盒龟饮水和洗浴（图6－6）。但这种设计需要考虑到温差问题，不断流经的溪水，与外界温差一般较大，如果不加任何措施，黄

图6－4　黄缘盒龟养殖仿野生环境

图6-5 黄缘盒龟养殖池上盖上遮阳网

图6-6 建造水槽满足黄缘盒龟饮水和洗浴

缘盒龟在温差较大的溪水中洗浴，容易引起应激导致感冒发生。解决的方法是，在溪水流经的蓄水池周围加上围栏，或暂时止断溪水，待溪水与外界温度一致时，让黄缘盒龟进去洗浴。水槽深度为20厘米左右，太深时黄缘盒龟不肯下水。遮阳网的设置，形成散射光，避免阳光直射，降温。黄缘盒龟在没有遮阳网的情况下只是早晚交配，安装遮阳网后整天都有交配现象，表明黄缘盒龟喜欢环境阴暗、水流不断，不喜欢阳光直射。

产卵场应设置在养殖场的中央，宽为1米，高为40厘米，长占园景宽度的80%。用空心砖堆砌，上面盖瓦，可加盖遮阳网，降温，隐蔽，安静；产卵场内铺设粗砂，并建成穿透型，便于黄缘盒龟穿过两侧，寻找自己的生态位。产卵场周围要种植南天竹或宽叶型盆景（图6-7）。

为黄缘盒龟创造新的生态位。这种生态位是以南天竹为中心，在南天竹四周巧妙架构微生态，一般使用数块瓦片组合而成。建成后，新的生态位增多，黄缘盒龟会很快找到适合自己的生态位，以满足其喜欢隐蔽和安静的生态习性（图6－8）。

图6－7　产卵场设置在养殖场中央要求隐蔽安静

还有一种方法是高密度养殖，亲龟密度高达10只/米^2。在黄缘盒龟养殖场上方覆盖两层遮阳网，降低光线强度，创造隐蔽的生态环境，在池底铺设塑料布，便于清扫，实现旱养，并使用等温水冲洗黄缘盒龟。这种方法看似简单，但很实用。把它用于繁殖黄缘盒龟，另设产卵场，由人工将亲龟移到产卵场似乎不可思议，实践表明是可行的，并且黄缘盒龟繁殖率较高。优点是设施投资极少，平时管理方便，环境卫生整洁。缺点是黄缘盒龟在光线较透明的环境下生活，需长时间才能适应；产卵场另设，在繁殖季节将亲龟移来移去增加人工操作量（彩照39）。

图6－8　为黄缘盒龟创造新的生态位

第二节　饲料选择

黄缘盒龟的食性较杂，野生环境中喜食植物茎叶、昆虫、蠕虫，如天牛、金叶虫、蜈蚣、壁虎等，人工饲养条件下投喂黄粉虫、蟋蟀、乳鼠、蛙类、蚯蚓、瘦猪肉、猪肝、牛肉、家禽内脏、蚕蛹、蜗牛、青虾、香蕉、西红柿等（彩照40、彩照41）。采用仿野生养殖时，坚持以天然饵料为主。根据野外观察，安徽品种的黄缘盒龟，最喜食山上的野草莓。因此，平时投喂的天然饲料主要有野草莓、香栗子、野生菌、蛇、鼠、蚯蚓，适当配以猪肝、鸡肝、鹌鹑卵、虾肉等。可使用人工配合饲料，选用颗粒和粉状的都可以。如采用粉状配合饲料可在饲料中加入喜食的虾类，再添加含维生素C、维生素B_6等在内的复合维生素，做成团状、饼状或软颗粒状。笔者在浙江海宁见到直接用扁形颗粒饲料投喂（图6-9）。要依天气情况和摄食强度调整每天的投喂量，一般每日投喂1次，干饲料投喂量占体重的1%～3%，新鲜动植物饵料投喂量占体重的5%～10%。坚持“四定”的投饲原则，即定时、定位、定质和定量。设置固定食台，在黄缘盒龟养殖园中，采取旱养时，设置多个摄食点，每个摄食点用瓷砖平放在地面上，饲料投在瓷砖上面，便于清除残饵。饲料保持新鲜，不投变质

图6-9　浙江海宁采用扁形颗粒饲料饲喂黄缘盒龟

饲料。定期在饲料中添加复合维生素、微量元素和防病药物，对50克以下的稚龟要注意添加骨粉等，预防龟苗出现腹甲软化症。

第三节　亲龟培育

黄缘盒龟亲龟尽可能选择野生种，确定需要的种群并引进原种（彩照42、彩照43）。人工养殖的也可用来做亲龟。要求亲龟健康、灵活、无外伤和内伤，要求规格：雄性亲龟350克以上，雌性亲龟500克以上。性别区分，主要看亲龟的背部、腹部后缘和尾部。雌性背部拱起较小，顶部钝，而雄性背部拱起较高，顶部尖；雌性腹部后缘略呈半圆形，而雄性略尖；雌性尾部泄殖孔距尾基部较近，尾柄细，而雄性尾长，尾柄粗，泄殖孔距尾基部较远（彩照44、彩照45）。

下面结合雷先生和陈先生进行亲龟培育的实例进行介绍。

一、亲龟来源

雷先生进行黄缘盒龟繁殖已有多年。起初在安徽广德市场上听到正在交易黄缘盒龟的商人谈黄缘盒龟的前景，听者有意，下决心走黄缘盒龟繁殖的致富路。其间，走了不少弯路，甚至将黄缘盒龟卵放在山洞内孵化，此后慢慢摸索到泡沫箱加玻璃盖孵化新方法，现在年收入10多万元。他成功的秘诀是细心、耐心、恒心。亲龟全部采用皖南种黄缘盒龟，取自安徽广德地区山脉，利用狗的嗅觉上山捕捉。雷先生和当地山民告诉笔者，10年前每年从山上可捉到10只黄缘盒龟，现在很难找到。并反映，现在安徽大别山市场上见到的黄缘盒龟部分是来自湖北和江西的种群，有些养殖户承认自养的黄缘盒龟亲龟已杂，说明想养殖安徽种黄缘盒龟，选择原种非常必要。但笔者也听到不同的反映，来自黄缘盒龟主产区的安徽省霍山县的陈先生说，由于生态保护，环境改善，野生黄缘盒龟资源正在恢复，种群有上升趋势。亲龟雌雄比例达 2.8:1，平均规格为 600 克，个别亲龟规格超过 1 千克。

二、亲龟培育

为保持环境卫生，雷先生每天要清扫 1 次养龟场，将残饵和粪便清除。每年换新沙。在饲养管理中，使用等温条件下的人工降雨，刺激亲龟交配繁殖、摄食活动，杜绝使用水龙头对亲龟直接冲水刺激，以免引起应激反应；还经常检查寄生虫，查亲龟腋窝、胯窝，观察活动、觅食行为，发现异常，立即处理。

根据对黄缘盒龟野外生态观察，创造好仿野生的生态环境，充分供给天然饵料，实行旱养，并细心管理，黄缘盒龟繁殖率就较为理想，一般年产卵 3 次，平均每只亲龟年产卵 5 枚，产苗 4 只，受精率和孵化率均较高。2008 年产卵较多，第一次产卵 3 ~ 7 枚，第二次产卵 2 ~ 4 枚，第三次产卵 1 ~ 3 枚。而常见的年产卵只有 1 ~ 2 次，平均每只亲龟年产卵 3 枚，产苗 2 只。卵为白色，椭圆形，长径为 40 ~ 47 毫米，宽径为 20 ~ 26 毫米，重为 8.5 ~ 20.0 克，卵的大小与亲龟体重成正比。产卵在清晨或傍晚，产卵地点选择在安静、潮湿的向阳沙土中。如果亲龟找不到适合产卵的地方，也会将卵产在草堆、水盆及沙土上，有时亲龟有吃卵现象。一般 48 小时后采卵，卵中央有不透明的圆环者为受精卵。黄缘盒龟一般在下午产卵，喜欢白天产卵的龟类对环境的隐蔽和安静都有较高的要求，因此，建造安静隐蔽的产卵环境尤其重要，在产卵时不要人为干扰，哪怕是人影也不行。黄缘盒龟开始产卵的时间各地不同，江苏在每年的 5 月底，而广东在 4 月 18 日左右。

陈先生养殖黄缘盒龟多年，繁殖率较高，年产黄缘盒龟苗 900 只左右。现有亲龟 280 只，其中雌性亲龟 150 只，雄性亲龟 130 只，2009 年产卵 1 200 枚，其中受精卵 900 枚，受精率为 75%，孵化率为 100%，平均每只雌性亲龟产卵 6 枚。

冬眠来临前，当气温下降到 10℃，水温降到 13℃时，进入冬眠期，此时龟不吃少动，躲藏在沙土和洞穴中，除必要的检查外，要减少惊动。将亲龟移入室内比较安全，建造管理房，坐北向南，冬季作越冬房（图 6－10）。越冬前将亲龟移入室内，在地面上铺一层消毒过的粗沙，含水率 7%，在沙上放入越冬亲龟，并在亲龟上面盖上较厚的大叶片树叶保温（彩照 46），这样就可以安全过冬。

图 6－10　黄缘盒龟越冬房

此外，在养殖场要安装防盗警报器。养龟场全封闭，围墙加盖遮阳网封顶，进出安装防盗门。

第四节　龟卵孵化

龟卵孵化采用普通泡沫箱，在箱底铺粗沙（图6－11），含水率为8%，在沙面上排放受精卵，卵上可盖沙，也可不盖沙，对此目前有争议。如果盖沙，最好盖1～2厘米厚；不盖沙时要将卵排紧，不要有间隙。这样做的好处是龟苗出壳时，顶开卵壳有一定的阻力，龟苗在卵里发育成熟后出壳，以避免尚未完全发育成熟的龟苗过早顶开卵壳，出苗后时间不长就夭折。在箱的四周打孔通气，箱口上盖玻璃保湿且便于观察（图6－12）。孵化期间一般不再洒水增湿，使用防爆远红外灯加温，控温在32℃，60多天就可孵出。如果孵化温度不采用恒温控制，变化范围在28～32℃，孵化期延长到70～90天，孵化率为98%，出苗规格为10～15克。注意在孵化过程中不要去震动孵化箱，以防影响龟胚胎发育。实践发现打雷震动对龟的孵化有较大影响。

图6－11　孵化采用粗沙有利通气

孵化可采用新方法，这种方法与上述方法有区别，主要在于泡沫箱上加盖泡沫盖而不是玻璃板，并且箱与箱层层叠放，充分利用空间。具体方法：

图6－12　箱口上盖玻璃板保湿

使用泡沫箱作为孵化箱，两侧打孔，孵化介质选用粗沙、稻壳、珍珠岩、蛭石、黄泥等。在箱底铺上3厘米厚的介质，于介质上排列龟卵，以起到固定龟卵的作用，龟卵上不需覆盖孵化介质。孵化箱互相叠放，最上面的孵化箱加上泡沫盖（图6－13）。孵化开始时对介质洒水加湿，保证绝对湿度达到8%，在孵化过程中基本不洒水。控温加湿方法一般采用防爆远红外灯，在灯的下面放置面盆，盆中盛水，灯与水面保持20厘米距离，目的是让水蒸气散发出来，以满足孵化室内空气相对湿度达到孵化需要的85%，起到加湿的作用。加不加湿需要根据天气湿度情况不断调整，如遇到梅雨季节或自然湿度较大时，如2009年8月31日苏州雨天自然湿度为89%，此时可将远红外灯下的盛水容器撤除，以免湿度太高，在孵化后期要注意偏干。因此，我们在进行黄缘盒龟人工孵化时，要密切关注相对湿度的变化。远红外灯连接控温仪，控制所需要的孵化温度。在孵化中需要注意的“温度、湿度和通气”三要素中最重要的因素是“通气”。孵化箱尽量不要靠墙排放，放置在孵化室中央，这样通气良好，有利于提高孵化率。

图6－13　孵化新方法

受精龟卵经过一定的积温期，稚龟终于破壳孵出（彩照47、彩照48）。由于采用仿野生养殖技术，孵出的稚龟未发现畸形，也没有短尾现象发生。出壳后的稚龟需要1周左右的时间，吸收卵黄囊，当卵黄囊消失后可以开食，稚龟开食一般使用碎蚯蚓、碎肉丝、碎虾肉、黄粉虫、0 号颗粒饲料等。

图 6－14 安徽种群黄缘盒龟苗

黄缘盒龟苗“咬尾”难题一直困扰着养殖爱好者，一般发生在稚龟孵出 2 个月后，食量开始增加，但食物得不到满足的情况下。为避免稚龟咬尾，关键是要满足稚龟对食物的需求。在稚龟饥饿时，特别是有人工灯光照射稚龟尾部发亮时，其他稚龟以为是活饵料而误食，就会出现所谓的咬尾现象。因此，解决的途径有三条：一是为黄缘盒龟苗创造较暗的生态环境，只是在投饵时才打开灯光；二是严格大小分开，同规格放在一起培育，密度适当稀疏，确保摄食均匀，不致产生摄食竞争现象；三是给足饵料，并及时恢复隐蔽的生态环境。

图 6－15 用于包装运输龟苗的苔藓介质

龟苗运输方法：采用纸盒或塑料盒包装，冬季可用泡沫箱。盒子四周打孔透气，内放苔藓保湿缓冲，苔藓采集在山区溪水潮湿地带可以找到，经晒干后备用（图 6－15）。也可用碎纸、稻草粉作为介质。美国运输龟苗一般采用塑料盒，内放碎纸，效果较好。

龟苗越冬方法：将龟苗移入室内，放置在泡沫箱中越冬，在箱中用稻草粉、碎纸、苔藓等作为越冬龟保温介质，并保持湿度。泡沫箱四周打孔透气。

第五节　知识点：南北种群争议与市场前景

前面已经详细介绍了黄缘盒龟健康养殖关键的技术和实例。对黄缘盒龟知识点的了解和对市场趋势的判断是每个读者最为关心的。在此，笔者对黄缘盒龟的种群争议进行介绍，并提出对市场前景的看法，希望对读者鉴别此龟种群，了解市场有一定的帮助。

一、一般特征

黄缘盒龟在安徽有皖南种、皖北种之分，又有安徽种、台湾种、琉球种，甚至有台湾南种、台湾北种之分，争论不一，这其实是分布区域差异长期形成的不同种群。一般认为，皖南种群较为正宗，代表安徽种群。笔者深入安徽广德地区山脉调查，见到的安徽原种黄缘盒龟特征：体型为前端稍窄的紧凑椭圆形，高背饱满、背壳盾片中间无“玫瑰红”，壳色古朴，颜色较深，棕褐透暗红，其背甲上的缘盾腹面为黄色，生长纹细密清晰，纹路雄性较粗，雌性较细。脊棱突出且连续、黄色靓丽，颈前部黄色或微红，颈后部灰色，头顶光滑，并呈现橄榄色，头侧黄线明显且宽、有清晰的黑边，头后有黄色“U”形条纹，眼睛较大且有清晰的鼓膜，吻端上喙显鹰钩状。腹部全黑色，有“米”字形裂纹，部分底板有生长纹。

黄斌、陈玉栋和杨艳磊对大别山区黄缘闭壳龟的形态生物学种群特征分析得出：大别山区黄缘闭壳龟自然种群中，有一种比较常见的体型，其形态生物学特征为：腹甲中部凸起呈倒写的“V”形，背甲与腹甲完全闭合且十分紧密。可量性状研究表明：背甲长/背甲宽、背甲长/腹甲长、背甲宽/腹甲宽的统计分析分别为1.37±0.04、1.09±0.02、1.32±0.05；体重与背甲长的回归方程为$y=0.0059x+11.3150$，背甲长与腹甲长的回归方程为$y=0.9828x-1.0602$，线性相关极其显著，年龄与体重、体重与背甲宽、背甲长与背甲宽、腹甲长与腹甲宽、背甲宽与腹甲宽存在着比较显著的线性关系，而背甲长与体高（$r=0.2469$）、腹甲长与体高（$r=0.3178$）不存在明显的线性相关性。

二、种群区分

关于黄缘盒龟的种群问题争议较大。目前有很多文章，标准不一，意见相异，分法复杂。安徽种群的典型特征是：鹰钩嘴、红脸蛋、红脖子、高背、“U”线、金线等（彩照49、彩照50）。湖北、河南等地的黄缘盒龟，也有相当比例能符合上述特征。台湾种群主要表现低背、背甲盾片中央有“红玫瑰”（彩照51），但个别台湾种群黄缘盒龟也具有高背、红脖特征。琉球种群的显著特征是腹甲有对称的黑斑。湖北荆州种群主要特征是“边缘”陡峭，体型小巧，像一个精致的小盒子，体色没有安徽的红，嘴无鹰钩。目前一般用“体型、颜色和纹路”来区别不同种群，也有用“鹰嘴、颜色和纹路”来区别的。

1. 从体型上区别

安徽种群背高，脊棱突出，前窄后宽紧凑椭圆形，背部隆起的最高点靠近尾部；台湾种群背较平，脊棱不明显，体型较长，背部隆起的最高点在中部。

2. 从颜色上区别

安徽种群甲壳色深，棕褐透暗红，背甲脊棱“金线”连续，每块盾片上金线连续，背甲盾片中央无“玫瑰红”，而呈古朴色，与周围颜色一致；台湾种群较暗，黄色为主，背甲脊棱“金线”不连续，但有个别的连续，背甲盾片中央似嵌入“玫瑰红”。

3. 从纹路上区别

安徽种群背甲纹路清晰，细密，罗列，像工艺品；台湾种群纹路较平，不明显，排列较宽。

4. 从头部上区别

安徽种群较饱满，侧脸看胖乎乎，头部相对较小，黄色花纹偏橘黄色，发红，整个头部颜色对比不强烈，头上黄线多黑边，“U”线柠檬黄，头顶绿色发黄，脖子大红、暗红或橘红色，瞳孔黑色，瞳孔周围眼仁是金棕色，所以看起来更可爱，给人错觉，觉得眼珠较大，隆起在中部，嘴形具有明显的鹰嘴，上喙钩曲，鼻尖距嘴尖较短；台湾种群较瘦型的头脸，头部相对较大，黄色花纹呈浅黄色，“U”线青黄色，且与整个头部颜色对比鲜明，有断色的感觉（彩照52），头上黄线少有黑边，头顶绿色发黑，脖子发黑或淡红色，眼仁与眼球颜色接近，为黄色，嘴形钩曲不明显，鼻尖距嘴尖较长，似有棱有角的感觉。

笔者认为，黄缘盒龟在不同地域长期生活，为适应当地环境，不断进化，改变自己的体型、体色和纹路，形成地方不同种群差异，这些同一种群在自然条件和人工养殖下存在的个体差异都是正常现象。南北种群的特征不能一概而论。笔者多次见过所谓台湾种群，确实发现具有安徽种群才有的高背和红脖典型特征，也发现很多正宗的安徽南种鹰嘴钩曲不明显且不具有红脖的特征。但是，南北种群区别最大的特征是有的，这些特征主要表现在：一般南方种群背部较平，北方种群较高；南方种群的头部颜色确实有“断色”的现象，北方种群就没有“断色”特征；南方种群背甲盾片中央一般都有所谓的“玫瑰红”嵌入色，北方种群色泽一致，古朴；南方种群背甲纹路较粗，稀疏，北方种群背甲纹路较细密，罗列而上；南方种群背部最高点在中部，北方种群背部最高点在后部；南方种群头部较大，北方种群头部较小。总结起来，从黄缘盒龟的头部大小、背部最高点位置、背甲纹路疏密和背甲玫瑰红的有无这四个显著特征来区别不同种群较容易。从观赏性分析，南北种群都具有一定的观赏价值，南方种群的“玫瑰红”特征非常靓丽，适合女性爱好者养殖观赏；北方种群色泽古朴、纹路细密和较高的背部像工艺品，适合男性爱好者养殖观赏。如果同时具备“鹰嘴”和“红脖”特征，不管是南方种群还是北方种群都是上品，其实所谓“U”线和“金线”并不重要，“红脖”才是观赏价值最高的特征。黄缘盒龟体色与食物有关，也与环境有关。一般认为，自然条件下，在大别山区，黄沙土地区的黄缘盒龟体色偏黄，而红沙土地区的黄缘盒龟体色偏红；在人工饲养中，多喂龙虾等虾类，虾的外壳里含有虾红素和虾青素，食用后黄缘盒龟体色会逐渐变红。当然在饲料中添加食品级色素，也能使黄缘盒龟体色改变。也有例外，地处安徽霍山的大别山黄沙土，出产的野生黄缘盒龟脖红、嘴钩。

来自安徽黄缘盒龟产区的陈先生却认为，不存在台湾种的概念。台湾本来没有黄缘盒龟，是后来从安徽、湖北大别山一带引进的黄缘盒龟，在台湾不同的环境条件下生长繁殖，逐渐演变成今天的变异种群，只要仔细观察特征，所谓的台湾种群与湖北种群有许多惊人的相似之处。湖北种群偏灰色，尤其是腹部灰暗，颈部黄色，甚至有“断色”，难见“红脖”和“红壳”，这些特征与台湾种群较为相似。

三、市场前景

黄缘盒龟的市场前景广阔。此龟野生资源有限，尽管近年来生态保护有力，环境得到根本改善，黄缘盒龟种群呈恢复态势，但远未恢复到20多年前最高峰为20万只的生态规模。因此，河南信阳在南湾成立黄缘盒龟救护中心，国家拨款548万元。据调查，2009年野生黄缘盒龟被捕捉到的产量有700千克，其中皖南种群200千克，皖西种群250千克，湖北种群150千克，河南种群100千克。目前人工养殖仅有小规模，繁殖力低，2009年产苗量5万只左右，仍不能满足市场需求，供求矛盾突出，价格升幅较大。2009年野生亲龟市场价格已涨到每千克3 400元，苗价450元。

黄缘盒龟的经济价值主要表现在药用价值、观赏价值和科研价值等。在药用价值方面，黄缘盒龟是断板龟注射液的重要原材料，多年前已经断货，在临床上是治疗肿瘤的良药，很多癌症患者求此龟，但买不到。苏州的一家制药厂根据市场需求，已与上海合作恢复生产这种断板龟针剂，销路不愁，但货源十分紧张，用南方种群的黄缘盒龟作为原料，仍满足不了生产需要，随着人工养殖黄缘盒龟的进一步发展，有望缓解这一矛盾。从观赏价值来分析，黄缘盒龟最大的观赏价值在于背壳暗红，纹路清晰，鹰嘴红脖，南方种群还具有典型的“玫瑰红”特色，这些亮点足以在观赏龟中傲立龟群，与极品龟中的金头闭壳龟相比，金头闭壳龟有的金头，不断色，黄缘盒龟中也有，再与极品龟中的金钱龟相比，金钱龟有红脖，黄缘盒龟也有。从价位看，目前它的价位远没有金头闭壳龟和金钱龟那么高，但观赏价值和药用价值不亚于前两种极品龟，真正体现价廉物美。从科研角度来看，黄缘盒龟具有克蛇的功力，又有化淤解毒和治疗肿瘤作用，对其长寿基因、繁殖难度、靓丽性状和可控遗传等需要科学解惑，进行遗传学和分子系统学研究。

黄缘盒龟的市场变化规律不仅与供求规律相关，而且与宏观经济发展趋势高度相关。黄缘盒龟一直处于产量小、需求大的局面，观赏爱好者人群不断扩大，黄缘盒龟在今后一段时间内仍具有一定的涨价空间。发展人工养殖黄缘盒龟的根本目的是保护资源，健康养殖黄缘盒龟对保护野生资源和提高经济效益具有双重作用。

第七章
美国鳖养殖

美国鳖是美国最常见的三种鳖的总称，这三种鳖分别是珍珠鳖（佛罗里达鳖）、美国鳖（美洲鳖、平滑鳖）和角鳖（刺鳖），他们都属于滑鳖属。这三种鳖我国都有引进，但从数量上看，珍珠鳖引进量最大，已经形成一定的养殖规模，并且国内亦能繁殖。珍珠鳖最大的特点是个体大、生长快，市场需求量大，缺点是雄性鳖生长较慢，苗种价格较高，改进孵化技术，可以控制性比，供求平衡后价格趋于正常。角鳖外形比珍珠鳖更漂亮，问题是养殖中发现畸形较多，影响效益。平滑鳖极少量引进，未形成生产规模。因此，本章重点介绍珍珠鳖健康养殖关键技术。

鳖的背甲是厚实的皮肤而非角质盾片，除此之外，鳖的特征还包括：仅中间的三趾带有角爪，吻尖突等。鳖科和两爪鳖科共同组成鳖总科，目前一共有 14 个属和大约 22 个种。

Order　目　　Testudines　龟鳖目

Suborder　亚目　　Cryptodira　曲颈龟亚目

Superfamily　总科　　Trionychoidea　鳖总科

Family 科	Trionychidae 鳖科
Genus 属	*Apalone* 滑鳖属
Species 种	*Apalone mutica* 美国鳖
	Apalone spinifera 角鳖
	Apalone ferox 珍珠鳖

美国鳖，也叫平滑鳖（彩照 53、彩照 54），拉丁文名为 *Apalone mutica*，英文名为 Smooth softshell turtle。

刺鳖，也叫角鳖（彩照 55、彩照 56），别名为角鳖，拉丁文名为 *Apalone spinifera*，英文名为 Spiny Softshell Turtle。

它们分布于北美的东部。体型较大，体长可达 45 厘米。吻长，形成吻突。背甲椭圆形，上有散落的小疣，在甲壳的边缘有条暗线和阴暗的斑点。甲壳下有丰富血液供应、食管绒毛和泄殖腔的结构，能在必要时进行有效的呼吸。四肢较扁，指、趾间蹼发达，具爪。头和颈可完全缩入甲内。

适应水栖，以甲壳动物、软体动物、鱼、昆虫等为食。在岸上产卵或晒太阳。卵产于泥沙松软、背向阳、有遮蔽的穴中。卵圆形，白色。幼龟孵出约需 2 个月。10—11 月份开始冬眠至翌年 3 月份开始出蛰。

佛罗里达鳖（彩照 57、彩照 58），别名为珍珠鳖，拉丁文名为 *Apalone ferox*，英文名为 Florida softshell turtle。

珍珠鳖是滑鳖属中个体最大的种，主产区在美国佛罗里达，其次是亚拉巴马、佐治亚、南卡莱罗亚州；常年栖息在水中，仅繁殖季节上岸进行产卵；主要以鱼和水生的小型脊椎动物为食。背甲橄榄绿色或灰褐色，有珍珠似的黑色斑点，椭圆形，背甲前缘有数列疣粒，背甲边缘淡黄色。雄性背甲长为15.1～32.7厘米，雌性背甲长为27.7～49.8厘米，腹甲灰白色，头部较小，两侧具淡黄色条纹，吻突较长，四肢有角质肤褶，指、趾间蹼发达。珍珠鳖反应敏捷，在野生状态下，人为惊动可使上岸休息的珍珠鳖迅速逃窜，跑入水中。

第一节　苗种繁育

本节以实例来介绍珍珠鳖繁殖。上海的一家珍珠鳖场，亲鳖从美国引进，开始管理不善，繁殖量很少，后来经过2～3年的饲养管理和技术攻关，把握亲鳖培育、鳖卵孵化和稚鳖培育等关键技术，亲鳖1 500只，稚鳖繁殖量由原来的年产几千只上升到现在的2万只以上。

一、亲鳖池和原种引进

该场有100亩面积，其中亲鳖池一只，水面70亩，鳖池与大河流通，池底有进排水管，通过闸门与河流交换水体（图7－1）。在鳖池周用遮阳网围栏，避免亲鳖受干扰，砌围墙与外面隔断，以保持环境安静，交通方便，水源水质好，因此饲养中基本未发生病害。原种引自美国，个体较大，一般都在10千

图7－1　上海珍珠鳖养殖场

克以上，无内、外伤，健康有力，反应灵敏。在鳖池一边设置食台，由数个石棉瓦构成的食台占池边的 80%，斜着伸向水中，水面上 1/3，水下 2/3，并在食台上方设置产卵场，其介质采用中沙，用高锰酸钾消毒，并洒水保持湿度，含水量为 8%，在产卵场上搭棚，顶部盖油毛毡和稻草，用网罩固定，遮阳和防雨，以保证高温和下雨天气不影响鳖产卵。

二、亲鳖培育

从美国引进原种珍珠鳖（彩照 59）。亲鳖放养密度因地制宜，该场在水面 70 亩中放养亲鳖 1 500 只，平均放养密度为 21. 4 只/亩，雌雄比例为 3∶1。池水及时与外河交流，水质良好，并定期半个月一次采用生石灰消毒，亲鳖培育过程中没有发现病害，仅在 2009 年开春后发现 3 只死亡，都是个体较小，体质较差的亲鳖，属于正常现象。选择营养丰富全面的饲料是培育亲鳖的技术关键，该场采用小鱼（0. 8 ~ 1. 0 元/500 克）、牛肝（2. 2 元/500 克）等，以动物饵料为主，适当投喂人工配合饲料（280 元/袋，20 千克/袋），每天上午 08：00 投喂动物饵料，春秋季节每天投喂 100 千克，高温季节投喂 125 ~ 150 千克。

也可使用人工养殖的珍珠鳖制种。一般选用从美国进口的珍珠鳖苗经温室养殖 1 年后，投放到露天养殖池继续养殖 2 年，合计 3 年后就会进入初步成熟期，但初产的珍珠鳖苗个体较小，规格在 6 ~ 8 克。从节约成本的角度考虑，这种方法培育亲龟，是一条有效的经济途径。湖州谢胜强先生就是采用这种方法，2009 年，他自行培育的珍珠鳖亲龟已经开始产卵，当年产苗7 000只。

三、产卵孵化

亲鳖产卵期为每年5月底至8月中旬。早晨或上午适合在有阳光的沙地产卵，一次产卵4～22枚，成熟顺产的亲鳖一次产卵16～28枚，卵径为29毫米左右（图7－2）。2008年亲鳖产卵33 000枚，受精率为85%，孵化出20 000只稚鳖，孵化率为71.3%。本次因产卵季节发大水，鳖卵受淹，孵化率受到影响，一般孵化率可达80%。1 000只雌性亲鳖产卵，平均每只雌性亲鳖产卵33只、产稚鳖20只。

图7－2 珍珠鳖卵

孵化时采用人工控温技术，孵化室控制气温应32℃，孵化介质可使用珍珠岩，每袋15元（图7－3、图7－4）。在其中插上温度计观察，控制孵化介质温度为32℃。加温控湿，也采用远红外防爆灯吊挂空中，地面放盛水面盆，灯泡离水面20厘米的方法，在确保加温的同时，使空

图7－3 珍珠鳖卵孵化介质珍珠岩

图 7-4 珍珠鳖孵化中

图 7-5 刚孵出的珍珠鳖苗

气中的相对湿度85%达到孵化要求，需要经过 60～70 天稚鳖孵出，刚出壳的稚鳖重量在 8～12 克（图 7-5），经过 1 周的暂养，让卵黄囊消失后，就可上市或移到专门的稚鳖池，或者放养后直接培育至幼鳖。放养稚鳖关键技术是让鳖自行爬入水中，不可直接将鳖投入水中，避免产生人为操作失误引起的呛水应激反应。

第二节 温室养殖

珍珠鳖体色优美、个体较大、生长迅速、美味独特，深受市场欢迎。1993 年我国厦门的一家养殖公司首先从美国少量引进，并经过试验取得初步成果，查明生长速度确实比中华鳖快，但没有引起过多的关注和推广。近几年来，此鳖再次引入我国，在江苏、浙江等地试养，引起人们的注意，尤其是2004

年浙江湖州有几家农户少量引进、大胆试养，采取成熟的控温养殖技术，取得瞩目的成果。12 克稚鳖年均增重 2 千克以上，养殖终密度为 4 只/米^2，取得每平方米产出商品鳖 8 千克的较高产量。饲料系数为 2，成活率达 80% 以上，效益显著。在高效益驱动和典型示范下，2005 年开始新增不少农户对此鳖感兴趣并投入养殖，产业化进程加快。在此，有必要总结养殖新技术，以便迅速推广，让更多的养殖者少走弯路并从中受益。

一、温室建造

最佳恒温控制，是温室养殖的精髓。与中华鳖一样，工厂化养殖佛罗里达鳖，需要最佳恒温控制，以促进它的生长。珍珠鳖需要较高的温度，在温室养殖中，一般控制水温在 31 ~ 33℃、空气温度在 33 ~ 35℃。建造温室可根据条件，因地制宜，一幢 500 平方米的温室，高要求、全封闭型的造价 15 万元左右，简易型的造价在 5 万元左右（图 7 - 6）。基本要求是保温性能好。单只池面积在 12 平方米左右便于操作。池底设计成锅底形方便排污。温室高度为 2. 2 米左右，顶部“人”字形或弧形，屋顶及四面墙体内夹 5 ~ 6 厘米厚的泡沫板起保温作用。室内中间设置走道，在走道的两侧设置养殖池及排污

图 7 - 6 工厂化养殖珍珠鳖

口、排污管和排污沟。并在养殖池上面设置热水管和增氧管，相应采用锅炉加温和罗茨鼓风机增氧。

二、放养技术

稚鳖放养，自动下池是关键。放养前，将稚鳖放在浓度为10毫克/升的高锰酸钾溶液中浸泡5分钟，并将稚鳖按大小分开，同规格的稚鳖放养在同一池中。稚鳖放养时要控制水深，一般不要超过3厘米，在浅水中放养还要注意不能将稚鳖倒进池水中，因为稚鳖太小潜水能力不强，突然将其倒入水中会引起强烈应激反应，造成严重后果。自动下池是稚鳖放养技术的关键，将消毒过的稚鳖放在池边，让其自动爬入水中（图7－7、图7－8）非常重要。冷温室放苗逐渐升温也很关键，温室在放苗前不要加温，放苗后再逐渐升温，每天升温1～2℃，循序渐进，最终达到最佳恒温。

图7－7 放养前珍珠鳖苗

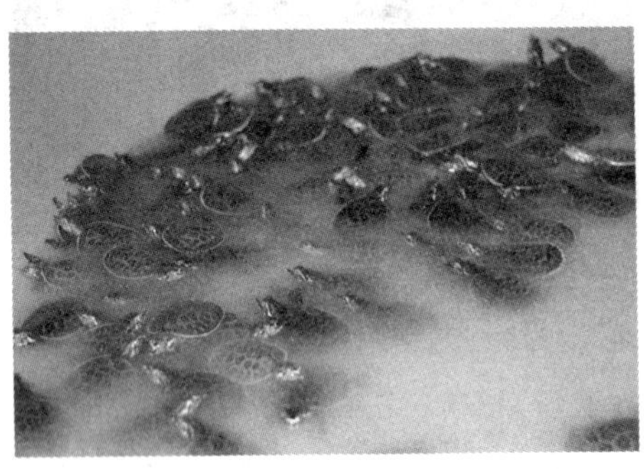

图7－8 放养后珍珠鳖苗

三、分级培育

幼鳖阶段，要采取2次分级培育。稚鳖放养密度为15只/米^{2}左右，当培育到250克左右的幼鳖阶段时，进行第一次分养，按大、中、小三种不同规格分养，将密度减少到4只/米^2（图7－9）；当幼鳖长到500克左右时，进行第二次分养，这次分养的目的不是稀释密度，而是将雌雄幼鳖分开。因为当珍珠鳖长到500克左右时开始交配，出现相互撕咬现象，被咬伤的鳖容易被细菌感染（图7－10）。分养时要适当减少投喂饲料量，操作要轻，时间尽量缩短，分养后要进行1次消毒。为提高珍珠鳖的品质，可采用分段养殖方法，第一阶段在温室中养殖，第二阶段移到室外露天池养殖。从室内移到室外需要注意的几点是：一是时间。一般在6月下旬，室内外温度基本一致，并且自然温度昼夜温差不大最为适宜。

图7－9　珍珠鳖在温室池中分级培育

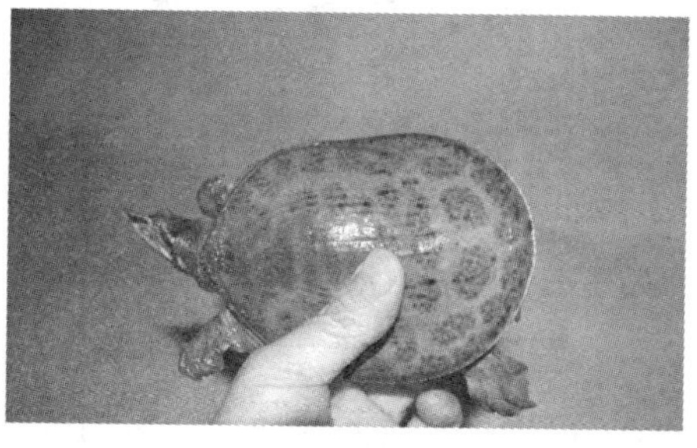

图7－10　珍珠鳖达到500克左右分级培育

从温室到露天，光线由暗到明，容易产生应激反应，因此，选择阴天或者夜晚进行放养，可以减轻应激反应。二是消毒方法。一般在浓度为20毫克/升的高锰酸钾溶液中浸泡10分钟。三是大小分开。将温室鳖分成大中、小、三种规格，分别放养，这样可以避免大小规格在同一池中竞争、摄食不均匀的现象，小规格鳖也能正常生长。四是放养前后注意停食。在放养前1天和放养后3天内注意停食，停食的目的是防止应激，因为在操作过程中，鳖必然受到应激，需要时间缓解，停食可以帮助缓解，安全度过应激期。五是放养后的开食方法。在移入新环境后，鳖开始不适应，找不到新的食台，需要给予新鲜的猪肝等动物性饵料，诱食，让鳖尽快适应新的生态环境。

四、投饲方法

少量多次投喂配合饲料，是工厂化养殖珍珠鳖关键技术之一。为减轻水污染，一般使用营养较全面的配合饲料。杜绝投喂含激素的配合饲料，以防雄性生殖器脱出，被其他鳖咬断而死亡。鳖的配合饲料选粉状的，在使用前加2%玉米油、以维生素C为主的多种维生素和适量水，拌和均匀后上机制成面条状、软颗粒（图7－11），或手工做成团状，进行水下投喂。食台平放在水面下10～20厘米层面上，可用木板制成食台。稚鳖期水位较浅，不需要放置食台。定时、定位、定量、定质的“四定”仍需坚持。从稚鳖培育到幼鳖阶段，每天投喂饲料3次，从早上06：00第一次投喂开始，每8小时投喂1次，坚持少量多次是投饲的基本原则，以半小时内吃完为宜，投饲量占鳖体重的3%。从幼鳖到成鳖阶段，每天投饲2次，上午08：00和下午15：00

分别投饲1次。投饲为鳖体重的2%。提高珍珠鳖养殖成活率，关键技术之一是在稚鳖培育1个月左右时，鳖的食量大增，容易暴食，此时要适当控制投饲量，如果过度摄食，鳖容易发生死亡。一般采用水下投饲，软颗粒的直径为：稚鳖为1毫米、幼鳖为4毫米、成鳖为10毫米。川崎义一（1986）报道，从生长率的角度看，维生素B_6、烟酸、维生素B_{12}缺乏时，鳖生长发育不良，食欲减退、瘦弱、繁殖力下降。为了促使鳖快速生长，在饲料中添加复合维生素是必不可少的。

图7－11　珍珠鳖软颗粒饲料

五、水质调节

稳定水质，微调换水是关键。为保持养龟池内水质良好，环境卫生，换水是必须的。在换水中考虑节能效果，保持水质稳定，使水体中污染少，必须采用微调的方法。依水质变化，一般10～15天左右排污1次，池底为锅底形，排污很方便，只要将排污塞拔出，很快就能将污物基本排光，排水量为原池水量的20%～30%，然后再补充添注相应的新水量，这样可以保持水质稳定，对鳖的生态环境几乎没有干扰，不会影响鳖的生长。同时采用罗茨鼓风机对养殖水体进行增氧，利用空气中氧气分解水体中氨态氮和硫化氢等有害物质。

六、生态防病

工厂化养殖珍珠鳖，采用无公害生态防病技术。在养殖全过程不使用禁用药物，选择无毒性、无残留、低用量的药物，按照无公害生态养鳖要求适量用药或尽量不用药。在稚鳖放养、幼鳖分养以及平时饲养管理中选用的药物主要有：食盐、高锰酸钾、氟苯尼考、亚甲基蓝和氧化钙等。对于白点病治疗，采用终浓度为 0.5 毫克/升的先锋霉素全池泼洒；对于白斑病治疗，采用 3% 的食盐浸泡和 25 毫克/升终浓度的生石灰全池泼洒治疗；对于水霉病治疗采用 50 毫克/升浓度的福尔马林浸泡；对于钟形虫病治疗，采用终浓度为 1 毫克/升的硫酸铜和终浓度为 0.4 毫克/升的硫酸亚铁全池泼洒。坚持生态第一、药物第二，追求绿色食品目标。

第三节　市场前景

最早引进我国的珍珠鳖（佛罗里达鳖）是 1993 年 6 月 18 日由福建水产养殖厦门分公司从美国进口，在厦门进行试养。引进 178 只，平均个体重为 10.78 克，集中于一口 14 平方米水泥池中饲养，水深为 0.6 米，水温为 23～32℃，用鳗鱼饲料投喂，日投饲 2 次，经过 111 天饲养，成活率为 100%，净增重 7.78 千克，平均每只日增重 1.25 克。

目前，珍珠鳖在我国的分布地区主要有海南、广东、广西、江苏、浙江、湖南、湖北、江西、安徽、山东、北京等地（图 7－12），珍珠鳖苗每年从美国引进 20 万只，国内自已繁殖10万只，合起来30万只，基本满足阶段性生产需要。不过，产苗量和需求量随着市场不断变化，新的需求动力来自于市场导向和经济效益。国内繁殖珍珠鳖的地区主要是海南、广东、广西、江苏、浙江等地；养殖商品鳖的地区主要在江浙一带，均实行工厂化养殖。

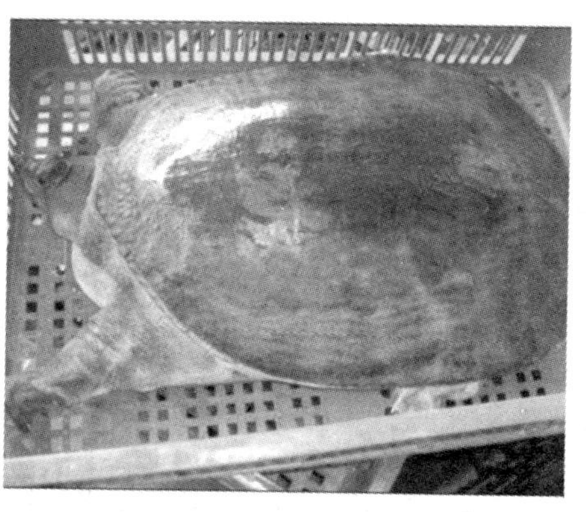

图7-12　商品珍珠鳖

（自北京太平洋渔业有限公司）

现在还没有珍珠鳖营养价值的文献和专门研究结果，但从鳖自身的营养价值来看，它是一种蛋白质含量较高的食用品；氨基酸丰富，普通鳖含有18种氨基酸，其中8种是人体必需氨基酸；裙边味道鲜美，肥而不腻，并含有18种矿物元素，其中除钾、钠、钙、镁、磷这些常量元素含量丰富外，还含有人体必需的微量元素铁、锌、铜、锰、铬等。其血液中含有铬，铬是葡萄糖耐量因子的一种成分，对治疗糖尿病具有一定作用。日本在1980年初步认为鳖具有抗癌作用，1995年进一步证实鳖含有维生素B_{17}，是一种抗癌物质。

华南地区喜欢大型鳖，珍珠鳖符合广东人的消费习惯。在广东、港澳地区，珍珠鳖是冬季火锅的主肴，它不但味道鲜美，而且营养价值和药用价值比中华鳖高得多。生长快是珍珠鳖的亮点之一，恒温下平均年增重2千克以上，个别年增重达5千克，大多数珍珠鳖恒温养殖2年能达到5千克以上，进入市场广受欢迎，发展前景极为看好，养殖技术与中华鳖相似。

第四节　知识点：美国鳖养殖中出现的问题与解决途径

近年来，我国引进珍珠鳖，采用温室养殖，生长速度较快，1年就可上市，在市场上价格较高，一般来说，能取得较好的经济效益。珍珠鳖养殖有两个问题：一是雄性鳖在温室养殖中比例大，生长慢，死亡率较高；二是珍珠鳖苗价格较高。这两个焦点问题，对经济效益影响较大。解决问题的根本途径是依靠科技进步。

一、雄性比例高的问题

雄性珍珠鳖在温室养殖中，表现为生长速度特别慢，并且死亡率较高。根据几年来的观察，雄性珍珠鳖比例较高，一般占60%，雄性鳖在温室中年增重平均为750克左右，最大不超过1千克（彩照60）；而雌性珍珠鳖在温室中生长速度较快，平均年增重2.5～3.0千克，最大个体达到5千克以上。李勇超试验，在自然温度下饲养，广东顺德地区，从珍珠鳖苗养成商品鳖，年增重达500～2 500克。在温室中，雄性珍珠鳖出现死亡率较高，一般死亡都是雄性鳖，主因是雄性鳖生殖器脱出后被其他鳖咬断造成的。目前温室养殖中雌雄鳖总体成活率为75%～92%，平均为80%，即有20%的死亡率基本由雄性鳖产生。雄性比例高的主要原因，是未能在孵化阶段通过控温对性别进行控制，今后需要加以改进。雄性鳖生长速度慢属于基因控制问题，需要通过遗传工程来解决。对于雄性鳖死亡率较高的问题，关键在于雄性发育早而相互争斗引起，解决方法是在性别分清后将雌雄鳖分开饲养。雄性鳖比例大，生长慢，死亡率高的三大弱点是影响经济效益的重要因素。

二、苗价问题

目前，珍珠鳖苗依靠进口（图7－13至图7－16），满足不了生产需要，因此造成苗价较高。尽管珍珠鳖亲本也有引进，但尚未产生规模生产力，孵化的苗较少，难以在短期内解决其鳖苗供不应求的市场局面。2007年，我国进口珍珠鳖苗约15万只，国产珍珠鳖苗约5万只，合计20万只，实际需求在50万只左右。我国珍珠鳖苗市场价格，2006年平均每只为80元；2007年为110元（在美国，2007年珍珠鳖卵每枚在10美元左右）；2008年为30元左右；2009年为15元左右。

图7－13　美国的珍珠鳖孵化室（自柴宏基）

图7－14　美国的珍珠鳖孵化后进行暂养（自柴宏基）

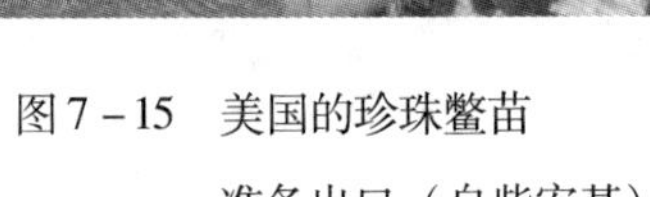

图 7－15　美国的珍珠鳖苗准备出口（自柴宏基）

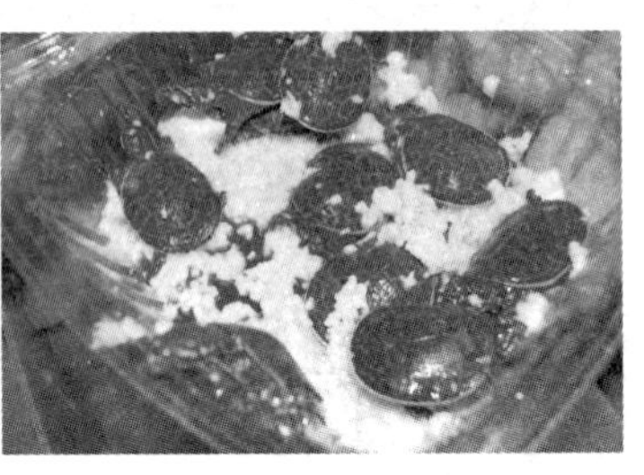

图 7－16　出口到中国的珍珠鳖苗

三、解决途径

苗价高，是制约珍珠鳖养殖经济效益的主要因素，按照目前的养殖现状，苗价是制约经济效益的一道门槛。根本出路在于，提高珍珠鳖的繁殖水平，改进养殖技术。在其他因素不变的情况下，要想取得较好的经济效益，首先，通过技术攻关，提高珍珠鳖繁殖水平，走国产化道路，不再依赖进口，缓解供求矛盾，降低苗价，以取得较好的经济效益；其次，改进养殖技术，关键是采用雌雄分养的办法，可减少相互斗殴咬伤的情况发生，提高养殖成活率，从现有的成活率 80% 提高到 90%；再次，通过调控温度，提高雌性鳖比例，有效方法是将孵化温度提高，控制“孵化介质”恒温为 32℃，促使雌性鳖出苗率提高。

第八章
多种生态型养龟

小型家庭养龟、现代家庭养龟、园林生态养龟、屋顶特色养龟等多种生态型养龟是读者较为关心的养龟模式。利用庭院创造景观，加入龟类，形成多种生态型养龟，既美化环境，又优化生态，长寿动物与人和谐相处，心旷神怡，在这样的美景中度过美好人生，是人们梦寐以求的境界。

第一节　小型家庭养龟

小型家庭养龟是农民利用前庭后院空地或租地进行小面积建池养龟，投资较小，收益显著。养殖品种依据当地气候条件和生态环境进行选择，紧凑型的空间，选择精品进行养殖是一条可行的途径。家住浙江省湖州市菱湖镇的林建华就采取这种模式，已经从事养龟几十年，他非常喜欢龟，原本一边在厂里上班，一边回家养龟，后来下岗了，经济比较紧张，从银行贷款，向朋友借资金，逐步扩大，一心一意进行小型家庭养龟，现在年收益在 10 万元左右。

林建华养龟面积在10亩左右，建有8只龟池进行亲龟培育，繁殖乌龟、黄喉拟水龟和彩龟等龟苗，另建3只幼龟池，用于保温越冬培育随时上市的观赏龟，在亲龟池边空的地上建有2只稚龟培育池，并建有大棚生态养殖黄缘盒龟（图8－1至图8－3）。

图8－1　小型家庭养殖亲龟池

亲龟池中建有晒背台，与食台合一。这种露出水面的台面，由石棉瓦斜放构成，一边伸向水里，一边在水面上，乌龟晒背时会自动爬上晒台。饲料选择小杂鱼、西红柿和配合饲料，小杂鱼用切鱼机切成小块后才投喂。在池中移植有用于净化水质的水葫芦。针对黄缘盒龟需要安静舒适的生态环境，

图8－2　乌龟亲龟池一角

图8－3　黄缘盒龟养殖大棚

搭建了大棚，在棚上加盖黑色的遮阳网，降低太阳辐射，里面种植景观植物，开辟洗澡池、排污沟，水陆并举，陆地面积占70%左右。观察发现黄缘盒龟喜欢钻在草丛中休息，因此在棚内四周种植上草本植物，让龟有更多的生态位（图8－4、图8－5，彩照61）。

笔者在苏州市相城区也发现小型家庭养龟。陈氏夫妇开展庭院养龟已有8年。庭院里只有一只池，面积在30平方米左右，养殖品种是黄喉拟水龟，主要进行黄喉拟水龟繁殖，利用天井一角建造，此亲龟池为砖砌混凝土结构，在亲龟池北端设有产卵场，亲龟通过引坡进入产卵场，池内设置斜坡，用于亲龟休息和食台，水上投喂鱼虾等动物性饲料(图8－6)。放养300只亲龟，密度达10只/米^2，2009年产苗300只，卖出价为每只55元（彩照62)。产苗量不算高，原因是孵化期间洒水太多，湿度过高，通气不够，造成孵化率不高。

图8－4　养龟池移植水葫芦净化水质

图8－5　黄缘盒龟喜欢栖息在草丛中

图8－6　相城小型养龟池食台一角

2009年9月3日，笔者来到苏州吴江市同里镇附近的小型养龟人家调查，发现这里有3户小型家庭养龟，笔者参观了其中2家。这2家是退休人员沈先生和另一位不知名的退休医生，主要养殖品种是黄缘盒龟，兼养乌龟，进行繁殖，已经养殖8年。其规模都不大，利用庭院一角，巧妙地进行人工改造，上面种盆景，下面养龟，形成和谐的生态环境。见到2位养龟老人，精神状态很好，性格开朗，他们老有所好，从养龟中获得乐趣，并有小步发展的打算，继续增加亲龟。繁殖出来的黄缘盒龟苗和培育幼龟出售后又用于购买安徽黄缘盒龟亲龟（图8－7至图8－9，彩照63）。

图8－7　苏州同里沈先生小型家庭养龟

图8－8　苏州同里退休医生小型家庭养龟

绿毛龟是大家熟知的观赏龟，最早记载于公元488年南北朝南齐武帝时期。历史上为各朝贡品。近代，欧洲和美、日、韩等不少国家视其为吉祥如意、延年益寿、互赠的珍贵礼品。江苏常熟李忠国先生对绿毛龟情有独钟，研究绿毛龟40年，并著书立说，阐述绿毛龟传统价值与培育技术。2009年9月21

日笔者来到他家参观，见到小型的家庭养殖绿毛龟，品种有黄喉拟水龟、乌龟、巴西龟和鳄龟，尤其是绿毛鳄龟，围绕精致陶瓷缸走动，对人十分友好。地处常熟市区的李忠国家里，充分利用不大的庭院进行绿毛龟养殖研究，不断结出丰硕的成果，并获得丰厚的回报（图8－10、图8－11，彩照64）。主人介绍说，他养的绿毛龟供不应求，价格依绿毛龟的体重而定，一般为每50克100元。

图8－9　苏州同里小型家庭养龟中乌龟亲龟池

图8－10　李忠国先生利用庭院进行培育绿毛龟

图 8－11　李忠国先生在一排排塑料桶中培育绿毛龟

第二节　现代家庭养龟

现代家庭养龟，是设施渔业的新亮点，是家庭养龟业发展方向。充分利用现代化的设施和技术装备，从事家庭养龟。

美国现代家庭养龟已发展成农场形式，采用现代化的装备，高科技的手段，进行家庭养龟。目前，主要采用了三种方法：一是投饲半自动化，用装载自动投饲机的汽车在龟池四周开一圈，完成投饲工作；二是采用移动式“人”字形石棉瓦设置龟产卵小生态，采集龟卵时非常方便，只要将此石棉瓦移开，即可采卵；三是将收集后的龟卵用水龙头喷雾清洗龟卵上的泥沙，然后由传送带送入孵化室孵化，龟卵孵化采用通气型塑料箱，无需孵化介质，箱周打孔通气，自动控制孵化室内湿度和温度，顺利孵化（图 8－12 至图 8－19）。

国内现代家庭养龟，充分利用自然光照，建造大型塑料棚，全部使用钢架和镀锌管构成，这种温室不仅采光好，更重要的是节约能源，保温不加温，延长生长期。养殖的品种主要有彩龟、鳄龟和黄喉拟水龟，以亲龟为主，进行繁殖，大棚内建两排龟池，中间为走道，两侧池中设产卵场，此产卵场升高后位置与下池错开，不占用面积，不影响人工操作。进、排水分开，严格执行防病消毒措施，水源水质从深井中抽取，经过处理后使用。特点是自然资源与人工生态相结合，在可控环境中寻求最佳生态效应。浙江湖州毛福来家庭养龟就采用这种方法（图8－20、图8－21）。

图8－12　美国养龟池一角

图8－13　采用移动式“人”字形石棉瓦设置龟产卵小生态

图8－14　收集龟卵

图 8 – 15　龟卵采集后准备送至孵化室

图 8 – 16　龟卵喷雾清洗后进入孵化阶段

图 8 – 17　整理好的龟卵由传送机送入孵化室

图 8 – 18　龟卵装入正式孵化箱

图 8 – 19　孵化箱整齐上架开始孵化

图 8 – 20　国内现代化家庭养龟可控生态环境

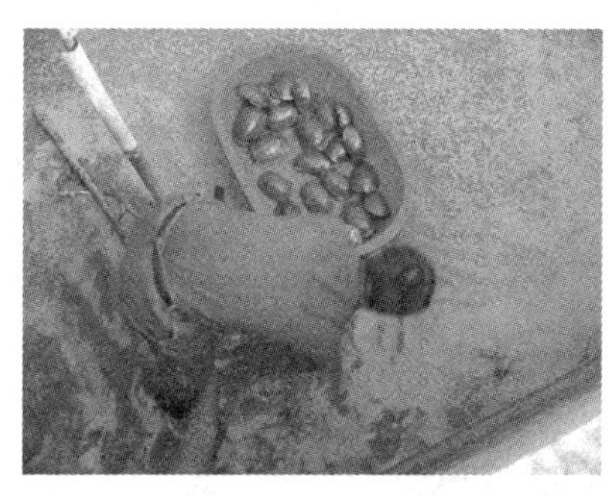

图 8－21　黄喉拟水龟捕捉上市

利用庭院设计现代化养龟，在江苏金湖就有这样的先例。从屋顶向下望去，可见龟池中间是产卵场，两侧是“王”字形晒背台和食台合一的人工景观，看上去整体划一，壮观、舒心（图 8－22）。在这样的环境中养龟，不仅好看，而且实用，用来繁殖乌龟、彩龟等，仅此一家年产乌龟苗就有 4 万只。龟卵孵化全部采用泡沫箱加盖玻璃，四周通气的新方法。此家庭把整个楼房全部利用起来，楼顶上养殖黄缘盒龟，楼下庭院内养殖乌龟和彩龟，一楼小天井养殖黄喉拟水龟，一间小房养殖娃娃鱼，另一间为龟卵孵化室。饵料使用小鱼、小虾，添加鹌鹑内脏，并利用未受精的龟卵粉碎后添加到饲料中，增加生物激素，提高亲龟受精率。不仅孵化出乌龟苗、黄喉拟水龟苗、黄缘盒龟苗等，还利用乌龟幼龟、黄喉拟水龟接种绿毛龟，取得显著的经济效益（彩照 65、彩照 66）。

图 8－22　这样的养龟生态环境使人心旷神怡

第三节 园林生态养龟

园林生态养龟，主要是利用庭院创造园林式生态，在美丽的景观中构筑各种形状的养龟池，在龟池中放养各种龟类，充分利用水陆两栖特色，种植漂亮的植物和建造多边形的龟池，从欣赏的角度养龟，目的不是为了赚钱，而是为了享受优美的人工环境，园林式的生态，展现龟与人的和谐美。通过自己勤劳的双手创造美，在良辰美景中度过美好人生。

在园林甲天下的苏州，蕴藏有这样的家庭，实现了园林生态养龟。家住苏州工业园区的谢仁根先生创造了这样的养龟模式。他本来是开出租车的司机，在镇农机厂上过班，后来他和夫人曹美姐一起创业，发现商机，办起了缂丝公司。缂丝最早产生在我国宋代，是中国特有的将绘画移植于丝织品的一种工艺美术品，以细蚕丝为经，色彩丰富的蚕丝作纬，纬丝仅于图案花纹需要处与经丝交织。谢先生夫妇不仅做缂丝，而且搞刺绣，出口日本等国，有声有色，名气日增。省、市等领导前来视察，清华大学在此设立实习基地，并将作品赠送给航天英雄杨利伟和上海佛教大师，并为上海世博会承担刺绣任务。走进他的庭院，眼前一亮，可以见到缂丝展示厅、缂丝车间、大型厂房、别墅和后花园，就在别墅边门有一个通道，通向园林生态养龟景地。

谢先生养龟始于2000年，利用庭院2 000平方米的空地创建园林生态养龟景地。从无锡、常州和苏州太仓等地引进龟种，目前养龟种类有鳄龟、乌龟、彩龟、黄喉拟水龟、黄缘盒龟等。现有黄喉拟水龟亲龟2 500只，年产龟苗4 000只，逐步发展到年产黄喉拟水龟苗8 000~10 000只，年产乌龟苗4 000只，年产彩龟苗10 000只，鳄龟亲龟25只，已经开始产卵3年，黄缘盒龟亲龟20只。目前拟淘汰彩龟，增加鳄龟和黄缘盒龟。他繁殖的龟苗主要销往观赏龟市场，已供不应求（图8－23至图8－26）。

图8－23　迷人的园林生态养龟景地

笔者实地考查了园林生态养龟。走进庭院，绿郁葱葱，多姿多彩的植物环绕龟池，多边形的龟池像剥开的花生壳，别具特色，美感十足。在龟池周围还种植了美人蕉、向日葵、无花果、银杏、石榴、桃树、月季花、竹子、冬青等景观植物。产卵场内悠静的环境为龟顺利产卵创造了条件。那里的鳄龟1年产卵1次，产卵量较

图8－24　园林生态养龟池中的彩龟

图8－25　园林生态养龟中的黄喉拟水龟

图 8－26　园林生态养龟中的鳄龟

大，但受精率不高。采集龟卵是一项细致的工作，主人自己动手，轻轻走进鳄龟产卵场，用小撬寻迹挖开卵窝，在较深的泥沙混合介质中寻找鳄龟卵，一般每窝有鳄龟卵 50 枚左右。黄喉拟水龟、彩龟、鳄龟等龟卵被采集后送至孵化室控温孵化。他采用 2 种孵化方法：一是粗沙和细沙混合孵化；二是用泡沫箱无沙孵化。第二种孵化方法是在泡沫箱内底部注一层水，以保持湿度，在水面上隔水放置竹排，竹排上排列龟卵，泡沫箱上盖上玻璃，箱的四周打孔通气。通过电加温和温控仪自动控温，在孵化室中放置温度计和湿度计，以便观察。龟饲料全部使用当地的小杂鱼，用机器轧碎成小块，投入龟池。在养龟中，水体中因龟的粪便和残饵积累，发生了蓝藻水华，主人采用彻底换水并使用生石灰或硫酸铜泼洒加以解决。同时也在养龟水体中移植水葫芦，利用其发达的根须吸收富营养化的氮、磷成分，保持水质清新。为保证水源卫生，主人还采用深井水，经调温池把水温调节至与自然温度一致后注入养龟池。每半个月使用生石灰全池泼洒 1 次消毒防病。龟苗孵出后通过培育池培育后上市。进入冬季，园林生态养龟景色依然迷人，主人陶醉在美好的园林生态养龟中（图 8－27 至图 8－37）。

图 8 - 27　园林生态养龟中的景观植物

图 8 - 28　鳄龟交配给园林生态养龟增色

图 8 - 29　安静的鳄龟产卵场

图 8－30　发现一窝鳄龟卵

图 8－31　龟卵被采集送往孵化室
进行人工孵化

图 8－32　龟卵孵化室中的结构

图 8-33　泡沫箱无沙孵化与监测温湿度

图 8-34　杂鱼是龟的主要食物

图 8-35　杂鱼经过轧碎机切成小块后投喂

图 8－36　深井水经过调温池调温后注入龟池

图 8－37　龟苗孵出后经过培育池培育后再上市

第四节　屋顶特色养龟

屋顶特色养龟，是利用屋顶空闲面积，模拟自然生态造池，选择适合品种，以不占地、集约化和高技术为特色进行养龟。笔者实地调查海南省琼海市的欧贻洲先生利用家中楼房第三层改造建池养殖山瑞鳖和石龟；广东省顺德市区灶流先生利用五层楼屋顶进行金钱龟繁殖；广东省东莞市虎门镇周包根先生利用三层楼屋顶模拟自然生态养殖石龟、鳄龟和黄缘盒龟，并且在屋顶建造温室进行鳄龟养殖；江苏省金湖县陆义强先生利用屋顶进行黄缘盒龟繁殖；香港李先生在广东东莞厚街利用厂房屋顶进行金钱龟养殖。所有这些实例，证明屋顶养龟潜力较大，在城市和农村利用自己的住房进行屋顶养龟完全可行，而且充分节约土地资源，在养龟中寻找乐趣并取得一定经济效益（图 8－38、图 8－39）。

图 8－38　区灶流屋顶养龟

图 8－39　陆义强屋顶养龟

在楼顶上有限的面积里，既进行龟类人工繁殖，又进行温室商品龟养殖，较为罕见，但在周先生的努力下成为现实。周包根先生原是虎门镇水产加工厂的一名员工，因该厂转型，产权移交给周包根等 3 人。在加工厂有冷库，水产品丰富的有利条件下，海产杂鱼小虾可以作为龟饲料，在自家屋顶利用空闲面积模拟自然生态进行养龟是周先生的初步设想，周先生来到苏州与笔者共同学习交流，回去后动手进行屋顶特色养龟，他懂电工、电焊和瓦工等工艺，为节省投资，在屋顶上造池，在池中设置景观植物，既能遮阴又能美化环境，在池中进行石龟、黄缘盒龟和鳄龟养殖。不仅如此，利用屋顶建造小型温室，在温室中建造3层池，用来养殖鳄龟、黄缘盒龟和石龟，以鳄龟为主，养成商品鳄龟，并全部销往酒楼。周先生的屋顶养龟关键技术是：合理利用面积建池，模拟自然建立人工生态环境；选择适合的养龟品种，即石龟、黄缘盒龟和鳄龟；发挥自己的优势节约投资和生产成本；全部采用天然海产杂鱼和小虾，养殖的龟类品质较高；在温室里建造3层养龟池，立体利用了空间；采用不锈钢板做成水槽，防锈耐用，进排水通畅，容易排污，清除残饵方便，保持环境卫生整洁，减少龟类病害发生。饲养管理中主要做法是：每天投饲2次，投饲量根据龟的摄食情况进行调整，及时清除残饵和粪便，采取自动加温技术，控制最佳温度恒定在30℃，定期每半个月用生石灰泼洒消毒1次，水源采用自来水，全部经过调温池调节温度与温室内一致后注入养龟池，以防应激事故发生，由于生态调控到位，养殖中未发

图8－40　屋顶养龟亲龟池产卵场

生病害（图8－40至图8－45，彩照67至彩照69）。

金钱龟养殖也可以利用屋顶来实现。香港李先生在香港野外收集到不少金钱龟，在家中养不下，原来在自家的洗手间养殖，面积和空间难以满足金钱龟生长和繁殖的需要，因此只得将金钱龟迁移到广东省东莞市，利用一家厂房屋顶进行养殖。建池时，笔者被邀前往实地考察。最终根据金钱龟生态习性，在屋顶建起了标准的阶梯式养殖池，每个单元池像一只沙发，由两排池组成，中间留下走道，左边5个单元池，右边是6个单元池，养殖池上方全部用钢架和镀锌管焊接构成棚架，在养殖池的一端建两层培育池，用于龟苗培育和观察，在另一端建有调温池，用于调节水温。龟池由三部分组成，由低到高，分别是洗澡池、摄食台和休息兼产卵场。在洗澡池和摄食台下面有排污口，休息与产卵场地面铺沙，其产卵场上方有盆景，外围种植景观植物，整体环境协调，棚顶安装遮阳网遮阳，防止强烈的阳光刺激，给金钱龟创造仿

图8－41　屋顶养龟注重景观生态环境

图8－42　屋顶养龟一角

自然的生态环境。标准池建好后，经过严格的消毒处理，水质调节，放养时，金钱龟一下池就出现追逐嬉戏现象，表明龟池符合其生态要求。这种标准龟池的优点是整体美观，观赏性强，便于生态调控，质量坚固，抗风力强，可抵御自然灾害。缺点是造价较高，投资这样的标准池，建筑面积60平方米，需要4万元（图8－46 至图8－51）。

图8－43 屋顶养龟温室

图8－44 屋顶养龟温室内3层不锈钢水槽

图 8 – 45　屋顶养龟调温池

图 8 – 46　标准化的屋顶金钱龟养殖池

图 8 – 47　屋顶养殖金钱龟阶梯式标准池

图 8-48　屋顶养殖金钱单元龟池

图 8-49　屋顶金钱龟养殖池生态环境

图 8-50　屋顶养殖金钱龟稚龟培育池

图 8－51　屋顶养殖金钱龟放养时的情景

第五节　知识点：生态型养龟要注意的问题

生态型养龟，给人们的生活带来无穷乐趣。在经济不断发展、生活水平逐渐提高的今天，利用有限的土地资源，进行集约化生态养龟，不仅可以丰富业余生活，还可增加收入，进一步提高生活质量。在生态型养龟中，需要注意哪些问题呢？

一、对外来物种的处理

巴西彩龟，属于外来物种；水葫芦，也是外来物种。对这两个外来物种怎么妥善处理，这是困扰养龟者的难题之一。任何外来物种都是双刃剑，其给生态环境带来的效应有利有弊，不能全面否定外来物种，正确评价外来物种对环境的效益和有效利用外来物种，是我们面临的工作。巴西彩龟，目前在美国农场养殖较多，至今美国并没有禁止养殖，在中国法律法规也没有禁止巴西彩龟的养殖，巴西彩龟仍是观赏龟爱好者喜欢的品种之一，但我们在养殖中，一定要杜绝随意放生行为，如果发现必须及时打捞，严格控制在人工可控环境中饲养。

水葫芦在生态养龟中具有净化水质的绝佳功效，一般小水体生态养殖，容易产生蓝藻泛滥形成所谓的“水华”现象，主要是小生态中环境的自净能力较差，龟的粪便和残饵使得水体中氮、磷富营养化成分积累，需要高能净化植物来承担净化功能。研究发现，水葫芦能很好地完成这个净化任务。中国科学院南京湖泊地理研究所颜京松研究员对水葫芦净化水质有系统的研究。20 世纪 80 年代，苏州独墅湖污染严重，城市工业污水排放进入此湖，每年污染致使鱼类死亡 20 万千克，颜京松就在此湖上游入口处的河道两侧移植水葫芦，结果，湖泊水体变清，水质得到净化，鱼类死亡不再发生，繁殖的水葫芦还可用作草鳊鱼饲料，经计算，44 千克水葫芦可增重 1 千克草鳊鱼。食物链进入良性循环。经科学论证得出结论认为：水葫芦是净化水质最强的水生植物，充分利用水葫芦的净化功能来为生态型养龟服务，可以取得较好的效果。同时，水葫芦大量繁殖的问题也在养龟实践中得以解决，就是将过多的水葫芦捞出，投放到巴西彩龟池中，巴西彩龟喜欢摄食水葫芦，结果一举两得。目前，采用水葫芦净化水质养殖龟鳖已成为普遍模式（图 8－52）。

图 8－52　浙江海宁龟池中放养的水葫芦

但是，由于水葫芦繁殖能力极强，已给我国部分地区带来巨大损失，因此在开发利用时一定要严格控制范围，杜绝流入野外。

二、龟类摄食自产卵

在养殖中发现，鳄龟和黄缘盒龟等龟类，喜欢摄食自产的卵，这一问题较为普遍。解决的方法是：在人工挖开龟卵窝后，不要放下不管，或者又去挖其他的龟卵窝，要及时将挖出的卵取走，送至孵化室孵化，这样摄食自产卵的问题也就解决了。对于刚引进的鳄龟野生亲龟，要特别注意提供安静的环境和土质产卵场地。如果鳄龟将卵产到水里，要及时捞取，擦干，放置到孵化盘中孵化，否则，鳄龟会将水中的卵吃掉（图 8 – 53）。

图 8 – 53　挖开龟卵窝后要及时将龟卵取走

三、孵化室内湿度达不到要求

我们发现生态型养龟中，龟卵的孵化室湿度往往达不到要求，一般只有 76% 左右，对于这一问题我们可以确切地说，凡是湿度达不到要求的，都是孵化中加温方法不很科学，如使用油汀加温，空气中相对湿度只有 76%，孵化室内的温度达到了，但湿度还不够（图 8 – 54）。解决的主要方法是在孵化室中安装 1 ~ 2 盏防爆型远红外灯，灯下放一盆干净

图 8－54　孵化室使用油汀加温时湿度达不到要求

图 8－55　改用远红外灯加温加湿符合孵化要求

的水，灯离水面 20 厘米左右，这样湿度马上就能上来，相对湿度很快就能达到 85% 的要求（图 8－55）。这种方法既能有效加温，又能有效保湿，是目前龟鳖孵化较佳的控温控湿新方法。

在龟鳖孵化中，一定要控制好湿度的两个指标，一是介质中 8% 的绝对湿度，一个是空气中 85% 的相对湿度。

四、稚龟期饲料的解决途径

在稚龟期，饲料问题一直是初养者的难题之一。我们知道，使用蛋黄、黄粉虫、红虫、水丝蚓、鱼肉、虾仁、配合饲料等都是稚龟的上选饲料。但有没有更好的方法，利用自然资源获得动物性蛋白饵料，又是稚龟喜欢的呢？答案是有的。实践发现，人工培养蝇蛆是解决稚龟饲料的重要途径。具体方法是：在室外稚龟池的中间，放置数个塑料容器，在其中放入杂鱼，引来苍蝇繁殖蝇蛆，随着繁殖量的不断增加，蝇蛆会自动从容器中爬出，并掉入稚龟池中，供稚龟摄食。在容器两侧安放砖头，以便在容器上方加盖面板，防止暴晒或雨淋（彩照70、彩照71）。需要注意的是，由于蝇蛆细菌含量较高，直接爬入池中作为饲料容易使稚龟致病。因此，每天一次在容器内蝇蛆中适当添加抗菌药物。

蝇蛆是优良的动物蛋白饵料。蝇蛆的粗蛋白含量和鲜鱼、鱼粉及蚕蛹粉相近或略高。蝇蛆的营养成分很全面，含有动物所需要的多种氨基酸，其每一种氨基酸含量都高于鱼粉，其必需氨基酸总量是鱼粉的2.3倍，蛋氨酸含量是鱼粉的2.7倍，赖氨酸含量是鱼粉的2.6倍。尽管家蝇具有独特的免疫功能，其体内含有一种具有强烈杀菌作用的“抗菌活性蛋白”，这种活性蛋白万分之一浓度就足以杀灭入侵的病菌，但作为稚龟饵料实际使用时，适量添加抗菌药物是必要的。有条件可专门生产无菌蝇蛆来满足龟鳖对动物性饵料的需求。

五、提高龟卵受精率

龟卵受精率，决定其孵化率。生产中，我们发现一般龟卵受精率普遍不高，究其原因：雄性亲龟尾短影响交配；雄性亲龟生殖器被其他龟咬伤肿胀，生殖器难以伸出；雄性亲龟性激素缺乏，精子质量不高等。解决方法是：选用尾部正常的雄性亲龟；及时发现并治疗雄性亲龟生殖器被咬伤的炎症；通过生态调控技术，提高雄性亲龟性激素含量。

生态调控包括环境调控、结构调控和生物调控，具体方法是：①采用环境调控的人工等温冲水刺激方法，每天早晨环境温度基本一致，此时采用与环境等温的干净水体，用水龙头对雄性亲龟冲洗刺激其发情；②采用结构调控方法，适当提高雄性亲龟比例，增加受精几率；③采用生物调控方法，投喂自然生物激素含量较高的食物。比如在饲料中添加或直接投喂鹌鹑性腺为主的内脏，雄性鲤鱼等鱼类的性腺，公鸡的性腺等，采用注射鲤鱼脑垂体（PC）、HCG、LRH－A等促性腺激素的方法。

第九章
温室建造

温室养殖是设施渔业的组成部分，也是现代渔业发展的方向。目前流行的仿野生养殖还代替不了温室养殖，因为温室养殖的核心是控温快速养殖技术，具有周期短、管理便、扩资源、占市场、收效快等优点。温室养殖已形成产业，是许多农民致富的经济支柱，在温室养殖中运用科技手段，进行环境调控、结构调控和生物调控，改善品质，不断满足市场需要。我国龟鳖温室养殖起始于20世纪80年代末，杭州市水产研究所首创温室养鳖试验获得成功，90年代初期在全国迅速推广温室养鳖，90年代中期后加快发展温室养鳖的同时大力开发温室养龟，持续发展到今天，前景广阔。温室养殖最大的意义在于迅速发展生产力，扩大龟鳖资源，使龟鳖产业化、市场化、大众化，使龟鳖进入普通家庭，进入花鸟市场，为健康生活增添乐趣。温室养殖已成为新农村建设的亮点（图9-1）。

图9－1　温室养殖已成为新农村建设的亮点

第一节　基础设施

温室的基础设施，包括温室主体架构、保温材料、龟鳖池和辅助房建造（图9－2、图9－3）。温室采用半圆形的立体架构，南北向，拱架和支架使用壁厚为2毫米的镀锌管焊接而成，宽度为14～16米，长度根据需要而定。为增强温室的保温效果，在砖砌墙体中夹5毫米厚的保温板，在屋顶的处理中，由里向外分别是网片、保温板、油毛毡、稻草、网片等5层。内设两排养殖池，中间走道，养殖池面积每只30平方米，走道50厘米宽，温室中间高度为2.2米，两侧墙体高度为60

图9－2　温室结构外形

厘米。调水池建在进口处第一排至第二排养殖池上方。温室南侧建辅助房，用于设置加温设备、饲料存放、工作室和休息室，温室的进口处开在辅助房内。温室面积一般为 500 ~ 700 平方米，以 500 平方米温室为例，实用面积为 500 平方米，建筑面积为 540 平方米，辅助房面积为 60 平方米，温室长度为 40 米，养殖池长、宽、高分别为 6 米、5 米、0.6 米。池底设计成锅底形（图 9－4至图 9－8）。

图 9－3　温室辅助房与主体相连

图 9－4　温室内部结构

图 9－5　温室屋顶内部

温室有多种结构。目前最新式温室采用半圆形屋顶，单层池结构，每平方米温室在材料价格不高的地方建造成本仅需 100 元左右，具有投资省，能耗低，操作

图9－6 温室正在施工中

图9－7 温室中调温池建造

图9－8 温室设置透气窗

方便等优点，是目前重点推广的新型温室。

温室基础设施的关键：在施工过程中坚持质量，对保温材料采取必要的处理，将泡沫板对接面削成斜面，用胶水粘贴，确保保温效果。养殖池内壁和池底用水泥抹光，防止毛糙的池壁伤害龟鳖体表。在养殖池口面设置防逃反边，压延8厘米。温室的另一端要开一透气窗，窗户中间需安放泡沫板保温，平时不开，只在温室内空气浑浊时打开透气。在温室内安装多盏节能照明灯，有人时开灯，平时关闭，给龟鳖制造安静的环境和减少相互撕咬的机会。温室外的辅助房内需设置控温仪表和开关，便于观察温室气温和水温，定时启动增氧设备。

第二节　进、排水系统

温室进、排水，由进水系统和排水系统组成（彩照72）。

进水系统由调温池接出管径为50.8毫克的PVC管通至各养殖池，将调好温度的新水送入池中，并设置开关，控制进水量（彩照73，图9－9）。

图9－9　温室中调温池、进水管与排水管结构

排水系统由排水管和排水沟组成。从锅底形池底中心安装排出管道，管径为10厘米，经池底暗管至龟鳖池走道一侧出口，外接一只与龟鳖池等高的橡胶皮管，平时将此软管悬挂在养殖池外壁，排水时将此管放下，让废水通过走道下面的排水沟流出温室，排水沟上面要放置水泥板，便于走路（图9－10）。龟鳖池中央出水口安装不锈钢栏栅，防止龟鳖潜水逃逸（图9－10）。

图 9－10　温室中排水管放大

第三节　加温系统

加温是温室养殖中的关键。采用不同的加温方法，会取得不同的效果。过去采用锅炉式加温，用蒸汽管通入温室加温，投资大、能耗高。新式加温系统，主要由加温设备、烟管、抽烟机组成。加温设备，使用简易的炉灶，直接将热能通过烟管穿过调温池和温室内，从温室的另一端伸出，接拨风机抽烟，组成控温系统。

炉灶设置在辅助房内，靠温室外壁与温室紧密相连，其长、宽、高分别为 1 米、0.5 米、1.5 米。关键技术在于：①热水自动循环，在炉体上部安装全封闭锅，并在炉体顶部锅内接一根镀锌管直通温室内调水池另一端上面，再由调温池靠外墙的一端下面接出一根镀锌管穿入温室至炉体内锅内，形成一个水体自动循环系统。当炉体升温时，上端管道将热水压出，经调温池交换水体，达到升温的目的，并由出水管将冷水送至炉体继续加温，由此循环往复。

②为调节调温池的水温，在炉体一侧打深井，与水泵连接将深井中的冷水抽上来通过管道输入调温池中，并设置开关，用来调节。③在炉体中直接安装一根烟管经过调温池、温室，最后穿出，在温室另一端安装抽烟机。此外，需安装调温池溢水管控制水位，并安装温度表，通过温感探头深入调温池中，在温室外辅助房中就可直接读出调温池中的水温，便于监测，决定添加或减少调温池的水量，用冷水调和热水，调节温度，当调温池水温与养殖池水温一致时，就可用于换水。同样需要监测温室内气温和水温，一般控制温室内气温为33℃，水温为30℃（图9-11、图9-12）。不过，不同的龟鳖养殖品种，最佳生长温度不同，如小鳄龟为28℃，大鳄龟为29℃，黄喉拟水龟为30℃，珍珠鳖为31～33℃。

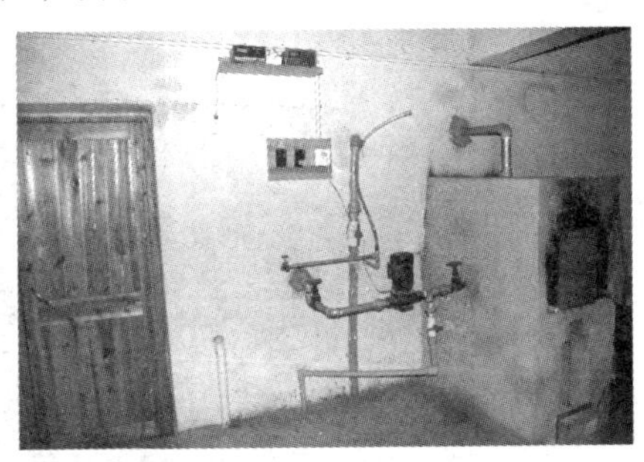

图9-11　温室加温设备

图9-12　加温设备中的炉膛

烟管架设在温室上方空中，最好采用直径为20厘米的不锈钢管，在温室高湿度环境中不易氧化锈蚀。也可采用另类方法：中间走道沿养殖池口压延上面砖砌方形管道，在“凹形管”上面加盖铝箔封闭，散热快，对温室进行加温，此方形管一直延伸到温室外，成本较低。烟管与养殖池平行穿越温室，不需要烟囱，减轻环境污染（图9－13、图9－14）。

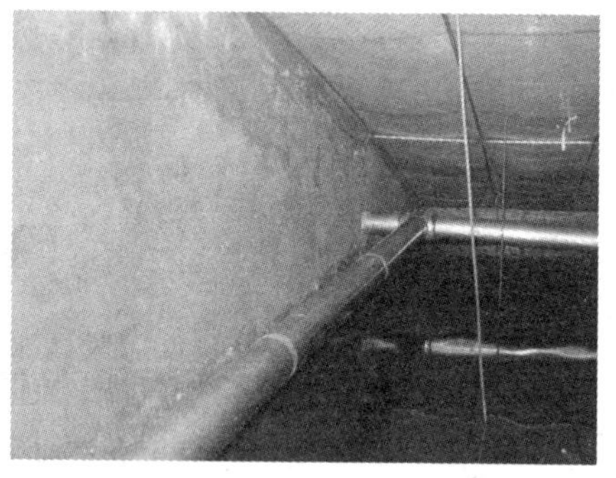

图9－13　烟管在温室中的排列

图9－14　烟道的另类结构

炉灶使用无烟煤、木材等燃料，根据外界气温变化决定每天的加温时间，炉灶可以通过风门控制火力大小，也可烧烧停停，要保持温室气温和水温恒定。

此外，还有利用太阳能进行加温，用于装备龟鳖温室养殖（图9－15）。

图9－15　太阳能装备用于温室养殖龟鳖

第四节　增氧系统

增氧的目的是调节水质，延缓水质老化变质。龟鳖在高温条件下，行肺呼吸，对水体溶氧量需求不高，但水中腐败变质的残饵和龟鳖粪便等有机物质分解需要消耗大量的氧气，如不及时进行环境调控，化学耗氧量（COD）升高，硫化氢、氨气、亚硝酸盐等有害化学物质超标，环境胁迫下龟鳖易产生应激反应，生态恶化对龟鳖生长发育造成严重的损害。因此，设置增氧系统很有必要。

增氧系统由罗茨鼓风机、增氧总管、乳胶支管、气泡石组成。每500平方米温室配备一台1.1千瓦的罗茨鼓风机，此机放置在室外，用防雨布遮盖，避免雨天受潮。增氧总管可用镀锌管、PVC管，支管用乳胶管，气泡石在每个30平方米养殖池中设置8只。增氧机可以24小时开启，也可在投饵前开2小时，摄食完毕后关闭，具体可根据养殖实际需要进行安排（图9－16至图9－18）。

图 9－16　增氧机安装在温室外面的位置

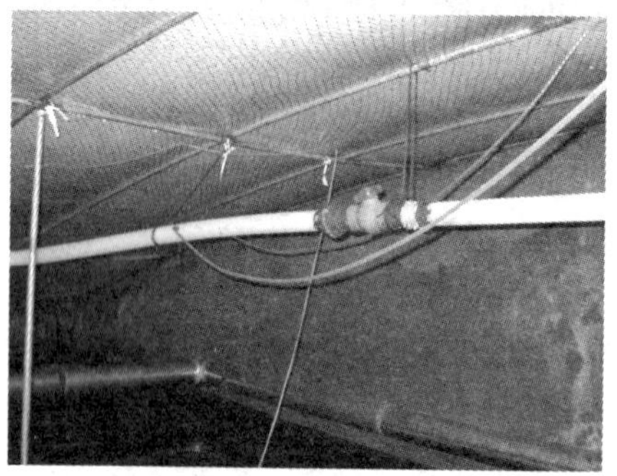

图 9－17　温室内安装增氧总管

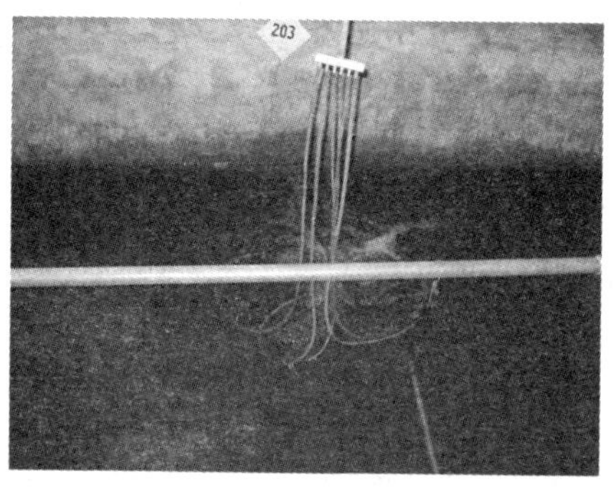

图 9－18　采用乳胶管制作的增氧支管

第五节　知识点：龟鳖温室养殖发展趋势

龟鳖温室养殖，是现代化农业不可分割的一个组成部分，是新农村建设的亮点，是渔业产业链系统中的重要支链。在20世纪80年代末，我国从日本引进的控温养殖技术，其核心在于打破龟鳖冬眠习性，加速生长，缩短养殖周期，针对市场变化快的特点，增强了市场竞争力。龟鳖温室养殖不仅技术含量高，可操作性强，产业化程度高，更重要的是，迅速扩大自然资源，提高生产能力，使龟鳖进入普通餐桌，让更多的爱好者欣赏到鳖的魅力。

温室技术，就是控温技术。将温度控制在龟鳖生长需要的最佳温度，并保持恒温，是龟鳖快速生长的关键。龟鳖快速生长后会不会影响肉质，这个问题可以用全价饲料、环境调控来解决，在饲料中绝不能添加有害物质，不能随便使用渔药，不能使用国家禁用药物，要按照绿色食品的要求生产，在产前、产中和产后各个环节进行控制，其关键是龟鳖苗种、水质、饲料、密度、防病药物、饲养管理等方面，建立稳定的质量控制。改善品质的方法还有：采取分段养殖法，在温室内养殖至亚成体，然后将亚成体放到室外进行自然温度下养殖，几个月后上市，此时商品龟鳖肉质与野生的仍有区别，常称半野生。在露天池中进行仿野生养殖时，可以改喂天然动物饵料，这样能够更好地改善品质，增加野生风味。

一般认为，加温养殖后的龟鳖影响性腺成熟，温室龟鳖不能繁殖，其实不然。实践已经证明，巴西龟、乌龟、鳄龟、中华鳖等成体，由温室移到室外，经过2～3年培育成的亲龟，都能顺利产卵繁殖。

目前，作为商品龟养殖的品种已有很多，如鳄龟、巴西龟、乌龟、黄喉拟水龟、台湾花龟、珍珠鳖、角鳖、中华鳖等，这些龟鳖直接提供给广州和武汉两大集散地市场，武汉主要接受乌龟，广州接受其他品种。温室养殖主要在江苏、浙江一带，已经形成龟鳖商品养殖特色，产品主要销往广州，只有乌龟销往武汉，已形成产业链。在广东、广西、海南主要利用当地自然温度较高的条件，进行龟鳖繁殖。在福建、湖南、湖北、江西、山东、河北、山西、陕西、北京等地多开展露天生态龟鳖养殖。温室龟为观赏龟市场提供资源，部分生长缓慢的温室龟作为食品不受欢迎，本来属于淘汰龟，但作为观赏龟可以增值。因此，许多农户发现这一商机，有意将温室温度调低，专养观赏龟，将龟苗培育成幼龟，满足观赏龟市场需求。

温室养殖技术不断提高。目前温室设施已从原来的3层养殖池、全封闭温室、水泥板封顶、蒸汽锅炉加温，发展到单层养殖池、半圆形或“人”字形屋顶、温室内小煤炉并联加温；最新的方法已采用简易炉灶加温，单层养殖池、半圆形屋顶、油毛毡加泡沫板的封顶结构，这种温室投入运行后2～3年就可收回投资，经济效益显著。浙江省湖州市菱湖镇费海根先生2006年进行鳄龟温室养龟，采用甲鱼配合饲料喂养，预防为主，生态调控，精心管理，结果700平方米的温室取得年利润30万元（图9－19）。由此可见，温室养殖具有较强的生命力，前景看好。

图 9－19　费海根温室养殖鳄龟

第十章
健康养殖

20世纪90年代以来，我国工厂化养龟鳖和家庭控温养殖龟鳖迅猛发展。与此同时，随着高密度集约化养殖的迅速发展，环境恶化，龟鳖病害增多。有些龟鳖病一旦发生，难以控制，死亡率一般在20%～30%，严重者达50%～70%，甚至全军覆灭。因此，龟鳖病害制约龟鳖养殖业的进一步发展。笔者从龟鳖生态学角度，探讨环境调控、结构调控和生物调控及其防病技术，确认“环境调控和消毒防病”是龟鳖健康养殖的技术核心。引种水葫芦净污，改善水环境，定期用浓度为25克/米^{3}水体的石灰水进行全池泼洒消毒，抑制和杀灭淡水病原微生物，是预防龟鳖疾病的重要途径之一。应激，是目前龟鳖生产中经常遇到的现象，因此需要了解应激产生的原理和防止应激技术。

第一节　环境调控

一般认为，“环境、病原、寄主（龟鳖）”三者相互作用产生龟鳖疾病，其中“环境”是病原传播的重要环节。因此采取“环境调控”的手段，切断环境与病原之间作用的途径，是龟鳖疾病防治首选技术。养殖龟鳖的温室进行环境调控主要包括“光、热、水、沙、气”。光照强度要求3 000勒克斯以上，全封闭温室要注意补充人工光照，一般每10平方米安装一盏40瓦的日光灯。气温为33～35℃，不超过36℃；水温为30～31℃，不低于30℃，恒温控制，能促进龟鳖的快速生长。水质要求水色嫩绿，透明度为25～35厘米，pH值为7.2～8.0，盐度不超过5，氨态氮小于1.0毫克/升，亚硝态氮小于0.02毫克/升，溶氧量保持在3毫克/升以上，总碱度和总硬度均为1～3毫克当量/升，铁小于10毫克/升。这是龟鳖控温养殖中对环境的基本要求。经笔者试验确定，稚龟鳖暂养期，每48小时换水1次，幼龟鳖期，每周换水1～2次，以微调为宜。

一、龟鳖培育生态因素

谢骏等（1997）比较了饲料台水上与水下两种设置方法、水葫芦栽培与不栽培两种水质改良方法及网箱与水泥池两种培育环境，对稚龟鳖培育增重率、成活率、饲料系数产生的影响，得出以下试验结果。

①水上饲料台组的水质较好，故其出池规格、增重率和成活率比水下饲料台组分别提高26.01%、75.01%和16.60%，饲料系数下降44.74%。

②水葫芦可净化水质、提供隐蔽场所和减少龟鳖的代谢能耗（图10－1）。水葫芦组比无水葫芦组的出池规格、增重率和成活率分别提高9.40%、44.15%和25.25%，饲料系数下降42.55%，NH_4-N（NH_3-N）、NO_2-N和COD均为有水葫芦

图 10－1　水葫芦已成为龟鳖养殖池中环境调控的优选

组的低。

③网箱置于池塘中，水质稳定，容易调控，优于水泥池的水质。网箱组出池规格、增重率和成活率分别比水泥池组提高 11.39%、137.72% 和 17.65%，饲料系数下降 6.897%。

二、铺沙养殖龟鳖

在养殖龟鳖时，一般多采用河沙，粒径为 0.6 毫米，大小均匀，通气性好，能适应龟鳖的钻沙栖息习性。但也给龟鳖健康养殖带来不利，如：龟鳖的排泄物、残饵在换水时难以冲洗清除，长期积累形成“黑沙”、“臭沙”，水体及温室空气中出现恶臭，极有利于病原微生物繁衍；水质污染快，换水频度大，耗热能多，生产成本高；鳖钻沙极易擦伤表皮，当病原体感染伤口时，导致疾病；尽管对水中增氧，但水中的有毒气体（氨、甲烷、硫化氢等）随之排放到空气中，冬天因防止降温，温室内门窗不轻易打开，更加速了温室内环境的恶化，导致龟鳖疾病发生，出现最多的是白斑病、白点病、穿孔病、鳃腺炎，且不易治疗，死亡率高。此种方式，在发展初期使用多，现在不再使用。

三、无沙养殖龟鳖新工艺

"无沙养鳖新工艺"克服了"铺沙养鳖"的缺点，鳖的病害明显减少，生长良好（图 10－2）。江苏省泰兴市的周萍应用此工艺后，养鳖换水少，鳖生长快，成活率高达 99%（水产养殖，1997）。具体要求：水泥池壁和池底抹光，在食台外原铺沙处，距池底 20～30 厘米的平面用自来水管或木条搭成框架。再在框架上每隔 30 厘米平行牵直径为 5 毫米的尼龙纲绳数根。自制"鳖巢"，结在纲绳上，让"鳖巢"垂散在水中，每隔 20～30 厘米挂一巢。由于无沙，鳖栖息时自行钻进巢里或鳖巢上，摄食时会钻出游至食台。巢与池底留有 10 厘米左右的空间，因此鳖不易擦伤表皮。从生态意义上讲，鳖巢就是鳖的生态位（狭义）。

图 10－2　无沙养鳖新工艺

"鳖巢"的制作：鳖巢材料主要有网巢、杨柳根须、棕榈皮和砖块（福建长乐露天鳖池用砖砌成鳖巢，效果也很好）等几种。罗相忠（1995）用塑料网片制作鱼巢作为鲤鱼等产卵巢，代替传统的杨树根须比较理想。受此启发，选用塑料密眼无结网片制作鳖巢，简便易行，便于冲洗，可反复使用。材料来源广，可大批量生产和购买，且在水中不易腐烂，不影响水质。制作时，采用网目直径为 0.8～1.5 厘米的无结网，按需要裁下若干边长为 40 厘米正方形网片。将网片中心局部抓起，并用细绳紧扣，让网片四边下垂形成“鳖巢”。每千克无结网可制作4平方米鳖池所需要的鳖巢，因此鳖巢制作成本低，每平方米鳖池采用鳖巢工本费不到5元。无沙养鳖新工艺，既适用于温室养鳖，亦适用于露天水泥池高密度养殖成鳖。

四、防病措施

采用生态、免疫和药物等综合防病措施，紧紧抓住“环境调控、消毒防病”这一技术核心，展开龟鳖病的综合防病工作。具体做法是：①严格检疫，把好引种质量关；②温室内池水全天候充气增氧。在加温条件下，龟鳖不能直接利用溶氧。但增氧能加速水体中有机物的分解，净化水质；③温室使用双向排风扇适时打开通风透气，对龟鳖的生长非常有利；④移植吸污能力特强的水生植物——水葫芦。无论大棚温室还是露天池，放养水葫芦的面积只占养殖龟鳖水面的1/5～1/3为宜。全封闭温室因缺少自然光照，可在水源中放养水葫芦，水质通过生物过滤后，抽入调温池经消毒用于养殖龟鳖，效果更好；⑤根据水质变化及时换水；⑥进水必须经消毒处理，用20克/米^{3}的生石灰或0.3克/米^{3}的强氯精在调温池中消毒后注入养龟鳖池。每半个月泼洒0.4%的高浓度食盐水1次，48小时后换水；⑦龟鳖体、池子、工具、食台、饲料和操作人员均要进行消毒。

第二节 结构调控

结构调控包括平面、立体、时间和食物链等方面的调控。

一、平面结构放养密度调控

一般根据放养密度确定。温室内稚龟鳖培育至幼龟鳖，以放养20～30只/米^{2}为宜。低密度放养为15只/米^2，高密度放养可达70只/米^2，而且生长良好。成龟鳖放养，土池为3～5只/米^2，水泥池5～8只/米^2（高密度为8～10只/米^2）。亲龟鳖池放养为0.5～2.0只/米^2，一般为1只/米^2。

二、立体结构调控

温室建池，大棚型单层或双层，全封闭型2层或3层（图10－3、图10－4）。特别是家庭控温养殖龟鳖，规模较小，用电加温的温室，采用多层池结构合理，经济合算，充分利用空间和热能，降低成本。不过，为了降低温室建造成本和便于平时操作管理，现在一般采用单层池，但调温池需要抬高，安装在一层池上方，便于将新水利用重力输送到各个养殖池，并且充分

图10－3　温室多层池结构

图10－4　温室单层池结构仅调温池更上一层

利用空间。

三、时间结构调控

温室培育稚幼龟鳖甚至全控温养成龟鳖快速生长，都是加温打破龟鳖的冬眠习性的结果。亲龟鳖在自然温度下，繁殖时间一般为5月下旬至8月上旬（苏州），时间短，产卵少。同样，采取加温解除冬眠的方法，将亲龟鳖移入温室养殖，早繁并延长产卵时间，继续坚持，可周年产卵繁殖。周洵于1996年在安徽省宣州市寿康特种水产养殖公司进行鳖冬季控温人工繁殖试验，利用现有养鳖温室，强化产后亲鳖的秋后培育，打破其冬眠习性，使之在冬季交配产卵，以提高亲鳖的利用率。10月8—10日亲鳖移入温室，水温、气温均控制在（30 ± 1）℃，至第二年5月18日将亲鳖移出室外亲鳖池，培育、孵化过程中共死亡亲鳖3只，成活率为96.2%，亲鳖增重19.5千克，净增重率为22%。他们在做好控温投饲、水质管理、疾病防治和产卵孵化等一系列工作后，亲鳖从1月18日开始产卵，至5月16日产卵停止，共产卵223窝，计3 118枚，平均每窝14枚，其中受精卵2 980枚，受精率95.5%，平均每只亲鳖产卵52枚，至7月1日共孵出稚鳖2 749只，孵化率为92.2%，稚鳖规格为2.4～4.8克。冬季控温进行鳖的人工繁殖，产卵期长达4个月，且产卵量是自然喂养产卵的2倍，极大地提高了亲鳖的利用率，同时也降低了养殖成本，提高了经济效益。采用鳖冬季控温繁殖技术，在生产上具有重要意义，稚鳖出壳后，室外气温逐渐升高，适于生长，至10月初其体重基本可达到100～150克，最大个体可达200克左右。祝培福、郑向旭、姚建华（1998）也进行了鳖的冬繁试验，他们主要采取保持水温30℃、气温32℃，增加人工光照的方法，模拟日光的复光源，人工灯垂挂在鳖池食台的正上方1.5米处，具有明显的可使温室鳖提前产卵并增加产卵量的作用，比不设任何光源的对照组增加2倍多，不管是复光源还是单光源，对鳖的受精率和孵化率都没有影响。同样，上海崇明大新养鳖场，亲鳖与稚鳖同时移入温室培育，结果第二年1月14日就开始产卵，其产卵场设在温室池的一角。在时间结构上调整了鳖的放养时间，商品鳖避开销售旺季，在淡季上市，以取得更好的经济效益。实行周年繁殖、周年养殖、周年上市。鳄龟在温室内控温养殖3年，移到室外露天池养殖3年，就会进入成熟期开始产卵，比一直在常温下养殖提早2年成熟，进入繁殖期（图10－5）。

图10－5　温室3年加露天3年养殖进入繁殖期（自孙素贤）

四、食物链结构调控

在生态良性循环中，采用“加环”技术，即将蚯蚓引入龟鳖养殖生态食物链中，蚯蚓繁殖极为迅速，作为龟鳖的活饵料，对龟鳖适口性好，饲料成本低，值得大力开发利用。因蚯蚓是龟鳖喜食的高蛋白优质饲料，它能改善龟鳖的品质，增强龟鳖的抗病能力。太湖红蚯蚓产量高，年亩产可达2～3吨，可以养殖。太湖红蚯蚓个体较小，一般体长为50～70毫米，直径为3～6毫米，稀养体长为90～150毫米。体表刚毛细而密，体色紫红，并随饲料、水分、光照等条件的改变有深浅色的变化。它的特点是“三喜三怕”：喜温、喜湿、喜空气，怕振动、怕触动、怕光。优点是体腔厚、肉多、寿命长、易饲养、适应性强、繁殖率高。其干体含粗蛋白66.3%、脂肪7.9%、碳水化合物14.2%，不仅蛋白质含量高且氨基酸组成齐全。每100克蚓体含胡萝卜素92微克、维生素B_1 0.25毫克、维生素B_2 2.3毫克及维生素D、维生素E、蚯蚓素、蚯蚓解热碱、黄嘌呤、锰和铁等微量元素，铁的含量是鱼粉的14倍。完全可以代替进口鱼粉。在粗饲料中添加5%～8%的蚯蚓粉，可使禽畜及鱼类的生长速度提高15%以上。蚯蚓具有特殊气味，是黄鳝、龟鳖等特种水产动物特别喜食的一种饲料，起到了良好的诱食作用。值得一提的是，鱼粉腥味重，龟鳖等特种动物长期使用鱼粉为主的配合饲料后，肉质异味重，鲜味少。如果在龟鳖饲料中添加适量蚯蚓后，龟鳖的肉质变得鲜美，甚至有野味，品质相应提高。主要原因是太湖红蚯蚓富含谷氨酸，占氨基酸总量的8.21% 。养殖太湖红蚯蚓场地要选靠近水源和交通方便处。可利用农村房前屋后空闲地或林间隙地。养殖面积较大可安装自来水、潜水泵或自动喷水器。蚯蚓养殖床宽度因地制宜，一般宽为5米，中间走道留70～80厘米。如用板车将畜粪运入蚯蚓床的，则宽度相应增加。走道两边两条蚓床，各宽1.5～2.0米，床高20厘米左右，长度不限。两侧开沟利于排水。事先将久存自然发酵的畜粪，最好用通气性好的新鲜牛粪，以条形状施放20～30厘米宽，留空10～15厘米放蚯蚓种。在放养蚓种前要用水浇透蚓床面，每平方米放养蚓种 2 千克，放好蚓种后，在上面加盖稻草帘起保湿通气防暑防冻作用。还要补浇些水，以利于行动慢的蚯蚓钻入。饲养管理要点如下。

（1）**通气**　适时添料呈梅花形，空隙要留 6～8 厘米，雷雨期间保太平。

（2）**保湿**　在蚓床上覆盖草帘或稻草，并经常洒水保持潮湿。掌握蚓床基料含水分 30%～50%（手捏蚓粪指缝有滴水，约含水分 40%）。夏季每天下午浇水 1 次，凉爽期 3～5 天浇 1 次水，低温期 10～20 天浇 1 次水。

（3）**防寒**　太湖红蚯蚓能自然越冬，为使冬季寒冷天气蚯蚓照样生长繁殖，要采取相应的保温措施，在覆盖草帘的蚓床上再加盖一层塑料薄膜保温，这样太湖红蚯蚓不仅能顺利越冬还能正常生长繁殖。

（4）**繁殖**　在平均气温 20℃时，性成熟蚯蚓交配 7 天便能产卵，经 19 天孵化出幼蚓，生长 38 天便能繁殖。全生育期 60 天左右。因此，要勤添蚯蚓最喜食的牛粪等饲料，促进其吃食增、生长快、产卵多，提高孵化率和成活率。

（5）**采集**　在地面铺一块塑料布，用“木齿耙”将蚯蚓连泥取出洒落在塑料布上，蚯蚓与泥自行分离，便于拣出蚯蚓。捕大留小，保持合理密度，保证繁殖基础。

（6）**防天敌**　在蚓床周围拦上密网。并在网外围每 70 厘米放置 1 包三面包好一面敞开的蚂蚁药，使药味慢慢散出。

（7）**生态效益**　太湖红蚯蚓良种，采用高产技术措施，如 EM 生物技术，试验组比对照组增产 27%，年亩产超过 3 吨。培育 1 吨鲜蚯蚓，能吃掉有机垃圾及粪肥等 80 吨，真正变废为宝，使生态食物链“加环”，形成良性循环。开发蚯蚓蛋白源，可促进龟鳖业发展（彩照74）。

第三节　生物调控

龟鳖的品种选育、杂交改良、免疫防病、分级饲养、饲料中添加生长素等都是有效的生物调控技术。一方面要注意改善环境，另一方面要进行龟鳖的选育和杂交改良，培育抗病力强的优势种。笔者于1995年发现，江苏吴江某场自留温室龟鳖作亲龟鳖，近亲交配，结果子代“白化”现象严重，背部出现一块块退化的“白斑”。其商品价值低，当时市场商品龟鳖价格每500克150元，而此类龟鳖只有120元。免疫防病在鱼类养殖中采用过，如对青鱼、草鱼出血病进行免疫注射，能取得比较理想的效果。近年来，龟鳖免疫防病工作正在逐步展开。南京、武汉等地已有甲鱼疫苗供应。为保证疫苗的安全和效价稳定，有条件的最好自己制备疫苗，严格操作规程，坚持质量，这样会取得更好的防病效果。

一、稚龟鳖的防病饲养

稚龟鳖、幼龟鳖和成龟鳖的分类，目前尚有争议，一般认为，体重50克以下的为稚龟鳖，体重在50～250克为幼龟鳖，体重250克以上的为成龟鳖；另一种分类意见，认为体重30克以下的为稚龟鳖，体重30～200克为幼龟鳖，体重200克以上的为成龟鳖。然而在人工控温快速养殖条件下，稚、幼龟鳖阶段都是在温室内进行的，稚龟鳖至幼龟鳖，生长速度不可能完全一致，个体大小不一的差异现象不可避免，重要的是在大致的稚龟鳖阶段和幼龟鳖阶段，必须分别给予不同的人工全价配合饲料，以满足不同生长阶段对营养的需要。理论上分级饲养优点多，每40天左右就要进行一次分级。实际上，分级不符合龟鳖“喜静怕惊”的生态习性。分级时由于“生态位”受到破坏，龟鳖受惊吓，应激反应十分强烈，常造成相互撕咬现象，伤口为细菌等病原感染打开大门，易于引发疾病和死亡。因此温室培育稚龟鳖至幼龟鳖过程，一般不分级。稚龟鳖进入温室前一般要经过暂养即进行强化培育，以增强体质，减少疾病，有利于温室培育的顺利进行。

1. 稚龟鳖暂养

稚龟鳖暂养一般从7月底开始，如果引进南方早繁苗，时间相应提早。规模小时，可用塑料盆暂养。规模较大时，在温室内建暂养池，水泥砖砌，水泥粉面。池宽为1.0～1.5米，长度因地制宜，每池3～5平方米。池深为0.5米，池底向排水方向倾斜。无沙养殖时，池底及池边用水泥抹光，内设网巢及水葫芦，供稚龟鳖攀附、栖息和隐蔽。食台用石棉瓦代替，石棉瓦15°斜放，1/3浸入水中，2/3露出水面，作为稚龟鳖的摄食和休息场。还可利用闲置的温室龟鳖池进行稚龟鳖暂养，水深为5～10厘米，以后逐步加深到20～30厘米，放养密度为100只/米^{2}左右。暂养时间2周左右。

稚龟鳖暂养前，必须对稚龟鳖、暂养池和工具进行严格消毒，以防龟鳖病发生。稚龟鳖用1 000毫克/升的高锰酸钾浸洗消毒15分钟，或3%食盐浸洗5分钟。新建水泥池用清水浸泡1周，中间换水数次，使其酸碱度符合要求，pH值为7.2～

8.0。使用前对池子用石灰或漂白粉等药物进行消毒。再经过1周左右时间，待药性消除后放养稚龟鳖。

稚龟鳖开口时间在卵黄消失后，即稚龟鳖出壳2～3天。开口饲料有两种，一是鲜活动物性饵料，二是全价配合饲料。鲜活饵料为水蚤（红虫）和蚯蚓（丝蚯蚓），也可用捣碎的去壳小虾、螺肉、猪肝，鸡蛋黄、摇蚊幼虫、黄粉虫等。投喂量鲜活饵料占稚龟鳖体重的10%～20%。每日投喂2次。以后逐步用配合饲料代替鲜活饵料。直接用稚龟鳖专用的全价饲料亦可，一般龟鳖饲料生产厂都有销售。直接投喂配合饲料的好处是，营养配置全面，不需要经过由动物性饵料向配合饲料的转变。在配合饲料中可适当添加菜汁，补充维生素。投喂量为稚龟鳖体重的4%～6%。

暂养池水质调控很重要，当水深为10～20厘米时，密度大，水质容易污染。根据水化测定分析，一般应48小时彻底换水1次。笔者1994年对江苏海安某养龟鳖场温室内稚龟鳖暂养池（有沙）水质进行测定，换水第二天氨态氮不明显，亚硝态氮为0.2毫克/升，第三天氨态氮为1.0～1.4毫克/升，亚硝态氮为0.6～0.8毫克/升。因此，稚龟鳖暂养期确定每48小时换水1次为宜。对水体进行充气增氧，选择水源有一定肥度，水色呈微绿色。过清的水不宜用于稚龟鳖暂养，以防真菌性白斑病的发生。稚龟鳖经2周左右时间的暂养后，可移入正常稚龟鳖养殖池进行培育。

2. 稚龟鳖控温养殖

稚龟鳖在50克以下，处于生命敏感期。体质弱，病害多，对温度、水质等环境要求较高。因此要创造条件，使稚龟鳖从暂养开始就处于温室内，实现人工控制最佳生态条件下快速生长，要求气温为 33 ~ 35℃，不超过 36℃。水温为 30 ~ 31℃，不低于 30℃。恒温控制，促进龟鳖的快速生长。水质要求：有一定的肥度，水色嫩绿，透明度为 25 ~ 35 厘米，pH 值为 7.2 ~ 8.0，盐度不超过 5，氨态氮小于 1.0 毫克/升，亚硝态氮小于 0.2 毫克/升，溶氧量保持在 4 毫克/升以上，总碱度和总硬度均为1 ~ 3 毫克当量/升，铁小于 10 毫克/升。

在长江中下游地区，稚龟鳖的控温培育，最迟从每年 10 月 1 日开始，由暂养后出池，移入温室稚龟鳖—幼龟鳖培育池，至第 2 年的 5—6 月份培育成 250 克左右的幼龟鳖，再移入室外成龟鳖池养成商品龟鳖。加温养殖主要在稚龟鳖至幼龟鳖阶段，通过自动或人工加温控温，以保证最佳温度的实现。在稚龟鳖至幼龟鳖的整个培育过程中，实行一次放养，不再进行分级放养，避免龟鳖紧张、拒食、相互撕咬、感染致病。温室养龟鳖最为关键的应该是控制疾病，努力提高成活率。因此一次放养量最好为 20 ~ 30 只/米^2，技术条件好的，建议放养最高量最好为 30 只/米^2，以提高单位面积产量和能量利用率，降低培育成本。目前，在温室培育中发现有放养最高量达 50 只/米^2 的情况，因调控得当，没有发生病害，如浙江湖州市善琏镇沈永祥进行温室养鳖就是这样做的（图 10 - 6）。放养前对培育池、工具和稚龟鳖要进行严格消毒，消毒方法同稚龟鳖暂养池。不同批次孵出的稚龟鳖应分开培育，放养时尽可能保持同池规格一致。用配合饲料培育，稚龟鳖期的投饲量为摄食的饲料干重占自身体重的 4% ~ 8%，一般为 6%。远高于成龟鳖期的 2% ~ 3%。以投饲 2 小时后饲料台上略有剩余为宜。

图 10－6　浙江省湖州市善琏镇沈永祥的温室养鳖

稚龟鳖期防病，主要是预防白斑病、白点病、水霉病、钟形虫病、白眼病等。白斑病和水霉病，都是由真菌引起，白点病由细菌引起。钟形虫病是一种寄生虫，白眼病与温差引起的感冒有关。应根据不同病原，采取相应的防治方法。关键的预防措施是引用经消毒的肥水，水质油绿色，或对水源进行臭氧消毒后，注入稚龟鳖池，并施用光合细菌、玉垒菌、EM 复合微生物、活性酵素等微生态制剂，以净化水质，在配合饲料中添加维生素 E，可有效地预防真菌性疾病。对稚龟鳖期病害的防治，还可采取另一条技术路线，即每周 1～2 次进行水质微调，每次排污 1 厘米，补充新水 1 厘米；对水源采用生石灰消毒处理后再引到稚龟鳖池中，在温室培育中同样采取生石灰消毒，要求每周 1 次，终浓度为 25 克/米^3，特别注意在稚龟鳖培育期间，严禁增氧。对发病池，每 3 天用 0.5 克/米^3 二氧化氯进行全池泼洒 1 次。请注意：在使用消毒剂的同时，不能使用微生态制剂。

二、幼龟鳖的培育管理

1. 防病促长是根本

温室以培育幼龟鳖为目的。幼龟鳖在温室中进行人工控温快速培育，管理最为关键。稚龟鳖经过培育成 30～50 克之后，进入幼龟鳖阶段。此时，尽管稚龟鳖发病高峰以及危险期已过，但养殖技术风险依然存在。如果忽视幼龟鳖培育管理，不仅生长受阻，而且易导致多发病。最常见的是100克以上的幼龟鳖可能出现性早熟现象、白底板病、鳃腺炎、红脖子病、腐皮疖疮穿孔病等，若不及时采取有效措施，死亡率很高。故要针对幼龟鳖的营养需求进行内调控，并对幼龟鳖在温室养殖中的生态环境进行外调控。紧紧抓住“消毒、防病、营养、促长”等关键饲养管理技术，提高成活率和生长率，最终提高经济效益。

2. 内外调控是关键

幼龟鳖主要投喂全价配合饲料，要求蛋白质含量较高，氨基酸等营养全面，饲料系数为1.3左右。由于配合饲料制作过程中多用脱脂鱼粉，要注意添加3%～5%的玉米油，补充微量元素和维生素以及保健促生长剂、防病药物。随着龟鳖的不断长大，排泄物增加，残饵难以避免，加上温室养殖中高温、高密度、高污染的恶劣生态环境，使龟鳖的抵抗力下降，不利于龟鳖的健康生长。因此对水质进行调控尤其重要。增氧可延缓水质老化，有助于细菌对水中有害物质进行分解。为保持水质稳定，换水量适当减少，主要靠微流水调节和经常吸污、清污，采用微生态制剂来净化水质。

3. 加强管理是保证

日常管理包括：严格专人负责；必要的换水和消毒；保持恒定水温30℃；坚持“四定”投饲原则；定时巡池。每500～1 000平方米温室，需1～2人专职管理，尤其要记录温室养殖幼龟鳖有关的系统数据。内容有放养时间、消毒方法和剂量、防病治病用药情况、龟鳖的动态、气温水温变化、水质监控和调控措施、水化常规分析、投饲量和摄食情况等。换水和定期消毒，要根据具体情况来定，如果采取微生态调控方法，就尽量少用消毒药物，也可相应少换水，但要注意水质变化，实施微流水、清除污物和增氧，同时定期采用臭氧发生器消毒增氧，这是目前比较先进可行的科学方法。另外，如果采用常规水质管理，换水量比较大，以消毒为主进行生态调控，选用目前最好的消毒剂二氧化氯片剂加稳定剂，使用前 30 分钟混合，全池泼洒防治龟鳖病效果显著。采用“无沙养龟鳖新工艺”，水质将会明显改善。水温，是控温养龟鳖的关键技术，从稚龟鳖开始，就必须将水温恒定在最佳30～32℃范围内，这样才能确保幼龟鳖经过培育出池规格达到 250 克，整个过程生长正常加快，达到快速培育龟鳖的预期目的。一般控制温室中气温在 33～35℃，最高不超过 36℃。水温在 30～32℃，最高不超过 33℃。特别要注意一旦水温恒定在 30℃左右时，突然降低水温 2℃，即水温到 28℃左右，幼龟鳖摄食就会受到严重抑制，摄食量减半，生长自然受阻。光照对龟鳖的生长也很重要，因为龟鳖有晒背习性，所以建造温室既要考虑保温，又要考虑自然光照。如果光照不足，可补充人工光照，一般用电能光源代替，满足龟鳖需要的 3 000 勒克斯光照强度。平均每 10 平方米温室安装一盏 40 瓦的日光灯或 11 瓦的节能灯就可达到这一效果。“四定”投饲，即“定时、定位、定质、定量”，是借鉴鱼类养殖的饲养管理方法。饲料台用石棉瓦制作，1/3 入水，2/3 露出水面，实行水上投饲，减少饲料浪费和防病用药的损耗。每天 08：00 和 16：00 各投饲 1 次，配合饲料投饲量占幼龟鳖体重的3%～4%，并根据投饲2小时后是否有残饵来调整投饵量。投喂2小时后巡池1次，观察摄食情况，根据是否有残饵决定下次投饲量，发现残饵，及时清除，注意食台卫生，防止水质败坏。巡视龟鳖的活动情况，如有异常现象，如发病、食量突然减少等现象，针对具体情况及时采取相应的措施。其他时间尽可能不进温室，减少对龟鳖的生活环境干扰。

三、成龟鳖的饲养管理

幼龟鳖培育结束后，进入成龟鳖养成阶段。幼龟鳖出池时间在5—6月份，出池平均规格已达到250克。此时，外界自然温差较小，有利于龟鳖的快速生长。移出室外进行成龟鳖养殖的目标为：将250克的幼龟鳖，通过3个月的饲养，达到500克商品龟鳖规格。利用7、8、9月份3个月的高温季节，自然温度基本达到成龟鳖需要的最佳温度，成龟鳖养殖一般在露天池进行，生长速度加快。在这一阶段，不需要加温耗能，只需要调控水质，满足龟鳖的营养需求，防病促长，加强饲养管理。

1. 放养前对龟鳖池与幼龟鳖的消毒

放养前对龟鳖池、养殖工具和幼龟鳖都要进行严格消毒。龟鳖池底质，一般用生石灰彻底消毒，池水用二氧化氯消毒，工具用高锰酸钾消毒，幼龟鳖用食盐或生石灰消毒，使龟鳖保持无菌入池。成龟鳖期多发病，主要有鳃腺炎、白底板病、红脖子病、腐皮病、腐甲病、烂颈病及生殖器脱出等。具体的病害防治方法，将在龟鳖病防治章节中详细论述。

2. 饲养与健康管理

幼龟鳖放养密度，依龟鳖池条件和养殖技术水平而定。一般为土池放养3～5只/米^2，水泥池放养5～8只/米^2，技术水平高的放养8～10只/米^2。一次放足，以减少中间分养的环节和对龟鳖的干扰。放养密度越高，管理难度越大，要求技术含量越高。成龟鳖的饲料主要是全价配合饲料，要求蛋白质含量达到45%，氨基酸、微量元素、维生素等营养全面。饲料系数在1.6以内。饲料成本控制在每产出500克商品龟鳖耗料费10元左右。7、8、9月份成龟鳖配合饲料投饲率分别为3.5%、3.5%、3%。在成龟鳖期可适量投喂螺蛳、河蚌、新鲜鱼虾、蚯蚓等，但不能投喂变质的动物内脏，以防带菌的动物饲料及变性的脂肪酸在龟鳖体内积累，造成龟鳖的代谢机能失调，逐渐导致疾病。成龟鳖期的饲料台设计与幼龟鳖期一样，石棉瓦设置在龟鳖池的北面向南，石棉瓦一块块放置在一起，连接长度占池边的80%左右。实行水上投饲，投饲就投在水位线上面石棉瓦槽内。每天投喂2～3次，同样做到“四定”。

3. 水质调节

这一点尤其重要，因为水是龟鳖的生活环境，水质的好坏影响龟鳖的生长和生存质量。为减少龟鳖病的发生，提高龟鳖成活率，增加成龟鳖产量，取得较高的效益，必须对水质主动地进行调节，以适应龟鳖对良好的生态环境的要求。最有效的办法是在成龟鳖池内1/4～1/3面积放养水葫芦，以此净化水质。在集约化水泥池里，可安装罗茨鼓风机进行充气增氧，从而加速水中有害气体的逸出。及时微调，一般每周进行1～2

次，每 2 次微调后，立即泼洒 25 克/米^3 生石灰水。尽量少换水，加强生态调控力度，及时排污，接种有益微生物，溶氧量保持 3 毫克/升以上，氨浓度控制在 30 毫克/升以下。在盛夏季节，为防止高温对龟鳖的不利影响，要适时提高水位，并根据天气情况增减。9 月底 80% 左右的龟鳖都可达到商品规格上市，部分达不到上市规格的成龟鳖则留池继续养殖，进入冬眠期，成龟鳖的越冬密度控制在 1～2 只/米^2。

第四节　知识点：防止龟鳖应激反应技术

1936 年加拿大病理学家 Selye 提出了应激学说，对应激的定义为：应激是指机体对外界和内部的各种不良刺激所产生的非特异性变化。这一生理现象需要动员和消耗体内能量。

龟鳖应激反应的机理：龟鳖应激反应，实际上就是龟鳖试图适应内外部环境的变化而产生的一种非特异性变化。所谓“环境胁迫”因素引起的龟鳖病，就是龟鳖受到外部环境变化的刺激产生的非特异性反应。一般将龟鳖应激分为 3 个阶段：①动员阶段；②适应和抵抗阶段；③衰竭死亡阶段。龟鳖应激在第一阶段，主要表现在肾上腺骨髓质激素和交感神经系统儿茶酚胺类释放突然增高，并动员体内能量释放；在第二阶段，由肾上皮质释放大量糖皮质激素——皮质酮、皮质醇等，通过糖的异生代谢途径将营养贮备（碳水化合物、脂类和蛋白质）转化为葡萄糖，直至机体恢复或进入第三阶段；最后阶段，龟鳖以内贮备耗尽，或肾上皮质衰竭，无法产生足够的应激激素而死亡。

在集约化的生产条件下，尤其是温室养殖龟鳖中出现的高温、高密度、高污染的生态状况，易使龟鳖产生应激。龟鳖面临着远远超出其在自然生活场所可能发生的环境、生理和免疫等诸方面的应激因素。应激反应使龟鳖的生产性能下降、摄食减少，对饲料转化率、生长速度、免疫反应、受精率、孵化率、成活率等产生很大的不利影响。

1. 预防方法

改善龟鳖体内外环境。对外环境应采用微调技术，每周微调1～2次，勤排污、少换水，最大限度地保持环境稳定，减少应激发生，这点非常重要。接种有益菌、益生元或合生素，适当使用消毒剂和分级饲养的方法，使水体等外部环境尽可能适应龟鳖的生活、生长和繁殖的要求，促进龟鳖与外环境之间的生态平衡；同时要改善龟鳖体内的微生态平衡，主要方法是经常在饲料中按保健需要量添加维生素和微生态制剂（益生菌、益生元或合生素），益生元是微生态制剂中的新星，主要功能是帮助益生菌增殖并长期保留在龟鳖的消化道中，促进龟鳖体内的微生态平衡。

2. 治疗方法

对已经出现应激反应的龟鳖，采取积极的治疗措施进行挽救。目前最有效的方法是服用维生素C（又名抗坏血酸），维生素C不仅具有防治坏血病的能力，更具有解缓应激的特异功效。机理是维生素C参与肾上皮质激素合成，通过某些酶反应控制皮质酮的生成，降低其分泌速度。在急性应激反应状态下，维生素C调节降低血浆中的皮质酮水平。这一作用同时使得更多的体内贮存和代谢用于生产和免疫，减少应激时的不利影响和生产性能下降，维持免疫力。当龟鳖遭受病原微生物的感染时产生免疫应激，维生素 C 是维持胸腺网状细胞的功能所必需，维生素 C 缺乏时妨碍中性白细胞的趋化性和运动性，增加维生素 C 的剂量能显著增加血清免疫球蛋白。维生素 C 还能保护细胞免受噬菌作用，其间生成的氧化剂对其产生变性作用。应激造成免疫机能下降，白细胞的吞噬作用减弱，补充维生素 C 可使龟鳖的免疫力提高，并使白细胞的吞噬能力恢复。在龟鳖饲料中添加维生素 C，可降低一些应激因子产生的免疫抑制作用。因此，龟鳖发生应激后对维生素 C 需要量增加。维生素 C 的添加量：天然饵料中维生素 C 的含量低，只有 9 毫克/千克，因此要求在龟鳖的配合饲料中添加维生素 C 500 ~ 900 毫克/千克。如果维生素 C 的含量比较高（90% 以上），且稳定性好，预防龟鳖应激一般添加量为 5 克/千克饲料左右，治疗龟鳖应激添加量可提高到 10 克/千克饲料。

3. 应激反应防治实例

应激反应在龟鳖上市中时有发生，严重时会给养殖带来较大的经济损失。2008 年 12 月 29 日，浙江养鳖户王军民来电反映，他养的温室鳖最近突然停食，疑为水质引起，来电咨询（彩照 75）。

应激发生在 2008 年 12 月 16 日鳖上市之后。在平时的养殖过程中，王先生采用微调的方法进行水质调控，换水量很少，结合采用 EM 微生态制剂。12 月 15 日换水，16 日起捕商品鳖，3 ~ 4 天后开始出现鳖死亡，5 ~ 6 天后 10 余只死亡鳖浮起，换水后才发现已死亡 50 ~ 60 只，至 28 日全池换水见底，已发生死亡鳖 80 ~ 100 只。据查，起捕率为 50%，最大规格1 450 克，留池鳖50%。分析发现，起捕前原池水温稳定在32℃，起捕后水温29℃，下降3℃，起捕时水温最低时仅有28℃。实际鳖受应激时温度较正常温度低4℃。结果，鳖在起捕后的半个月左右期间停食，应激反应较为强烈。尽管在起捕前一直使用了50%维生素C，每千克饲料添加10克，用于抵御应激反应，但由于温差较大，应激仍未能避免。

应激发生后采取的对策是：使用生态黑宝和五倍子改善水质，适当降低水体透明度，减少鳖互相撕咬机会，并用EM和维生素C，半个月后使用二氧化氯全池泼洒，生态黑宝和五倍子终浓度为：生态黑宝1毫克/升，五倍子0.8毫克/升。这之后，从2008年12月29日至2009年1月16日的半个多月中，再未发现有鳖死亡现象，水温维持在29℃，气温维持在31℃，结果鳖逐渐开始摄食，平均每天摄食4千克，摄食量仍未正常的原因是水温偏低，于是我们又将水温逐渐升至起捕前的正常温度31～32℃，结果鳖全部恢复正常摄食。

第十一章
病害防治

在龟鳖养殖中，病害防治是其中技术含量较高的一个环节。掌握病害防治技术，可以少走弯路，减少生产中不必要的经济损失。在病害防治中，可以详细参考《病害防治黄金手册》一书。这里介绍重要的常见疾病与病害防治方法，并结合实例进行讲解。内容包括病害诊断与检索、主要龟鳖病害的防治、新出现的病害介绍和应激反应实例等。最后对龟鳖病害防治中的突出问题进行探讨。

第一节　诊断与检索

一般引起龟鳖发病的主要病原是致病菌，病毒一般会引起龟鳖体质下降而导致病原菌二次感染。在淡水环境中，气单胞菌（*Aeromonas*）占优势，而在咸水中弧菌（*Vibrio*）占优势。这两种细菌存在于土壤和水中，它们可以通过龟鳖皮肤、鳃状组织（鳖）、肠道或通过伤口进入宿主。肠道是最重要途径之一，病原通过饲料摄入体内，在肠道中大量繁殖，并可依赖外界环境压力给它们机会侵入宿主。病原菌侵入龟鳖肠道内分 5

步：第一步是黏着于宿主肠壁细胞；第二步是与宿主争夺铁元素；第三步是细菌迅速繁殖；第四步是分泌外毒素渗入宿主血液；第五步是宿主血细胞和免疫细胞的损害。

一、诊断

龟鳖病的诊断，是对症治疗前必要的手段。目前龟鳖病诊断采用常规方法，主要通过现场调查、目检、镜检和血清学鉴定等方法来进行。血清学诊断与治疗技术已在水产养殖中应用（Rabb 等，1964；杨先乐等，1995；虞蕴如等，1996；刘金兰等，1999）。

1. 现场调查

通过现场调查，摸清发病规律、流行情况、危害程度、传染性还是侵袭性，是体表还是内脏病变，摄食是否正常，活动是否异常，水源水质（环境质量）、饲料质量等。

（1）**水源**　检查是否符合《无公害食品　淡水养殖用水水质》标准（NY 5051—2001），有无污染，各项指标是否正常。如氟的含量超标，对龟鳖有致畸的可能。

（2）**水质**　龟鳖一旦发病后，如果怀疑是水质问题，就要对水质进行分析测定，常规测定的项目有水色、透明度、溶氧量、pH 值、COD、氨态氮、亚硝酸态氮、硝酸态氮、磷酸根离子、二氧化硅、钾、钠、钙、镁、碳酸根离子、碳酸氢根离子、硫化氢、氯离子共 18 项，快速比色测定方法一般准确度不高，但可以大致了解水质，方法简便，有条件时提倡用传统的水化学分析方法或使用进口的高精度仪器测定，准确率高。具体测定可根据病情分析选择项目，不一定每个项目都要去做。“肥、活、嫩、爽”不仅是养鱼水质的要求，也是养龟鳖所需要的最佳水环境。适度的绿色肥水，还可抑制真菌病的发生。

（3）**饲料** 龟鳖的许多疾病是由饲料造成的。变质的动物饲料，常添加在配合饲料中饲喂，可是2个月后，龟鳖就会因脂肪代谢不良症大量发病死亡，且没有特效方法。饲料中长期缺少维生素，也会引起许多疾病，在疑难龟鳖病防治中，采用常规的抗病毒、杀菌药物不能奏效时，添加维生素效果特别明显，表明维生素的缺乏引起龟鳖的免疫抵抗力下降。同样矿物质缺少，亦易导致龟鳖病的发生。因缺少某些维生素引起的疾病，采用改变饲料结构或在原饲料中补充大剂量（治疗量）的水溶性维生素，并改善水环境，能在短期内治愈，效果特别显著。

（4）**摄食状况** 水温正常情况下，龟鳖的食量突然减少，龟鳖在食台上静卧不动，不怕人，不肯下水，呆滞，拒食或浮于水面，都是有病的表现。对于条件好的大型工厂化龟鳖场，可在食台上方安置摄像机，对龟鳖的活动和摄食情况进行拍摄，然后将拍到的录像资料进行分析。也可在养龟鳖温室内设置多个摄像头，通过与电脑连接，进行多池切换电脑监控，这样可对龟鳖病早发现，及时采取预防和治疗措施。

（5）**建立档案** 内容包括：龟鳖苗的采购或繁殖情况，下池时间、龟鳖池与龟鳖体消毒方法、放养密度、控温情况、水质变化、饲料种类、投喂量和摄食情况、用药品种剂量方法，历年疫情，活动、死亡情况等。以便作为疾病诊断的参考依据。有条件时利用电脑进行数据处理分析，对疑难病可上中国龟鳖网（http：//www. china - turtle. com）与有关专家交流。

2. 目检

主要观察龟鳖体表、眼睛、口腔、泄殖腔等部位，内脏病变通过解剖，观察部位有肝、脾、肾、肺、肠、生殖腺体、系膜等。目检比较容易观察到白眼病、红脖子病、烂颈病、腐皮病、疖疮病、穿孔病、水霉病、水蛭病、钟形虫病等龟鳖病，对内脏病变可进一步用镜检、血清学诊断方法确诊。

3. 镜检

用普通显微镜和电子显微镜，进行病原体检查和鉴定。可采样取病灶组织中的黏液、增生物、疖疮和穿孔内容物、腹水、肝、脾、肾、肺、肠、生殖腺体、系膜器官组织、血液涂片、眼水晶体、真菌的菌丝体、小型寄生虫等镜检，对细菌观察可进行革兰氏染色后置显微镜下观察，怀疑为病毒性疾病的应上电子显微镜观察，利用当地有电镜条件的医学院或国家级研究所进行病毒检查和确认。

4. 血清学鉴定

这是一种简易快速的凝集试验，在载玻片上的生理盐水中，滴加抗血清和抗原各 1 滴，混合鉴别阳性或阴性（Bullock，1971）。常用于细菌性疾病，对致病菌的快速诊断。血清学鉴定简单地说就是利用抗原与抗体反应的特异性和敏感性来对龟鳖病的病原作出准确的判断。这种方法方便、快速、灵敏、准确，当制成相应的试剂盒后很容易推广，但它的应用需要较坚实的研究基础，尤其要对病原的分离、提纯，抗体的制备，以及血清学反应的条件等有丰富的资料。

血清凝集试验有玻片凝集试验，玻板凝集试验，试管凝集试验和微量凝集试验4种，前两种是定性试验，用于未知细菌的鉴定，后两种是定量试验，用于测定被检血清中有无某种抗体及其滴度，以辅助临床诊断或流行病学调查。玻片凝集试验所需仪器少，简单易行，是目前常用来鉴定龟鳖细菌性病原的方法。

（1）**试剂** 生理盐水，水产用生理盐水氯化钠含量一般为0.7%，亦可用人、兽用生理盐水替代；诊断血清，将相应的病原菌纯化后免疫兔（或用羊，成本低，取得高免血清多），取其血清而获得。血清置于-30℃左右保存，使用前于45℃灭活1小时。

（2）**器材** 载玻片、接种环、酒精灯。

（3）**方法** 待检菌为纯培养物，取洁净载玻片1块，一端滴生理盐水1滴，另一端滴加诊断血清1滴。用接种环蘸取待检菌的纯培养物少许，分别和生理盐水、诊断血清混匀，将载玻片轻轻反复摆动，注意勿使试验区和对照区相互混合。静置数分钟后观察结果。

待检菌为病龟鳖的内脏器官或病灶部位，取一小块内脏或病灶组织分别在载玻片的两端涂抹，然后一端滴加生理盐水一滴，另一端滴加诊断血清一滴。按上法所述轻轻地振动载玻片。数分种后观察结果。

（4）**判断** 载玻片上若出现乳白色凝集块者即为阳性反应（即有该病原菌），如为均匀的乳白色而无凝集块者为阴性反应（即无此病原菌），生理盐水对照滴则为均匀的乳白色。

5. 病原分离

为了对龟鳖病作出确诊，尤其是细菌性和病毒性龟鳖病，可进行病原分离。通过病原分离，病原的纯培养，可获得大量的病原体，然后根据病原体的形态特征，生化特征以及血清学特征，对龟鳖病作出准确的判断。

（1）**病毒分离**　以无菌的方法取濒死或刚死龟鳖的肝、脾、肺、肾等内脏组织，用每毫升含800～1 000国际单位双抗的Hanks液洗3次，冻融3次，然后研磨匀浆成1∶10悬液，离心取上清液，使其通过细菌滤器，将滤液接种于敏感细胞，观察能否使其致细胞病变；或者滤液经超速差异离心或密度梯度离心后，在电镜下进行观察。

（2）**细菌分离**　将濒死或刚死的病龟鳖的病灶部位用无菌的生理盐水冲洗3次后，取深层的组织接种于适宜的培养基上；或将病龟鳖用无菌生理盐水冲洗之后，以无菌的手段打开背腹甲，取腹水或肝、脾、肾等内脏组织接种于适宜培养基，经28～30℃培养24～48小时后，进行分纯。然后观察菌落的形态，菌体的特征，并利用糖类代谢，氨基酸和蛋白质代谢，有机酸和铵盐，呼吸酶类，毒性酶类，抑菌，美蓝还原，中性红，胆汁（胆盐）溶菌，嗜盐性等生理生化试验对其进行鉴别，或者用血清学试验进行鉴定。

6. 高免血清制作

制作血清选用的动物，一般为家兔或羊，要求从非疫区采购体形较大、体质健壮的成年动物。

（1）**基础免疫**　将预定剂量的抗原注射到动物体内，7天后再以较大剂量进行第2次免疫。

（2）**高度免疫**　2周后，用强毒反复接种动物，进行攻击，间隔时间3～10天，直至达到要求的效价。

（3）**血清提取**　于大玻璃圆筒内加入少量生理盐水（高压灭菌），在无菌操作下采血，室温静置凝固，然后在血凝块上放上灭菌的不锈钢砣，令血清自然析出。

制备的抗血清既可用于治疗疾病，又可用于血清诊断。抗血清具有高度的特异性，一种血清只能针对一种病原微生物起作用。用于治疗时能很快产生被动免疫，但维持时间不长，一般只有2～3周，因此注射血清2～3周后需再接种疫苗。注射方法一般采用肌肉注射（程天印等，1999）。

7. 高免血清的应用

尽管这种方法在龟鳖病的诊断与治疗上应用还不普遍，但前景广阔。

这一新技术在养鳖中已经开始应用。1996年虞蕴如、李克敏在《水产养殖》杂志上报道，他们在1995年10月对某场的病鳖进行血清学鉴定，将不同症状的的鳖肝脏或肺脏作玻璃触片，加一滴已知几种血清型的嗜水气单胞菌混合诊断血清，轻轻摇动玻片，1分钟之内即发生特异性凝集反应。诊断结果此次鳖病的病原为嗜水气单胞菌。

高免血清不仅用于疾病诊断，还可用于免疫治疗。也就是说，已感染疾病的个体，可用被动免疫接种技术直接治疗。这种技术是收集已产生特异性抗体的个体的血清，注射到另外个体，后者可能已感染，但缺乏防御该感染物的特异性抗体。如刘金兰、杨广（1999）进行高免血清对鳖进行免疫试验，将致病性嗜水气单胞菌扩大培养后提纯外毒素，用灭活外毒素免疫大白兔，制备免疫血清，用该免疫血清防治鳖红底板病。结果表明，对攻毒后1天的中华鳖进行治疗，其成活率为37.5%，对免疫后攻毒的中华鳖的保护率大于75%。

目前，国外疾病诊断科技不断进步，最新出现芯片检测技术。用微芯片检测水产品细菌，只要用一个指甲大小的电子装置即可检测水产品中的细菌。这是美国普渡大学（Purdue University）食品科学系研究人员的研究成果。芯片只有0.25厘米大小，可以检测出单核细胞增生性李斯特菌（*Listeria monocytogenes*），这是广泛存在于水产品、肉类、水果等食品中的致病菌。感染上李氏细菌对人体危害极大，感染患者20%将死亡。该芯片反应灵敏，可以在细菌大量繁殖之前及时检测出来。

二、检索

龟鳖病害检索，有助于养殖者从发病龟鳖的头部、体表、排泄物、行为、剖检等方面进行观察分析，初步判断病症后，分别利用本章对病症的详细描述进一步确认，最后根据其防治方法，对病害进行及时治疗，并做好预防工作。在使用检索表鉴定龟鳖病害时，首先对所要鉴定的病害的有关症状进行详尽观察，并对龟鳖的各个部分进行仔细的解剖，记下它的病灶症状，作为查找检索表的依据，逐次检索，进行查对，最后确定其病害名称。要想比较熟练使用检索表鉴定病害，必须多观察、多解剖，特别对发病龟鳖的头部、体表、排泄物、行为、剖检等方面认真观察。仔细解剖，正确描述是使用好检索表的基础。当遇到一种不知名的龟鳖病害时，应当根据病害的症状，按检索表的顺序，逐一寻找该病害所具备的症状，详细观察或解剖发病龟鳖，了解各种器官病变按检索表一项一项地仔细查对。对于完全符合的项目，继续往下查找，直至检索到终点为止（表11－1、表11－2）。

表11－1　龟病害检索表

1. 眼部发炎充血，眼角膜及周围糜烂，眼球外部被一层白色分泌物盖住 … 白眼病
1. 精神不振，鼻流分泌物，面部肿胀，严重时眼球突出失明，口臭 …… 支原体病
2. 脖子腐烂，颈部皮肤似开水烫伤 ………………………………………… 烂颈病
2. 脖子红肿，周身水肿，伴有红斑、腐皮，口鼻流血，肝脏出血点 …… 红脖子病
3. 体表任何部位皮肤溃烂，血水渗出，病灶边缘肿胀 ……………………… 腐皮病
3. 背甲腐烂 ………………………………………………………………………… 4
4. 背甲某一块或数块角质缘盾或椎盾腐烂发黑，甚至成缺刻状 ………… 腐甲病
4. 背甲、腹甲、四肢等处初见白斑，逐渐出现龟甲糜烂、穿孔 ………… 烂壳病
5. 全身性水肿 ……………………………………………………………… 水肿病
5. 龟常浮于水面，四肢伸直无力，肌肉无弹性 ……………………………… 龟浮病
6. 昏睡，肌肉松弛，四肢麻痹，足趾坏死，并有出血溃疡 …………… 柠檬酸菌病
6. 体表有白斑，镜检可见毛样菌丝 ………………………………………… 白斑病
7. 体表长有灰白色絮状菌丝体 ……………………………………………… 水霉病
7. 体表长有土黄色絮状物 ………………………………………………… 钟形虫病
8. 体表呈现红色点状附着物，镜检可见虫体活动和器官形态 ………… 蜱螨寄生病
8. 口腔黏膜充血，初见白点白色绒膜，后期见潮红创面或出血点 ……… 霉菌性口腔炎
9. 感染幼龟，进入血液、肺部、消化道吸血，造成贫血、便血 ……………… 钩虫病
9. 大便不成形 ……………………………………………………………………… 10
10. 大便不成形，色红褐、黑色，严重时水泻，蛋清样，恶臭 ……………… 肠炎病
10. 腹泻，粪便稀薄，带有黏液和脓血 ………………………………… 阿米巴痢疾
11. 体表寄生龟穆蛭等水蛭 ………………………………………………… 水蛭病
11. 水源中带入水蜈蚣卵孵化，寄生到稚龟背腹部，咬伤甚至死亡 ………… 水蜈蚣
12. 颈脖粗大 ……………………………………………………………………… 13
12. 莫名死亡 ……………………………………………………………………… 14
13. 伸缩困难，口腔留有线头，不能迅速伸颈翻身 …………………………… 食道异物

13. 颈脖粗大漂浮水面 …………………………………………………… 肺呛水
14. 越冬后体弱，漂浮水面，莫名死亡或表现各种炎症 ………… 亲龟越冬期死亡症
14. 病龟活动迟缓，鼻冒泡，口经常张开，头反复上扬低垂 ………………… 感冒病
15. 中毒引起的病症 ……………………………………………………………… 16
15. 营养因素引起的疾病 ………………………………………………………… 17
16. 全身性浮肿 …………………………………………………… 腐败性食物中毒
16. 水质恶化，病龟直立水中呼吸，严重时四肢弯曲 ……………………… 水质中毒
17. 龟壳较软畸形边缘上翻 ……………………………………………… 骨质软化病
17. 生长缓慢，易应激 …………………………………………………… 维生素缺乏
18. 体瘦，头部、四肢灰黑，甲壳无光泽，剖检血液较少 …………………… 贫血病
18. 体瘦萎瘪 ……………………………………………………………………… 萎瘪病
19. 头肢尾伸出壳外无力缩回；或缩入壳内，对外界无反应 ………… 中暑和风寒症
19. 咬斗严重，生殖器外露 ………………………………………………… 生殖器脱出
20. 独居无精神，头半伸低垂，眼闭，肝脏肿大灰黄色斑点坏死病灶 …… 传染性肝病
20. 股盾与肛盾裂开，下板和剑板磨损，后肢发炎肿胀 ……… 建池粗糙引起的炎症

表 11－2　鳖病害检索表

1. 脖子粗大 ………………………………………………………………………… 2
1. 脖子腐烂，颈部皮肤似开水烫伤 …………………………………………… 烂颈病
2. 脖子红肿，周身水肿，伴有红斑、腐皮，口鼻流血，肝脏出血点 …… 红脖子病
2. 脖子不红，体表光滑，脏器出血，头颈伸长，鳃状组织点状出血 …… 鳃腺炎
3. 背部有白色病灶 ……………………………………………………………… 4
3. 背部无病灶 …………………………………………………………………… 5
4. 背部、腹部甚至全身有白点，皮内珠状外突 ………………………… 白点病
4. 背部、脚趾、头部有白斑，在水中病灶明显可见 …………………… 白斑病
5. 腹部红色 ……………………………………………………………………… 6
5. 腹部苍白色 …………………………………………………………………… 白底板
6. 腹部红点或红斑，肝脏黑色或花斑状 ………………………………… 红底板
6. 腹部红色，口腔红色，体发黑，肌肉充血，内脏红黑色 …………… 出血病
7. 体表皮肤溃烂，血水渗出，病灶边缘肿胀 ………………………………… 腐皮病
7. 体表有隆起的白色肿块 ……………………………………………………… 8

8. 向外突出形成硬疖 …………………………………………………………… 疖疮病
8. 背甲白色疖痂溃烂成洞，内有豆腐渣样物 …………………………… 穿孔病
9. 体表长有絮状物 ……………………………………………………………………… 10
9. 体表有瘤状物，主要分布在颈部和脚趾 ……………………………… 肿瘤病
10. 体表长有灰白色絮状菌丝体 ………………………………………… 水霉病
10. 体表长有土黄色絮状物 ……………………………………………… 钟形虫
11. 身体浮肿，体内脂肪变质，肝脏变黑 …………………… 脂肪代谢不良症
11. 体形变化…………………………………………………………………………… 12
12. 身体萎瘪，但无其他症状 …………………………………………… 萎瘪病
12. 身体畸形 ………………………………………………………………… 畸形病
13. 体表无症状……………………………………………………………………… 14
13. 体表腐白色，双眼失明 ……………………………………… 高 pH 值中毒症
14. 肺、心脏黏膜和血管内有大量气泡 ………………………………… 气泡病
14. 因环境突变和人为操作不当引起，出现莫名死亡 ………………… 应激症
15. 体表有鳖穆蛭寄生 ……………………………………………………… 水蛭病
15. 体内前肠成胃囊状，剖见白色扁带状虫体，头节心脏形 ……… 头槽绦虫
16. 越冬后出现多种综合症状和死亡 ……………………………… 越冬期死亡症
16. 体表完整，剖见肝脾肿大，肺部暗紫色并出血 ………………… 肺出血病
17. 四肢腹甲起水泡溃疡出血，边缘长满疙瘩，裙边溃烂，前肢弯曲 … 氨中毒
17. 腹面中部及背腹甲内壁有淤血，剖见肝脾肾肿大，有腹水 …… 爱德华菌病
18. 饲料中维生素等营养不全面，生长缓慢，易感冒应激 …… 维生素缺乏症
18. 饲料中含有激素样物质 …………………………………………… 生殖器外露症

第二节　传染性疾病

一、出血病

鳖出血病，病原目前尚未完全清楚。据对此病的治疗和病菌感染观察，细菌性疾病的可能性不大，有可能是细菌并发或继发感染。日本川崎义一研究认为，病毒感染为第一因素，气

单胞菌（*Aeromonas* sp.）为二次感染。安徽大学（1998）对鳖出血性败血症进行研究，其症状表现为病鳖体表、腹甲严重斑状充血，体表有些部位出现溃疡、疤痕，剖检见肝脏肿大，脾及肠黏膜充血，这种病呈暴发性，死亡率极高。他们从病鳖肝、脾、肾、肠等组织分离到革兰氏阴性短杆菌，以极生单鞭毛运动，细胞色素氧化酶阳性，发酵葡萄糖，不发酵肌醇，对新生霉素不敏感等均与气单胞菌相符。经药敏试验显示，这种菌对新生霉素、青霉素、氨苄青霉素不敏感；对土霉素、硫酸卡那霉素、红霉素敏感；对四环素、磺胺极敏感。中国科学院水生生物研究所张奇亚等（1996）进行了病毒病原的分离、经电镜观察，查明病毒粒子呈球形、大小直径约为 30 纳米。此病有可能与赤斑病并发，尤其是用病鳖组织浆经过无菌处理后感染健康鳖体，可出现相同病症。厦门市水产研究所池信才等（1998）对福建省 4 个主要养鳖县市（厦门、福清、长乐和永泰）现场采集的中华鳖出血病样品进行电镜观察，发现一种感染中华鳖的球形病毒（TSSV），直径为 35 ~ 39 纳米。多数学者认为，鳖出血病属病毒性疾病。

1. 典型症状

体表完整无损，体发黑，口腔发红；底板有的红，有的不红；严重时口鼻流血水，不摄食，行动迟缓。解剖可见：内脏、肌肉全部充血，咽、颈、肠红色，肝土红色，有时伴有出血点。胆变大，脾、肾红黑色，肺黑色。最后因呼吸困难死亡（彩照 76）。

2. 治疗方法

①鳖入池前应严格检疫，发现病鳖，立即隔离观察。对剔

除的病鳖治疗或销毁。对所有鳖池、工具、操作过程严格消毒。

②全池泼洒二氧化氯，浓度 0.5 克/米^3，发病期间，每 4 天 1 次。

③注射疫苗免疫，对未发病鳖增强免疫力。这是目前最有效的方法。

④口服病毒灵、抗菌素和维生素，具体剂量参照白底板病的治疗方法。

⑤ 中药治疗，用板蓝根煎服，剂量为每千克鳖用药 1 克。

⑥口服氟哌酸（30 ~ 50 毫克/千克鳖体重）、罗红霉素（0.1 ~ 0.2 克/千克鳖体重）和氟苯尼考 0.1 ~ 0.2 克/千克鳖体重，目的是控制细菌、病毒并发症中的病原菌，能减轻病情。每天 1 次，连续 10 ~ 15 天，有一定的疗效。

⑦泼洒硫酸铜 1.5 ~ 2.5 克/米^3，隔 4 ~ 5 天再泼 1 次。鱼鳖混养池禁用此高浓度。

⑧快速测定病毒病原体的方法：鳖类病毒病的研究尚处在开始阶段，遇到病鳖很难确定其为病毒病还是细菌病毒并发症，那么防治方法就会带一定的盲目性。这里介绍快速测定方法：将患典型出血病症状的病鳖肝、肾、脾等组织研碎，加 5 倍的生理盐水（0.85% 的氯化钠）再研磨，将组织浆用双层纱布过滤，再将滤过液加“双抗”灭菌（依照液体体积，每毫升加链霉素、青霉素各 1 000 国际单位）。最后将灭菌后的组织液，腹腔注射健康幼鳖 3 ~ 6 只（注射量：幼鳖体重 50 ~ 100 克，注射 0.3 ~ 0.4 毫升；体重 100 克以上，注射 0.5 毫升）。如果被注射的幼鳖发病且病状相同，初步

认为是病毒引起的。为慎重起见，将被感染发病幼鳖的肝、肾、脾等组织研碎重复上述过程，再注射感染幼鳖，发病且病状相同，则可认定是病毒引起的，因为细菌的毒素是不能传代的。病原确定后，选择上述措施，有针对性地防治，可以提高疗效。

二、白底板病

鳖白底板病是近年来出现的疑难病，主要危害 100 克以上的幼鳖和成鳖，来势凶猛，发病率和死亡率极高，具有暴发性、顽固性、反复性、毁灭性的特征。自 1997 年发现以来，连年在全国养鳖区发生鳖的暴发性死亡，一般死亡率在 30% ~ 50%，若不及时治疗，最高死亡率达 100%。如江苏省吴江市一家有名的大型养鳖企业，1997 年因该病暴发，鳖死亡 20 万只，造成重大经济损失。据浙江省农业厅朱家新报道，1999 年杭州某养鳖场发生鳖白底板病，发病率和死亡率分别为 40% 和 79%。

白底板病的主要症状是，胃肠道溃疡内出血，肠道后段往往有血凝块，腹腔血水，全身性水肿，肝脾肿大，肝脏灰白、少数变黑，一般呈花肝状，特别明显的症状是底板发白，故称鳖白底板病（彩照 77）。

对鳖白底板病的病原，目前尚有争议（表 11－3）。日本川崎义一认为先是病毒感染，尔后细菌继发感染；我国有学者认为是病毒引起，已见报道的有球形病毒、彩虹病毒，也有认为是细菌引起，报道有亲水气单胞菌、温和气单胞菌、豚鼠气单胞菌、迟缓爱德华菌、普通变形杆菌。笔者认为，此病属于一种营养性疾病，病鳖摄食的都是配合饲料，而一些饲料厂为了降低成本，在配合饲料中少加维生素、矿物质等必需营养元素，如维生素添加量按需要分为四类，最小必需量、营养需要量、保健推荐量和药效期待量。按理，饲料厂应该采用保健推荐量，维生素C的保健推荐量为600毫克/千克，而实际上厂家只加了最小必需量60毫克/千克，甚至还要低。长期的维生素等营养物质的缺乏使鳖的抵抗力逐渐下降，在工厂化养殖高温、高密度、高污染的生态条件下最容易发病。此病发生后，更换饲料能缓解病情，所以有些地方在治疗此病之前，采用更换不同厂家饲料的方法来减轻白底板病，从而证实笔者的观点。在治疗实践中，笔者采用高量的维生素C、维生素E、维生素K等治疗，迅速控制了此病的蔓延。白底板病应是由于饲料、环境、病原、鳖体四因素相互作用产生的。饲料是隐性的内因，环境是外因，病原是在鳖体长期缺乏维生素等营养物质造成免疫力下降后乘虚而入。根据分析，找出真正的病因，笔者研制出对症药物组方（表11－4），已申请国家发明专利（ZL 01108299.2，公告号：CN1331972）。

表11－3　鳖白底板病病原的研究进展

病　原	病　　理	资料来源
细菌性疾病	嗜水气单胞菌、迟钝爱德华菌和普通变形菌单独可导致白底板病	陈晓凤，周常义，青新. 1997. 鳖白底板病致病细菌的研究. 水产学报，21（3）：309～315

续表

病　原	病　　理	资料来源
病毒性疾病	类似嵌杯样病毒的中华鳖球状病毒，推测白底板病是病毒性出血病的后期症状	池信才，吴定虎，黄槐等. 1998. 养殖中华鳖出血病病毒的电镜观察. 鱼类病害研究，20（3～4）：1～5
	在白底板病鳖的小肠上皮细胞中发现类呼肠孤病毒和类腺病毒，球形，直径为85～90纳米，肝、脾肾等脏器细胞质空泡化，认为是白底板病的主要病原，但病毒的感染不致死鳖，细菌的继发感染是鳖最终死亡的原因	叶巧珍，何建国，翁少萍，等. 1999. 中华鳖白底板病和红底板病病毒及细菌的致病性. 淡水渔业，29（8）：3～7
营养性疾病	由于饲料中缺乏维生素等营养物质引起的疾病。鳖饲料中维生素等营养物质添加量不足，如维生素C应该添加600毫克/千克，而有些饲料厂家仅添加60毫克/千克。维生素C缺乏能引起动物出血病，白底板病实际上是鳖的胃、肠道溃疡穿孔导致失血后的症状，维生素的长期缺乏使得鳖的免疫力下降，为病毒、细菌感染打开大门	章剑. 1999. 鳖病防治专家谈. 北京：科学技术文献出版社，38～40

表11-4　鳖白底板病的对症药物组方

药　　品	添加量克/千克饲料	作　　用
维生素C	1～2	补充维生素C、抗氧化、抗应激、激活免疫力
维生素K_3	0.05～0.10	止血

续表

药　　品	添加量克/千克饲料	作　　用
益生元	0.05～2.00	增殖消化道有益微生物，调节微生态平衡
生物活性铬	0.1～0.5	提高胰岛素水平，促进免疫功能
病毒灵	0.5～1.0	抗病毒
喹诺酮类药物	0.5～1.0	对革兰氏阴性菌、阳性菌、霉形体均有效

1. 实例 1

此方先后在江苏、浙江、湖北、广东、海南等养鳖区验证，效果显著。以杭州为重点，反复试验，取得满意效果。用于预防，药量减半，全程服用；用于治疗，每 15 天为 1 个疗程，只要 1 个疗程就能控制病情，2 个疗程痊愈。杭州转塘镇农业服务站陈鑫发先生 9 次来苏州找笔者咨询，带病鳖解剖分析，确诊为白底板病。因此配药回去进行白底板病的防治。共对 42 000 只鳖进行防病试验，选择 3 个情况不同的养鳖场，第 1 场很少发病，第 2 场时有发病，第 3 场发病严重，从温室开始加温起，第 1 场和第 3 场连续服用该药物预防白底板病，整个加温养殖期没有发生任何疾病。第 2 场服用一阶段后停药，结果 3 个月后出现白底板病，该场立即恢复用药，结果白底板病迅速得到有效控制，鳖停止死亡，逐步康复。

2. 实例 2

白底板病为主的多种疾病出现。2000 年 7 月 28 日到武进漕桥镇养鳖现场诊断鳖病，在周叔超先生的养鳖场和门市部发现的鳖病主要为鳃腺炎、白底板和钟形虫；在董建昌先生的养鳖场发现的鳖病主要有烂颈、腐皮、白底板；第 3 户自报白底板。

白底板、鳃腺炎是中华鳖病的疑难病症。鳃腺炎，主要因外来鳖苗带病原入境感染，自1997年白底板病出现以来，连年发生，呈上升趋势，给养鳖生产以毁灭性打击。2000年，白底板病与鳃腺炎同池并发，形成新的特点，病情更为严重，海南、广东、浙江、湖北、江苏都相继告急。白底板与鳃腺炎的急性表症似乎由病毒引起，并有一些学者已检测到病毒，也有检测到细菌，故争议较大。笔者认为，主要原因是饲料中长期缺少某些营养元素，也就是说，营养不平衡造成鳖的机体免疫力下降，病毒、细菌乘虚而入所致。鳃腺炎的主要症状为头颈肿胀，但不红，解剖可见鳃状组织红色、发炎，肝脏灰黑，死亡时四肢软并头颈伸长，爬在食台或护坡上。白底板主要症状是内出血，通过肠道出血，肝脏变性呈花肝样，底板白色，无血色，有时有腹水现象。特点：暴发性、反复性、传染性、顽固性、毁灭性。

（1）**对症下药**　采取2个疗程，每个疗程10天。第一个疗程主要目的是控制病情发展；第二个疗程是彻底治疗，控制死亡。在第一个疗程用药后几天内可能会出现一个死亡高峰，这是因为重症鳖摄食药饵已非常困难，晚期病情恶化，不用药也会死亡。用药目的是保护健康鳖和治疗轻症鳖。

（2）**用药条件**　①彻底换水，并用消毒剂消毒。外池可选用二氧化氯0.5～1.0毫克/升或利凡诺0.5毫克/升。调节酸性水质兼消毒可用生石灰，用量为50毫克/升。②更换饲料。③采用水上投掷饲料，如果进行水下投药饵，难以达到理想的治疗效果。

（3）**用药方法**　口服，使用专门配制的药物，每千克饲料添加配方药 8 克。连续 10 天为 1 个疗程。

3. 实例 3

吴江市震泽镇谢家村 12 组徐建荣 2000 年 12 月 20 日，反映温室 2 只池中鳖不吃食，笔者去现场观察，发现水质有问题，氨气重，甲鱼消瘦，有白底板初期症状。于是，采用上述药方进行治疗，结果痊愈。具体方法：外用抗菌药物消毒，首次 15 毫克/升，尔后每次 3 毫克/升，共 6 次。内服配方药 3 个疗程。

4. 实例 4

2009 年 7 月 9 日，湖南省常德市安乡天保村万超宏来电咨询白底板病的治疗药物配制。他自家养殖中华鳖 25 亩水面，其中有 2 个面积各 4 亩的养殖池专门培育亲鳖，10 多天前开始出现白底板病，每天死亡少时 5～6 只，多时 20 只，发病情况较为严重，他使用的是福华饲料，在此病暴发前，遭受过雷暴雨袭击，因此，不排除应激引起亲鳖机体抵抗力下降，饲料因素也不能排除。笔者建议他自己配制药物，按 3 个疗程进行治疗，尽快使病情得到控制。

三、鳃腺炎病

鳃腺炎是白底板病中的一种类型，还是白底板病是鳃腺炎中的一种类型，目前尚有较大争议，但一致认为鳃腺炎病原属于病毒。尽管现在还未检到病毒，甚至在已见报道中有认为细菌、霉菌所致，然而从发病急、死亡率高、组织浆无菌感染成功及治疗难度大等特点分析，此病可能为病毒所致。

1. 主要病症

病鳖颈部肿大，但不红。全身浮肿，脏器出血，但体表光滑。有时腹甲上有红斑。死亡前静卧食台或晒台，不食不动，头颈伸长，全身松软。发病后期口鼻流血。解剖可见两种症状：一种是鳃腺灰白糜烂，胃肠道有大块淤血；另一种是鳃腺糜烂程度较轻，呈红色，胃肠道呈白色贫血状，腹腔积有大量血水。显著特征：病鳖颈部肿大，但不红。胃肠道有凝固淤血或无血色（彩照78）。

2. 治疗方法

隔离病鳖，并销毁。对鳖场所有鳖池工具及周边环境进行彻底消毒。外进稚鳖严格检疫和消毒。对未发病池先用10毫克/升高锰酸钾浸泡鳖池和稚幼鳖后换水，再遍洒强氯精0.5毫克/升等氯制剂。连续投喂抗病毒、抗菌药物和维生素药饵，具体方法参照白底板病的治疗。中药治疗，用板蓝根煎服，剂量为每千克鳖用药1克。

3. 病例

2007年8月30日，江苏省宜兴市万石镇漕东村周叔超养鳖场发生一起鳖鳃腺炎病，并出现大量死亡。笔者赶到现场，经过诊断由于暴雨袭击外池，引起鳖应激，后采用治疗措施，病情被控制。对应激反应引起的鳖腮腺炎，治疗方法：全池泼洒二氧化氯0.5毫克/升或生石灰30毫克/升，或罗红霉素3毫克/升，每周1次。口服药物：①维生素C 10克/千克饲料；②维生素K_3 1克/千克饲料；③氟哌酸5克/千克饲料；④罗红霉素3克/千克饲料。上述药物中罗红霉素和维生素C不能同时添加，每天 1 次，连续使用 1 个月。在使用过程中，停止死亡后药量可减半。预防方法：①在雷暴雨来临前，使用维生素 C 5 克/千克饲料，抗应激；②在雷暴雨过后，使用维生素 C 5 克/千克饲料，抗应激；③在雷暴雨来临前，将晒背的甲鱼尽量从晒背台上驱赶入水中，以免其因暴雨袭击引起应激反应。

四、红底板病

红底板病又名赤斑病、红斑病。底板呈红色斑点或整块红斑。同时伴有溃烂水肿，有的鳖口鼻流血。解剖可见肝脏发生病变，有的呈黑色，有的呈花斑状。肠道局部或整段充血发炎。有的腹腔有积水。主要危害对象是幼鳖、成鳖和亲鳖。死亡率较高，一般为 20% ~30% 。病原尚未确定。有报道发现球形病毒，直径为 80 纳米。有学者认为，红底板病的病原为嗜水气单胞菌。如杨广、杨先乐、陈昌福（1998）在湖北农学院学报上发表论文，报道对中华鳖红底板病病原的研究，他们从具有红底板病典型症状的中华鳖的肝、肾、血液中分离出一菌株，人工注射感染可使中华鳖、银鲫、小白鼠致死；重新分离再感染仍显示毒力。该菌在 4 ~40℃条件下均能生长，适宜的生长温度为27 ~37℃，pH 值的适宜范围为 6 ~9，最适 pH 值为 7。该菌株对复方新诺明等 5 种抗生素高度敏感，而对红霉素、青霉素等 7 种抗生素不敏感。所分离之菌株，经营养琼脂 27℃培养 24 小时，菌落边缘整齐，中间稍隆起，表面光滑、湿润、半透明，菌落颜色随时间延长由乳白色逐渐变为粉红色，菌落直径为 1 ~2 毫米，革兰氏阴性短杆菌，菌体大小为 0.6 微米×（1.5 ~2.0）微米，极生单鞭毛，无荚膜，无芽胞。分离菌发酵葡萄糖产酸产气，且因该菌是革兰氏阴性短杆菌，因此所分离菌属于具运动力的亲水组气单胞菌（*Aeromonas hydrophila* complex）。《伯杰氏系统细菌学手册》将其确认有 3 种：嗜水气单胞菌（*A. hydrophila*）、温和气单胞菌（*A. sobria*）以及肠鼠气单胞菌（*A. caviae*）。补充水解七叶苷试验，分离菌试验结果水解七叶苷为阳性。因此，经生理生化反应鉴定，分离到的菌株为气单胞菌属的嗜水气单胞菌（*A. hydrophila*）。

1. 治疗方法

控制放养密度，改善底质和水质，广东、福建等地区越冬期也要换水。越冬前最好注射 1 次抗菌素，选用丁胺卡拉霉素较好。早发现，早治疗。比较有效的治疗方法是：注射丁胺卡拉霉素或庆大霉素，每千克鳖注射 15 万～20 万国际单位。病鳖体质较弱，注射链霉素副作用很大，一般 1 小时内就会出现死亡。若注射青霉素，副作用更大，则 30 分钟内病鳖死亡，使用丁卡比较安全。注射抗菌素可加 25% 葡萄糖 5 毫升。一旦发现，立即注射丁胺卡拉霉素，一般 9 针见效。注射后可放在 30 毫克/升氟苯尼考浸洗 30 分钟。并口服病毒灵（每日每千克鳖 4～6 毫克）、庆大霉素（每日每千克鳖 15 万～20 万国际单位）或甲砜霉素（每日每千克鳖 50 毫克），6 天为 1 个疗程。

2. 红底板—白点病并发症

外用二氧化氯 0.5～5 毫克/升全池泼洒，并口服预混的氟哌酸与罗红霉素 1∶1 或氟哌酸与盐酸土霉素 1∶2 合剂，用量均为每千克鳖 0.1～0.2 克。

五、红脖子病

红脖子病过去一直认为是细菌性疾病，病原为嗜水气单胞菌嗜水亚种。自深圳动植物检疫局江育林等（1997）对患红脖子病的鳖苗检疫发现虹彩病毒科病毒，对此病有了新的认识。该病毒是有囊膜的DNA病毒，病毒提纯后负染经电镜观察，可见到大量直径为100～120纳米有囊膜的多面体颗粒。对龟类感染，不仅出现红脖子症状，多数龟口腔和胃肠黏膜伴有出血现象。多发生在梅雨季节，长江流域4—6月份、华南地区2—10月份为流行季节，温室养殖无季节性。危害对象有乌龟、金钱龟和黄喉拟水龟等。

1. 病症

危害对象是成龟鳖和亲龟鳖。主要病症为脖子粗大，红肿。周身水肿，伴有红斑，腐皮等病症。有时出现口鼻流血。肝脏土黄色，有出血点，或坏死病灶。膀胱积水（彩照79）。

2. 治疗

①遍洒0.5～1.0毫克/升的二氧化氯，注射20万国际单位丁胺卡那霉素，口服病毒灵（每日每千克龟鳖4～6毫克）、庆大霉素（每千克龟鳖每日15万～20万国际单位）或氟哌酸（每100千克龟鳖每日8～12克）。6天为1个疗程。放养前最好进行免疫注射土法疫苗防病，剂量：浓度为2.0%～2.5%的疫苗，500克以下龟鳖用量为0.2～0.5毫升；500克以上龟鳖用量为0.5～1.0毫升。对曾有发病史的龟鳖池，放养前要进行清整，挖除过厚的淤泥，保留20～30厘米厚。底泥要翻晒，再用生石灰泼洒消毒。

②土霉素、罗红霉素、氟苯尼考按3:2:1混合，每千克龟鳖用0.2克或每千克饲料添加6~8克，第二天减半。5~7天为1个疗程，间歇期为25天。

③喹诺酮类药物，每千克龟鳖30~50毫克，5~7天为1个疗程。注意休药期。

④实例：雷先生在养殖黄缘亲龟中，发现一只亲龟患红脖子病。采用注射治疗，结果痊愈。注射的药物和剂量是：每千克亲龟体重注射庆大霉素1毫升、头孢曲松1毫升、地塞米松0.5毫升的混合药液，每天1次，连续注射10天。庆大霉素和头孢曲松这两种药物混合使用，一般不会有很严重的后果，不影响治疗，应注意观察反应。不过，在此提醒大家，这两种药物最好不要混合使用，如果混合有可能出现液体浑浊，产生沉淀，龟鳖使用后易产生应激反应，颤抖、呼吸困难。因此，建议分开使用。

六、腐皮病

症状为龟鳖体表的任何部位皮肤发生溃烂、溃疡，血水渗出，组织坏死，病灶边缘肿胀，严重时引起死亡。多数是由于龟鳖的撕咬伤口发炎、肿胀、溃疡，肌肉与骨骼外露，四肢在坚硬的水泥池底或地面磨擦或掘土过程中受伤，继发感染，引起爪糜烂，四肢烂掉，爪脱落（彩照80至彩照82）。常与白斑病并发。腐皮病进一步发展，成为疖疮病和穿孔病。病发后期会导致死亡，死亡率为10%~20%。危害对象为稚龟鳖、幼龟鳖、成龟鳖和亲龟鳖，各种规格的龟鳖都有可能被感染。稚龟鳖期，由于体质较弱，腐皮病与白斑病并发往往造成较大损失，死亡率超过20%。因此要特别关注，做好消毒防病工作。平时在饲料中注意添加能增强免疫力的维生素E、维生素C、维生素B_5、维生素B_6和维生素B_{12}等。

1. 病原

气单胞菌、假单胞菌和无色杆菌等，其中以气单胞菌为主要致病菌。

2. 防治

①受伤龟鳖的处理：运输时注意龟鳖相互隔开，防止撕咬受伤，造成细菌感染。放养时将受伤龟鳖隔开进行护理，一般将受伤龟鳖放入臭氧水中进行快速杀菌消毒处理，防止细菌感染。下池后用0.05%的食盐和0.05%的小苏打混合液全池泼洒，以达到进一步消毒和帮助伤口愈合的作用。

②用氟哌酸浸洗：30毫克/升；泼洒：3毫克/升；口服：治疗用量为8～12克/100千克龟鳖，每天1次，连续6～12天；预防用量为2～8克/100千克龟鳖，每天1次，连续6～12天。

③0.4%食盐全池泼洒，48小时后换水。

④发病初期用3毫克/升的甲砜霉素全池泼洒，连续3天，每天1次。

⑤注射金霉素，每千克龟鳖体重20万国际单位，连续2天，第2天减半。

⑥用10毫克/升的氟苯尼考或链霉素，或0.4%食盐浸洗48小时，可反复浸洗几次。

⑦用20毫克/升的高锰酸钾浸洗20分钟后，涂上抗生素软膏，几天后患部可好转。

⑧治疗时，在饲料中添加高量的维生素。每100千克龟鳖每天用氟苯尼考7.5克（或庆大霉素2 000万国际单位）、维生素 K_3 300毫克、维生素C 12克、维生素E 5克拌饵投喂，连续10天。

七、腐甲病

腐甲病比腐皮病更为严重。龟背甲的一块或数块角质缘盾或椎盾腐烂发黑，有时腐烂成缺刻状。据伍惠生报道，此病主要危害绿毛龟及黄喉拟水龟，表现为背甲腐烂处，丝状绿藻难以着生，影响观赏。病原体可能是细菌。例如同缸饲养其他龟类不患病，但发现黄喉水龟患病。目前不仅在湖北省武汉市发现此病，笔者在浙江湖州温室养殖的巴西龟、江苏如东池塘养殖的乌龟中也有发现。规格为50～100克乌龟背部每个盾片上都见有碳化样病灶，其病灶占盾片面积的1/3左右（彩照83、彩照84）。

防治方法如下。

①养龟容器用10%浓度的食盐水浸泡30分钟。

②用1%浓度的雷佛耳水溶液涂抹病灶，治疗期间干放。或用青霉素粉剂涂抹病灶，每天1次，连续3天，治疗期间干放，效果特别显著。

③用头孢拉定全池泼洒，终浓度为0.5毫克/升。

④加强饲养管理。发病期间饲喂猪肝、羊肝等动物肝脏，增加营养以增强病龟的抗病力。隔离病龟，专门治疗，并及时捞除死亡的病龟，以免造成病菌感染健康龟。每半个月1次全池泼洒生石灰，用量为25毫克/升。

八、疖疮病

发病初期，病鳖体表有隆起的白点或白色肿块。后逐步向边缘扩大，向外突出形成疖，揭开表皮可见脓状物，有的像豆腐渣。有异臭，挤出这些物质后，见一边缘齐整的圆洞，有血渗出。严重时背甲溃烂成洞，四肢及颈部红肉裸露。常与腐皮病并发。主要危害幼鳖、成鳖和亲鳖。

1. 病原

产气单胞菌点状亚种。

2. 治疗

用镊子挑出硬疖后，挖除豆腐渣样物，在伤口处涂上紫药水，吹干后，再涂上抗生素软膏。其他治疗方法同腐皮病。

九、穿孔病

龟背甲、腹甲、四肢等处最初出现白色斑点，慢慢形成红色块状，用力压之，有血水挤出。逐渐出现龟甲糜烂，穿孔，严重时可见肌肉。此病一般没有鳖的穿孔病严重，发病率可达10%左右，但高发期死亡率极高。流行季节为春秋季，温室养龟在冬季也会出现此病。

对鳖的感染形成过程为：白点—白色斑块—白色疖痂—挑开出现孔洞。一般出现在鳖的背部，严重时洞穴深至可见心脏跳动。主要危害温室幼鳖，如不及时治疗，死亡率可达30%～50%。但治疗方法得当，治愈率高。

1. 病原

龟穿孔病由多种病原体引起，已查出的病原体有嗜水气单胞菌、普通变形菌、产碱菌等；鳖穿孔病，主要致病菌为嗜水气单胞菌。

2. 治疗

龟鳖穿孔病的高发期，是在冬眠之后到次年 6 月份，致死率极高。常规的清塘消毒和平时水体消毒，很难起到预防作用。大部分资料认为：此病由嗜水气单胞菌引起，根据这一理论，抗生素应为首选药物。同腐皮病和疖疮病。治疗方法是：用已消毒的牙签，挑出病龟鳖患处黄白色的内容物，用洁净的水冲洗患处，再以酒精或高锰酸钾溶液消毒。把碾碎的土霉素或氟苯尼考填充在患穴内，再涂上抗生素软膏。若能注射庆大霉素（可按 15 万国际单位/千克龟鳖体重）则疗效更好。之后置于不带水的空桶内，两天之后换药，消毒。换好药后再用透明胶布或创可贴封贴好患处，半天后放回塘中，可保治愈。

预防措施是：除了做好常规的清塘消毒和水体消毒外。在此病的易发期内，每隔 10 天左右，用土霉素或氟苯尼考粉剂拌匀放在未凝猪血中，煮熟凝固后，连续投喂 3 天。抗生素交替使用，以免产生抗药性。如此不仅可预防穿孔病，还可预防其他因细菌引起的疾病。

十、白点病

患病鳖主要是稚幼鳖。发病高峰期在稚鳖孵化 1 个月内以及进入温室 1 个月内，如果不及时进行有效治疗，死亡率在几天内就会提高到 30%，有时甚至全军覆灭。白点可遍布全身，以腹部最多。白点如芝麻大小，由皮肤内珠状外突，很像孢子虫病灶。挑破可见白色脓液。严重时白点扩大，边缘不齐，有溃烂现象（彩照85）。

1. 病原

嗜水气单胞菌、温和气单胞菌。其中温和气单胞菌经药敏试验，对庆大霉素、头孢菌素等高敏。

2. 治疗

①全池泼洒，罗红霉素10~20毫克/升；甲砜霉素3毫克/升；头孢菌素0.5毫克/升；利凡诺0.5~1.0毫克/升。

②口服庆大霉素，每千克鳖15万国际单位。连续6天为1个疗程；罗红霉素或土霉素，每千克鳖用药为0.1~0.2克。

③在饲料中添加高量的维生素。每100千克鳖每天用甲砜霉素7.5克（或庆大霉素2 000万国际单位）、维生素K_3 300毫克、维生素C 12克、维生素E 5克拌饲料投喂，连续15天。

④综合治疗。发病时，应先彻底换水，然后第1天用500毫克/升小苏打与500毫克/升食盐（或0.4%食盐）全池泼洒，第3天用0.5毫克/升二氧化氯（或2~4毫克/升五倍子）全池泼洒，连续3天。外治时，须同时内服药物进行治疗，每千克饲料中添加1克维生素E、1克维生素C和1.5~2.0克氟苯尼考，连喂3~5天。特别要注意，不管采取何种治疗方法，治疗期间不开增氧机。

十一、爱德华菌病

鞠长增（1997）报道：爱德华菌属细菌，能感染多种鱼类、两栖类以及爬行类等动物，有时可引起败血症。1994年1月林禹、胡毅军、蔡开珍在某鳖场从内脏出血为特征的病鳖肝脏、腹水取样分离细菌，经鉴定为缓慢爱德华菌（野生型）。

取40～60克患病幼鳖6 000多只，幼鳖移入保温棚加温（30～31℃）饲养后发病，病情发展较快，初期每天死20多只；场方用福尔马林、生石灰全池消毒及口服氯霉素（注：氯霉素现为禁用渔药）效果不佳。发病死亡数增加，最多时每天死亡100多只。

1. 症状

外部症状：病鳖起初表现精神不振，活动力差，多悬浮水面，停食，在休息台上呆滞不动，捕捉时活动缓慢无力，其腹面中部可见暗红色淤血，不久即死亡。剖检：肝、肾、脾、腹膜出血，肝肿大，有腹水，背、腹甲内壁有瘀血。

2. 病原

鉴定为缓慢爱德华菌。爱德华菌感染会引起鳖的脏器发生变质性病变。主要症状呈肝脏型，有结节状肉芽肿。严重时，肉芽肿融合呈一片坏死灶。

3. 药敏试验

对庆大霉素、卡那霉素、红霉素（现为禁用渔药）、新霉素、痢特灵（现为禁用渔药）敏感，对氯霉素（现为禁用渔药）、新诺明、磺胺增效剂、四环素不敏感。

4. 防疫与治疗

（1）防疫 高密度加温养殖，冬季加温期间最易发病。入温室前要清池消毒，养殖过程中要特别注意水质管理，及时搞好池内卫生，定期施用生石灰；在饲料中可添加适量多种维生素，以增强鳖抵抗疾病的能力。

采用中草药预防（兼治病毒性肝炎）：茵陈、龙胆草、黄芩、黄柏、枝子、柴胡、板蓝根、双花（二花）、防风、钩藤、通曲各30克、荆芥15克、甘草20克，粉碎过60～80目，按3%～5%掺饵投喂，每半月喂2天。

（2）**治疗** 对病鳖隔离治疗。选用庆大霉素、卡那霉素治疗，同时在饲料中添加适量多种维生素。用药剂量参见其他病害防治的相关部分。

（3）**病例** 鳖爱德华菌病一般发生在稚幼鳖阶段，尤其是控温养鳖的温室内稚幼鳖极易暴发此病。具体表现为：鳖腹甲尾部发红，行动迟缓，摄食减少甚至停食。病鳖频繁冒出水面透气，且较正常出水换气时间长，有的在水面团团打转而不下沉，有的则伏于食台上，鼻孔直冒气泡，不怕惊动。外表无明显症状，死后胸腔有一块黑色的斑块，解剖病鳖，可见肝脏压迫性出血，腹腔积水，肝肿大。该病发病快、病程短、死亡率高。该病主要是由于稚幼鳖放养密度过大致使鳖相互推压、鳖池水质恶化等因素造成。1997年，王礼斌针对此病症采用“鳖复康5号”进行治疗，取得明显效果。湖北省荆州市沙市区养鳖户刘为信，在200平方米温室放养幼鳖（50～150克）3 000余只，大量感染爱德华菌病，每天死亡50～100只，他们及时采用“鳖复康5号”进行治疗，用药两天死亡明显控制，5天后全部恢复正常。具体方法是：每立方米水体用“鳖复康5号”15克全池泼洒，连续泼洒2天，同时用“鳖复康5号”加葡萄糖奶粉拌饵投喂，每千克饲料拌药5克，连续投喂5天即可。

十二、烂颈病

烂颈病又称颈溃疡病。很多地方有此病，流行很广。可能为气单胞菌不同血清型的一种表现形式。流行季节为6—9月份，如果是温室则无季节性流行。自稚龟鳖到商品龟鳖各种规格均可患此病，感染率和死亡率不太高。

1. 症状

病龟鳖颈部像开水烫了似的，多发生在颈基部，呈灰色环状斑。病龟鳖死后，颈部肌肉多被其他龟鳖吃掉，露出颈椎。有时颈椎与身体断开，头颈不见，只见“无头龟鳖”。

2. 病原与病因

交配时咬伤和水质不良易感染，为细菌性感染。因此通过杀菌性的药物消毒，可防治这种病，但未作细菌分离，有待进一步研究。

3. 预防与治疗

可用1.5毫克/升的氟苯尼考药浴，并在饲料中加氟苯尼考。剂量：8毫克/（千克饲料·日），分2次投喂，疗程为6天。投药前用10毫克/升的漂白粉消毒3次。鞠长增（1997）用“烂颈消”治疗，效果明显。3%食盐水浸洗病龟鳖1小时有治疗作用，每天1次。

烂颈病是目前龟鳖养殖中的疑难病之一。目前最有效的方法是：在饲料中添加头孢拉定，每千克饲料中添加头孢拉定粉3克，连续添加6天；并对烂颈病龟鳖采用50毫克/升土霉素或30毫克/升头孢拉定药液浸泡，时间连续48小时。对特别严重的病龟鳖可采取注射抗生素进行治疗，肌肉注射，在大腿肌肉丰富处下针，选用喹诺酮类药物，注射量根据龟鳖体的大小，一般500克左右每次注射0.3毫升，1千克体重的龟鳖每次注射0.5毫升，一般注射3次，每天1次。若大面积发生此病，可采用全池泼洒生石灰或三黄粉（大黄、黄芩、黄柏）药液进行治疗，效果显著。在使用抗生素时，要注意休药期。

在养殖中，为避免烂颈病发生，在养殖池要设置网巢，增加生态位，使龟鳖有栖息和隐蔽的地方，放养密度要适当减小，当发现成龟鳖发情咬斗时，将雌雄分池饲养，严禁在饲料中添加激素或激素样物质，以防性早熟。

4. 病例

浙江湖州费学良先生温室养殖的珍珠鳖，发生烂颈病（彩照86）。他使用头孢拉定，将粉状药物溶化后加入水中，对患病珍珠鳖进行浸泡治疗，每48小时更换新药，继续使用，1周后基本痊愈。

十三、白斑病

1. 病原与诊断

（1）**病原**　为毛霉菌，属真菌类毛霉菌科，故又称毛霉病。

（2）**诊断方法**　只要将病鳖置入水盆中，使水淹及鳖体，可见鳖背部有一块块白斑。发病初期，仅在裙边部分，后逐渐发展至背部四肢、颈部、腹部等，白斑处表皮渐坏死，崩解，甚至出血，继发细菌感染，并发腐皮病。当霉菌寄生到鳖的咽喉部时，因鳖呼吸困难而渐死亡，濒死鳖呆滞，在食台或池坡上不肯下水。镜检可见白色菌丝体（彩照87）。龟和鳖一样，也会发生白斑病。据陶池有报道，1998年4月上旬，广西壮族自治区桂平市木乐镇白联村一个养殖个体户的18只龟苗中13

只龟体有白斑，白斑处长有灰白毛状霉菌丝（彩照 88）。该户原池养规格为 25 克的小龟 3 只，新购平均规格为 15 克的龟苗 15 只，混养后按常规方法投饲，开始 2 天，幼龟反应良好，但在摄食时大龟啃咬小龟，至第 5 天，较小的龟活动反常，不食，独居池边，反应迟钝，体表呈现白点，10 天后，15 只龟苗中就有 13 只背部出现白斑，已死亡 4 只。龟白斑病发病初期主要表现为背部出现小白斑点，镜检可见毛样菌丝。中期发展到头、尾、四肢均有扩散的白斑。末期全身布满白斑，皮肤坏死，脱落，肺黑色。多见大小混养的龟池，互相追逐，啃咬现象发生后，由于皮肤受伤，真菌感染引发此病。一般在啃咬后 3 ~ 5 天进入发病初期，7 ~ 10 天进入中期，并开始出现死亡。一般发病率为 87%，死亡率为 27%，治愈率为 73%。

2. 防治方法

预防白斑病，从 5 个方面进行：①彻底清塘。一般用 150 毫克/升生石灰；②细心操作，不使龟鳖体受伤；③培肥水质，使池水显嫩绿色，透明度控制在 30 ~ 40 厘米，尤其是在新池新水中，霉菌有迅速繁殖的倾向，因此要调节好水质；④慎用抗生素。因抗生素有促进此病发展的作用。实践中，如果将此病误诊为细菌性龟鳖病，用青霉素注射或用土霉素浸泡，结果加速其死亡。若用 20 万国际单位/千克龟鳖体重的药量青霉素对患严重白斑病的中华龟鳖注射后，约 30 分钟就会死亡，用土霉素浸泡病龟鳖一夜就可死亡。对照用青霉素同剂量对健康龟鳖注射，未发现异常；⑤大小分养，不用含性激素的饲料，避免相互撕咬；定期药物消毒；口服维生素 C 2 克/千克饲料，防应激。使用益生菌（EM 微生态制剂等）、益生元（果聚寡糖等）添加入饲料并全池泼洒，调节龟鳖体内外微生态平衡，让有益菌占据更多的生态位，抑制病原微生物。防重于治，环境与龟鳖病，水质、饲料、体质等关键防病要素要牢牢掌握，时刻树立健康养殖龟鳖的观念。

治疗白斑病，可采用以下 5 种方法：①涂抹法。用克霉唑或达克宁涂抹病灶，每天 1 次，连用 3 ~ 5 次。涂抹后待风吹干或阳光下晒干后下水。此法，主要用于严重病龟鳖，在治疗过程中最好隔离，治愈后下池；②浸洗法。用 4% 的食盐溶液浸洗龟鳖体 5 分钟或 4 毫克/升亚甲基蓝长时间浸洗；③泼洒法。用 0. 05% 的食盐和 0. 05% 的水苏打合剂全池泼洒；石碳酸 0. 05 毫克/升；亚甲基蓝 3 毫克/升；高锰酸钾 4 毫克/升；二氧化氯 2. 5 毫克/升；中药“白斑净”10 毫克/升煎汁泼洒；最有效的方法是用含量较高的硫醚沙星 0. 6 毫克/升全池泼洒，或 2 毫克/升浸泡；④日晒疗法。对初发病的幼龟鳖用此法效果较好。将龟鳖置阳光下晒 30 ~ 60 分钟，每天 1 次，反复数次；⑤添加维生素 E 5 克/100 千克龟鳖，拌饵投喂，连续 15 天。不管采用哪种治疗方法，治疗期间严禁开增氧机。

3. 病因分析

随着工厂化养龟鳖业的迅猛发展，随处购买亲龟鳖、幼龟鳖和稚龟鳖，而这些龟鳖有野生龟鳖、养殖龟鳖、市场转手龟鳖（即二级市场龟鳖）以及进口龟鳖，来源复杂。龟鳖的引种，目前仅有部分地方建立检疫制度，收购的龟鳖往往已带有白斑病和其他疫病。引种过程中，由于捕捞、运输、放养等环节操作不慎龟鳖受伤，进池前龟鳖体消毒不严，龟鳖的放养密度过大等，容易造成病原体对龟鳖的感染，发生疾病。因此，我们要严格把好引种关，杜绝引入病龟鳖。

把好消毒关十分重要，这是贯彻预防为主的原则中的首要环节。龟鳖下池前要进行严格消毒，方法上要有针对性，根据龟鳖病的流行季节和发病高峰情况决定采用何种药物，对真菌性龟鳖病，用染料类药物浸洗消毒；对细菌性、寄生性龟鳖病要区别对待。对池塘、工具等消毒，清除残饵，经常将食台从水中拉上来放在阳光下曝晒杀菌。

对白斑病与腐皮病并发症，由于不能用抗生素，所以在治疗时，除用染料类药物消毒龟鳖体外，针对细菌性腐皮病，同样要注意调节好水质，防止水体透明度过大，龟鳖相互撕咬体表损伤造成细菌感染，药物可选用漂白粉 10 毫克/升全池泼洒，或用 30 毫克/升“三黄粉”（大黄、黄芩、黄柏）浸洗 30～40 分钟，或 25 毫克/升生石灰浸洗 48 小时，忌用土霉素、四环素口服或青霉素、链霉素、庆大霉素注射。

（1）**实例 1**　2007 年 9 月 4 日，笔者在江苏宜兴蒋先生养殖的温室鳖中诊断发现，鳖患有白斑病和风寒症，2 种病并发导致“萎瘪病”，3 种病害集中在一只鳖身上，因此，造成较大的死亡，病鳖难以治愈。发生原因是温室屋顶失修漏雨，低温雨水从楼板上滴下来，打到鳖体上，强烈温差造成应激，引起风寒症，鼻尖结痂，低温下容易发生白斑病，两种恶劣的疾病并发后导致鳖的体质下降，摄食停止，最后变成“萎瘪病”（彩照 89）。

（2）**实例 2**　石家庄一读者 2008 年 11 月 6 日发来病鳖图片。笔者确诊为鳖白斑病。该养殖者介绍，鳖在温室中养殖，发现此病后，使用过漂白粉、溃疡平和强碘等进行治疗，有好转，但1周后又复发（彩照90）。因此，笔者建议的治疗方法是：使用生石灰溶液全池泼洒，终浓度为30克/米^{3}水体。并可使用中药大黄、黄芩、黄柏组成的“三黄粉”进行治疗。再治疗期间注意停开增氧机；恒温控制，不能有温差；水质保持卫生；隔离病鳖，防止传染；工具使用后立即消毒。

十四、水霉病

水霉病又称白毛病、肤霉病。病龟鳖体表（背甲、四肢、颈部等处）长有灰白色絮状菌丝体（腹甲和四肢朝水一面没有），柔软，在水中观察呈絮状，厚而密，影响行动（彩照91、彩照92）。

1. 病原

水霉菌、绵霉菌和丝囊霉菌等水生真菌。

2. 危害及流行情况

水霉等这类真菌在水中一年四季均有，但在较低的水温（13～18℃）、水质较清的水体中生长较好。水霉和绵霉都是腐生性生物，只侵害有伤的机体，一旦侵入寄主其菌丝体汲取营养长得很快，3～7天即形成错综复杂的菌丝体，并能逐步侵蚀好的机体，水霉在龟鳖体表发展到2/3以上时，患病龟鳖行动受到影响，食欲减退，逐步因体质瘦弱而死亡。对受伤的稚幼龟鳖危害较大，死亡率高。亲龟鳖和成龟鳖患此病后损伤的皮肤易受其他病菌的感染因生并发症而死亡。

3. 防治

（1）**预防方法**　要防止龟鳖体受伤；注意水质污染，因污染的水体会腐蚀龟鳖特别是稚幼龟鳖的皮肤，使霉菌有机可乘；经常在饲料中添加一点维生素 E（500 毫克/100 千克龟鳖）可增强龟鳖体的抗霉菌能力。

（2）**治疗方法**　0.05% 的食盐与 0.05% 的小苏打（碳酸氢钠）合剂遍洒；亚甲基蓝 2～3 毫克/升全池泼洒，病重 2～3 天重复 1 次。最有效的方法是用含量较高的硫醚沙星 0.6 毫克/升全池泼洒或 2 毫克/升浸泡。

（3）**水霉病与白点病、白斑病的区别**　在养殖龟鳖生产过程中，往往不容易区别白点病、白斑病和水霉病。白点病，是高温时出现的病，水温 25～30℃流行；而白斑病和水霉病是低温出现的病，水温 10～20℃流行。白点病病灶通常不超过黄豆大小，而白斑病病灶超过黄豆大小甚至更大些。镜检白点病病灶，没有菌丝体，而白斑病和水霉病病灶上均有菌丝体。感染部位，水霉病主要是背部、颈部和四肢；而白斑病主要是背部、颈部；白点病主要是腹部和四肢。白斑病与白点病并发时，往往是背部白斑、腹部白点。

（4）**快速治疗方法**　笔者试验用软毛刷蘸少许制霉菌素药液刷洗长满水霉的龟鳖背、颈部、四肢等体表患处，直至水霉被全部刷洗干净后下水，并用 50 毫克/升福尔马林全池泼洒。结果发现，治疗前病龟鳖漂浮于水面，而治疗后病龟鳖就能沉到池底，活动灵活，龟鳖背等处“白毛”脱去后干干净净，体色正常，摄食逐渐恢复。此法治疗速度快，体现“稳、准、狠”，一次就能治愈。

十五、越冬期死亡症

潘建（1998）对此病进行了较为系统的分析。露天池塘常温培育的亲鳖（尤其是雌龟鳖），在冬眠期内和冬眠后往往有大量死亡的现象，人们称此为越冬死亡症，也有人称为越冬病。据1996年、1997年两年4月至5月上旬在江西省南丰县调查，亲鳖在冬眠期内和冬眠后的死亡率高达25%～30%，这无疑给走入低谷中的甲鱼养殖带来巨大的威胁。

中国水产科学研究院长江水产研究所王鸿泰、姚爱琴、黄凤翥和柯福恩（1998）认为，中华鳖亲鳖的集约化养殖过程中，特别是春末、夏初水温上升到20℃以上时，冬眠的鳖苏醒后死亡较多，其主要症状是红脖子、鼻出血并伴随有疖疮等症状，特别是肺出血干扰了亲鳖的呼吸代谢，是亲鳖死亡的重要原因，这些病的病原都是嗜水气单胞菌。

川崎义一（1986）认为，冬眠后的病鳖，大体上表现跟细菌性疾病同样的症状。从冬眠苏醒时，常见到鳖潜入陆上产卵场的沙子中去。死亡的鳖几乎都是雌鳖，可以认为是与雌鳖产卵后的疲劳及营养不良有关。因此，产卵期和冬眠前的饲料要喂给新鲜的、营养价值高的优质饲料。

1. 流行情况

该病在养龟鳖地区普遍发生，主要发生于11月中旬至翌年5月中旬的冬眠期和冬眠后的一段时间内。发病死亡的大多数是经产卵而体质虚弱的雌龟鳖。

2. 症状

潘建研究发现，龟鳖冬眠死亡有3种情况，4种主要症状。

①病情较轻的病龟鳖，在开春后常有气无力地躺在晒背台和产卵场上。背甲颜色呈深黑色，失去光泽，龟鳖体极瘦，可见肋骨的形状，鳖裙边软、薄，并有皱纹；病龟鳖活动极弱，

四肢无力。

②在冬眠期内死亡的病龟鳖，尸体漂浮于水面，病龟鳖尸体除腐烂、发臭、变软、头和四肢伸出体外，在池水中长时间浸泡而有些发胀外，还有以下几种主要症状。

赤斑病症状：腹部有红色斑块，口鼻呈红色，咽喉红肿，肝脏黑紫色，肠道充血。

腐皮病症状：四肢、颈部、尾部及甲壳边缘的皮肤糜烂，颈部的肌肉及骨路和四肢的骨骼外露，爪脱落。

穿孔病症状：背、腹甲及裙边有直径 0.2 ~ 2.0 厘米不等的穿孔。穿孔周围出血，边缘发炎，轻压有血液流出，重者可见腹腔内壁。

疖疮病症状：颈部、裙边、四肢基部长有芝麻至黄豆大小的白色疖疮，逐渐扩大、溃烂，背甲皮肤、四肢、颈部、尾部肿胀溃烂成腐皮状，部分病龟鳖露出肌肉和骨骼。

③有些病龟鳖死亡后在底泥中腐烂，干塘后翻搅底泥可发现病龟鳖尸体，除骨骼外，其他组织均已腐烂成泥。

3. 发病原因

潘建还对发病原因进行了剖析，分析如下。

①雌龟鳖产完最后一批卵后，身体已极度疲劳和虚弱，此时气温和水温逐渐下降，亲龟鳖的摄食能力减弱，如果所投饲料营养不全面，雌龟鳖虚弱的体质得不到恢复，体内营养积蓄过度缺乏，这样经过漫长的冬眠后，亲龟鳖的体质和抵抗力就更弱，极易消瘦并受病原体感染发病，甚至死亡。

②体质虚弱的亲龟鳖，在越冬前因捕捉、相互撕咬而受伤，继而伤口感染点状气单胞菌、假单胞菌及无色杆菌等病原

菌，并在其体内大量繁殖，这类病龟鳖在寒冬到来时已无力钻入泥沙中越冬，仅卧于池底淤泥上，最后因病情恶化、冻伤而又得不到及时治疗而死亡。

③部分体质较弱病症轻的甲鱼，开始越冬时，仅能钻入浅层泥沙中或身体半露于泥沙之外，处于一种较浅的半冬眠状态。越冬期间，偶遇天气反常，如气温突然上升到20℃以上，这些体质较弱的病龟鳖便会误认为天气转暖，而钻出泥外进行觅食，甚至爬上晒背台晒背，又遇上气温在1～2天之内急剧下降，导致这些病龟鳖一下适应不了，体质进一步下降，病情恶化而无力钻入泥中，仅暂卧淤泥上，逐渐死亡，最后浮于水面。

④部分体质较好的亲龟鳖越冬前虽因受伤或其他原因感染病菌发病，当冬季来临，仍能钻入底泥中越冬，但病情继续恶化，而此时病龟鳖又不能得到食物的补充和药物治疗，加上池底淤泥多年未清，硫化氢、氨等有毒气体过多，病龟鳖很快烂死在塘泥中。

4. 防治措施

笔者认为，目前比较有效的治疗方法是，对第一次爬上池边的病龟鳖，注射丁胺卡那霉素，剂量为每千克亲龟鳖20万单位，注射后放入池中。此方法经多次实践，效果理想。

潘建认为，从发病原因入手，采取相应的预防措施，最大限度减少该病的发生。具体做法如下。

①加强亲龟鳖的产后培育，以增强亲龟鳖的体质。亲龟鳖产卵后应多投喂蛋白质和脂肪含量高的鲜活饵料（如螺蚌肉、动物内脏、鱼、虾等），并在饲料中添加少量蔬菜、复合维生

素和抗生素药物。

②对塘底清整消毒。每年亲龟鳖产卵后，9 月下旬选择晴天排干池水，捕起亲龟鳖，清除过多的淤泥，然后每亩池塘用 60～70 千克生石灰化水全池遍洒消毒，再翻耕曝晒，以杀灭池塘底泥中的细菌，改善底泥结构，4～5 天后注水至 1.5 米，再全池遍洒 1.5 毫克/升的漂白粉，药效消失后放入亲龟鳖。亲龟鳖入池前用 30 毫克/升氟苯尼考溶液浸浴 40 分钟，对体质虚弱、病情严重的亲龟鳖应挑选出来，放入温室中进行治疗。

③操作过程要细心，尽量减少龟鳖体受伤，培育期和冬眠期要保持环境的安静，让亲龟鳖在摄食、晒背时具有安全感。

④加强冬眠期的水质管理。池塘水位保持在 1.5 米以上，如水位下降要及时补充池水。每隔 25～30 天用 1.5 毫克/升的漂白粉全池遍洒消毒。

⑤龟类越冬方法。笔者调查发现，在冬季来临，要注意龟类保温措施。越冬的主要方法有：对数量较大的龟类，如乌龟，可以在地下室中铺上一层碎稻草，把乌龟放进去，上面再加盖一层碎稻草（如湖南益阳）；黄缘盒龟亲龟越冬方法是在室内地面上铺上一层沙子，放入黄缘盒龟后，再盖上厚厚一层树叶（如浙江湖州）（彩照 46）；在南方，可在冬天越冬池中水面上铺上一层稻草，帮助龟类越冬（如江苏苏州）（彩照 93）。

5. 病例

黄缘盒龟苗如果体质较差，在越冬过程中保温措施不到位，都可能发生越冬死亡症（彩照 94）。目前较好的黄缘盒龟苗越冬方法是使用泡沫箱，里面放碎报纸，将龟苗放在碎纸的中间，适当洒水，保持湿度。在北方，可利用木箱内置灯泡加温方法，控制适当温度，让黄缘盒龟安全越冬。

十六、肠炎病

本病为一种传染性肠道病。多因饲料变质，水质恶化，主要感染气单胞菌所致。喂食后四周环境温度突然下降，造成消化不良，也是导致发病的因素。发病龟鳖精神不好，反应迟钝，减食或不摄食，腹部和肠道发炎充血。粪便稀软不成形，色呈红褐色、黑色，严重时水泻，呈蛋清样，有恶臭味。眼球下凹，皮肤干燥。患病龟类主要有乌龟、黄喉拟水龟、黄缘闭壳龟、潘氏闭壳龟。发病季节是春、夏、秋季，夏季高温是盛行季节。病原体已查出为点状产气单胞菌、大肠杆菌。

1. 防治方法

①保持水质清洁，及时更换新水。

②投喂新鲜饲料，不投腐烂变质的食物。

③在饲料内拌入盐酸土霉素投喂，期间，投饲量比平时少些，以便使药饵全部吃入。土霉素用量为每只成龟喂 0.5 克，分早晚 2 次投喂，7 天为一个疗程。

④可注射庆大霉素，每千克体重 10 万国际单位。或注射黄连素每千克 5 毫升。

⑤对群体病龟可用 0.3 毫克/升强氯精或 0.5 毫克/升二氧化氯全池泼洒。也可用氟哌酸全池泼洒，用量为 0.5 ~ 1.0 毫克/升，氟哌酸拌食喂服，每千克体重用药 30 ~ 50 毫克。对腹部出现充血症状的龟类用 10 毫克/升氟哌酸浸浴治疗。

⑥中药内服：用黄连素片剂 0.1 克/千克体重，效果显著。

每3~4千克龟每日用黄连5克、黄精5克、车前草5克、马齿苋6克、蒲公英3克，煎汁拌入挤干水分的猪肺中，让药液吸收肺内，将药饵投放到食台上喂龟，连用3天治愈。

2. 实例

西安市民李璐2009年7月8日来电称，她是《龟鳖病害防治黄金手册》的读者，她家养的观赏彩龟，体重250克左右，一直喂鲜活鱼，切碎后使用，有时放入冰箱也是先解冻再投喂，彩龟的粪便黑色成形，但最近其粪便变成白色不成形，咨询笔者为什么？经了解，最近给龟摄食来的鱼"烂尾"，疑似病鱼给龟吃了，致病菌通过病鱼带入彩龟体内，导致彩龟大便不正常，初步诊断肠炎病初期。因此建议用抗菌药物治疗，采用氟哌酸浸泡鲜活鱼后喂食彩龟，直至肠炎病痊愈。

十七、柠檬酸菌病

国外已见报道的柠檬酸菌病，是龟鳖类的一种细菌性疾病，以皮肤溃疡为特征。

1. 病因

1975年，Kaplan曾描述过多种池龟的败血性皮肤溃疡病，认为本病发生与饲养管理有关，但必须有促发条件才能引起本病，如龟营养不良和生活在污浊的死水中，并有皮肤破损，柠檬酸菌才侵入引起该病。1970年，Jackson等发现沙雷铁氏菌属（*Serratia*）细菌参与溃疡病的发病过程，因为沙雷铁氏菌有分解组织内脂肪和蛋白质的作用，使柠檬酸菌能更有效地侵入引起该病。

2. 症状

病龟精神差，最后发生昏睡，肌肉紧张减弱，四肢麻痹，足趾坏死，并有出血和皮肤溃疡，可能出现败血症。肝、心、肾和脾脏有坏死病灶。

3. 防治方法

①注意水质清洁，防止龟体受伤。

②定期用消毒药消毒池水。

③发现本病时，可首选甲砜霉素浸泡，浓度为30毫克/升。

④注射抗生素：用丁胺卡那霉素以用量为20万国际单位/千克体重；或用庆大霉素10万国际单位/千克体重；或用喹诺酮类0.5毫升/千克体重；或用头孢拉定0.5毫升/千克体重。每天1次，注射3天停药1天，一般需3个疗程。

十八、水肿病

水肿，又称浮肿，是由于组织间隙有过量的积液所致。龟的水肿，主要为全身性水肿。

1. 发病原因

①心脏疾病：各种原因引起的心力衰竭。

②肾脏疾病：肾病综合征、急性肾炎、慢性肾炎。

③营养性疾病：营养不良、维生素B_1缺乏症；矿物质添加剂中阴阳离子不平衡。

④肝脏疾病：肝硬化、严重脂肪肝。

⑤重度贫血或溶血症。

⑥变质食物中毒。

2. 症状

病龟出现全身水肿，四肢及头部不能缩入，因水肿容易发生呼吸困难；四肢及头部肌肉软弱无力，活动缓慢，不惧怕人等。

3. 防治方法

防治较为困难，主要由于病因难以确定，龟一旦患此病难以治愈。发病初期可试用以下方法防治。

①食物中加喂适当的利尿剂如双氢克尿塞或注射速尿等。

②食物中要使用低钠食物，绝不能在食物中加盐。

③在饲料中添加维生素 B_1，预防量为每千克饲料添加 0.1 克，治疗量为每千克饲料添加 1 克。

④矿物质添加的过程中，特别要注意的是电解质的平衡，即阳离子和阴离子之间的平衡，否则，龟食用电解质不平衡的饲料后会发生内脏囊肿，甚至全身性水肿等疾病。

⑤注射抗生素：用丁胺卡那霉素 20 万国际单位/千克体重；或用庆大霉素 10 万国际单位/千克体重；或用喹诺酮类 0.5 毫升/千克体重；或用头孢拉定 0.5 毫升/千克体重。每天 1 次，注射 3 天停药 1 天，一般需 3 个疗程。

十九、龟浮病（浮水病）

为温室养龟和露天池养龟中的常见病，以温室养龟中较为常见。

1. 发病原因

病因尚未查明。有学者认为是由于缺氧所致。但笔者认为是龟体质较弱引起，因为在露天池氧气不缺的情况下也发现有此病；再者，温室中只有少量龟发现“龟浮病”，而同池中大多数龟并不会有此症。另外水霉病严重时也会引起龟浮水现象。

2. 症状

症状为病龟常浮于水面，四爪伸直，无力，肌肉无弹性。有些乌龟在陆上饲养一段时间，放入水中始终不能沉入水中生活。在养鳖中也发现过这一现象。

3. 防治方法

①病龟采用浅水饲养，水位一般不超过龟背甲的高度。发现龟浮在水面，将此龟捞起放入浅水处，或放置到食台上，给以“陆地”让其栖息，可缓解病情。

②加强饲养管理。外用生石灰泼洒，以降低水体致病微生物的生物量，并在饲料中添加维生素 C 和少量抗菌素（如氟苯尼考），目的是增强抗病力和抗应激能力，龟体内可能有炎症，适当使用抗菌素是为了消炎杀菌。3 天后使用利康素和鱼康素。利康素具有促进消化道有益菌繁殖的作用，鱼康素具有免疫促长功能，两者共同作用，具有恢复健康的功效。对水霉病引起的浮水，可用 40% 的甲醛刷洗龟背、头部、四肢等处的水霉，注意不要将甲醛溶液碰到龟的眼睛，洗净后让龟立即下水。

经笔者试验，使用上述方法，能取得比较满意的治疗效果。

二十、霉菌性口腔炎

1. 发病原因

龟容易发生此病。病因是真菌感染，主要为白色念球菌。

长期使用抗生素，易诱发此病。

2. 症状

多发生在龟的舌、吻端、颊、额等部位。病变区黏膜充血，有分散的白色如雪的微突小点，不久即互相融合，呈白色丝绒状斑片，如将白色绒膜强行擦除，可见潮红的创面或出血点。患龟表现烦躁不安，拒食。

3. 防治方法

患龟可用2% ~4%碳酸氢钠液洗涤口腔，口腔清洗后在患处涂抹1% ~2%龙胆紫或美蓝，或用10%制霉菌素甘油涂抹，每日3 ~4次。病情严重者，可在食物中投喂制霉菌素，每千克饲料2万国际单位左右，每日1次。

二十一、支原体

支原体（*Mycoplasma*），亦称霉形体，是分类上介于细菌和病毒之间的一类微生物，最早在1898年由Nocard和Roux从牛传染性胸膜肺炎（牛肺疫）病例中分离到，初称类胸膜肺炎微生物（PPLOs），20世纪50年代用支原体这一名称，后按Edward和Frundt建议归入软膜体纲（Mollicutes）。动物支原体多能引起呼吸道损伤并造成免疫缺陷。

1985年Hill曾从龟的泄殖腔分离到霉形体（*M. testudinis*）；1994年英国学者Vanrompany从患黏液性、化脓性支气管肺炎的龟中分离到了支原体。另外，还有一些文章报道了支原体对棱皮龟的危害。

支原体对龟的传染途径，主要由食物、尘埃、飞沫经龟的呼吸道间接传染，也有通过接触直接传播。此病在低温季节容易发生，因为是呼吸道感染，所以病症主要表现为病龟精神不振，鼻流分泌物（水性—黏性—干结），面部肿胀，严重时眼球突出，甚至失明，口腔呼气有异臭，减食、拒食或死亡。但多数能通过治疗得到康复。

最有效的治疗方法是用氧氟沙星，每千克饲料添加药物2～4克。要注意休药期。

第三节 侵袭性疾病

侵袭性龟鳖病的防治，目前研究较为薄弱。在生产实践中对这类疾病重视不够，实际上，有许多传染性疾病，都是寄生虫入侵后，使龟鳖体表形成伤口，为病原微生物的感染打开大门，所以平时在龟鳖病防治时，要注意先用杀虫药，再用抗菌药物。当然，用微生态制剂调节平衡是防病养殖中最为重要的环节，在使用抗菌药物的同时不能使用有益菌类微生态制剂。此外，小苏打具有愈合伤口的作用，可根据情况合理使用，一般用500毫克/升小苏打和500毫克/升食盐合剂全池泼洒。有报道在鳖的血液里发现两类原生动物——血簇虫及锥体虫，前者主要寄生在鳖的血红细胞及肝细胞里，属球虫类，在血球中不活动，它在血细胞内可裂殖，对血细胞有破坏作用；后者属鞭毛虫类，在显微镜下可见它的颤动，一般不游动。这类虫体可通过血液涂片，在显微镜下检查。其危害目前尚不清楚，引起的鳖病尚未见明确的报道，对一些不明病因、体弱贫血等症状的病鳖，可从检查血液来诊断。其病原已有报道，但传染途径及治疗有待研究。

有蠕虫类寄生于鳖肠中的两种盾腹类吸虫，大量寄生会引起鳖肠穿孔和肠堵塞而导致鳖死亡。还有 3 种复殖吸虫寄生于龟鳖类。最常见的侵袭性龟鳖病有钟形虫病、头槽绦虫病和水蛭（蚂蟥）病。

一、钟形虫病

1. 病症

在龟鳖体表肉眼可见到龟鳖的四肢、背甲、颈部甚至头部等处有一簇簇絮状物，带黄色或土黄色，在水中不像水霉那样柔软飘逸，有点硬翘。

2. 病原

钟形虫属，此类虫是属于原生动物缘毛目钟虫科的一些种类（如累枝虫、聚缩虫、钟形虫和独缩虫等）。

3. 危害和流行情况

这类虫体为自由生活的种群，其生活特性是开始以其游泳体黏附在物体（包括有生命的和无生命的）表面后，长出柄，柄上长成树枝状分枝，每枝的顶部为一单细胞个体，一个树枝状簇成为一个群体，每个个体摄取周围水中的食物粒（主要是细菌类）作为营养，其柄的固着处对寄主体可能有破坏作用。在水体较肥，营养丰富的水环境中生长较好。主要繁殖方式是柄上顶部的个体长到一定的时候就从柄上脱离，成为可在水中自由活动的游泳体，在遇到适宜的附着物时就吸附上去，再发展成一个树枝状簇的群体。对龟鳖的危害主要是龟鳖体上布满这些群体后会影响龟鳖的行动、摄食甚至呼吸，使龟鳖萎瘪而死。少量附着对龟鳖没有影响。在水质较肥的稚龟鳖池如有此虫大量繁殖，会对稚龟鳖的生长有很大的影响，如不及时杀灭，会造成大量死亡。此虫生长没有季节性和地区性，全国各地的水体都有，应注意水质不要过肥，保持水质清新。

4. 治疗

①新洁尔灭和高锰酸钾泼洒。0.5～1.0 毫克/升新洁尔灭和5～10 毫克/升高锰酸钾分前后泼洒。

②硫酸铜遍洒。一般鱼和龟鳖混养池用浓度0.7～0.8 毫克/升，龟鳖池用浓度为1.2～1.5 毫克/升。龟鳖钟形虫病治疗一例，全池泼洒硫酸铜0.8 毫克/升，为防止皮肤受伤后病菌感染，同时用漂白粉1 毫克/升预防，24 小时后镜检，池中龟鳖体表未发现有钟形虫，3 天后停止死亡。为防止复发，3 天后将池水全部换掉，再重复用药1 次，以后未再发现此病发生。

③制霉菌素与福尔马林合剂泼洒。用60 毫克/升制霉菌素和25 毫克/升福尔马林合用，对钟形虫病特效。也可用60 毫克/升制霉菌素和2 毫克/升五倍子全池泼洒。

④浸洗。高锰酸钾15～20 毫克/升，20～35 分钟；食盐水2.5%，15～20 分钟；硫酸铜8 毫克/升，25～30 分钟。制霉菌素125 毫克/升浓度浸洗30 分钟，或62.5 毫克/升浓度浸洗1.5 小时，或35 毫克/升浓度浸洗2.5 小时。

⑤涂抹。用高锰酸钾1%浓度水溶液涂抹，每天1 次，涂抹后30～40 分钟放隔离池。连续2 次，能杀灭病原体，虫体逐渐脱落。

5. 病例

这种病随处可见，发病率较高。笔者在浙江省湖州市发现此病例，是林先生饲养的观赏龟苗，其脚部寄生大量的钟形虫（彩照 95）。此病采用制霉菌素浸洗，并可使用达克宁涂抹，效果显著。

二、头槽绦虫病

1. 病原

属蠕虫类。头槽绦虫为扁带形，由许多节片组成，头节略呈心脏形，顶端有顶盘，两侧 2 个深沟槽。无明显的颈部。每个体节片内均有一套雌雄生殖器官，睾丸小球形，成单行排列在髓层；卵巢块状双叶腺体，卵黄腺散布在皮层，成熟节片内充满虫卵。

2. 诊断

解剖可见，前肠形成胃囊状扩张。剪开前肠扩张部位，即可见白色带状虫体聚居。

3. 防治

笔者曾报道一例亲鳖头槽绦虫病（章剑，1995）。分析认为，发生此病与投喂不新鲜的动物饲料有关。当时正值高温季节，存放小杂鱼的冰箱损坏，将已变质的小杂鱼投喂亲鳖后引起此病。预防方法：不投变质饲料，在饲料中添加适量维生素 E。治疗方法：每千克鳖口服 90% 晶体敌百虫 0.04 ~ 0.10 克或用 90% 晶体敌百虫 2.5 克拌 1 000 克蚯蚓投喂，连续 6 天。其中第 2 天泼洒终浓度为 1 毫克/升的 90% 晶体敌百虫或硫酸铜

0.8～1.0毫克/升的硫酸铜。

三、水蛭（蚂磺）病

1. 病症

虫体主要吸附在龟鳖的体表、四肢和颈部，明显可见。

2. 病原

主要为龟鳖穆蛭，又名中华盾蛭。长椭圆形，大小为（6～25）毫米×（1.5～7.0）毫米，感染多时可达上百个，致使龟鳖的头部难以收缩。此外还有杨子鳃蛭、湖北拟扁蛭。

3. 危害及流行情况

对大小龟鳖都有危害。据湖南省汉寿县特种水产研究所报道，1983年7月14日发现一雌鳖寄生3丛共计97条鳖穆蛭，其中寄生在后肢腋下的一丛多达53条。蛭类是以吸取动物的血液为生的，龟鳖的行动迟缓，易被蛭类吸附。吸取龟鳖的血液，对龟鳖的生长发育有极大的影响，寄生多了，会使龟鳖因失血过多而死亡。另外，龟鳖穆蛭还是龟鳖血簇虫的中间寄主及传播媒介，可以导致血簇虫分布范围的扩大。蛭的地区分布较广，注意养龟鳖池的清整，可预防此病发生。

4. 防治方法

改良水质，经常用25～30毫克/升的生石灰全池泼洒，调节水质为碱性。

①食盐浸洗。用2.5%的食盐水浸洗15～35分钟，水蛭受刺激而脱落。

②硫酸铜浸洗。用8毫克/升的硫酸铜浸洗30～40分钟。

③氨水浸洗。用10%的氨水浸洗20分钟，水蛭会脱落而死亡。

④清凉油涂抹。用清凉油涂抹在水蛭身上，水蛭受刺激立即脱落。

⑤对水池中的水蛭进行诱捕，如用稻草扎成把，在稻草上淋上新鲜的蛙或家禽家畜血液，过一段时间后，将草把捞起，晒干烧掉。

第四节　常见性病害

一、生殖器外露

正常情况下，雄性龟鳖交配后，生殖器一般能自动缩回，但有些龟鳖生殖器不能及时缩回，拖在外边，被其他龟鳖咬伤或磨擦异物损伤，细菌感染发炎，甚至引起死亡（彩照96）。我们已经发现鳄龟、黄缘盒龟、中华鳖、珍珠鳖等龟鳖有此现象发生。广东省江门市袁先生2009年8月16日来电反映，他养殖的黄缘盒龟亲龟，在3只雄性黄缘盒龟与2只雌性黄缘盒龟混养池中，发现有雄龟生殖器交配后不能缩回体内，被其他龟咬伤，造成细菌感染。因此，笔者建议加强巡视，发现生殖器脱出，及时用碘酒消毒并涂抹甘油，将其送回龟的体内。杜绝使用含激素饲料。

该病对于鳖发病原因，除白底板病引起的直肠壁坏死松软，雄性生殖器常脱出体外，另一个主要原因是配合饲料中添加了雄性激素所致。某些饲料厂将其作为促生长素添加在饲料中，常见的有甲基睾丸酮（MT，禁用渔药）或丙酸睾丸酮（PT）。它们被雄龟鳖摄食后，体内雄性激素的含量极大升高，导致雄龟鳖性早熟，其体生长缓慢，阴茎伸出体外，在高密度的温室龟鳖池中其阴茎极易被其他龟鳖咬伤甚至咬断，或因池底磨擦而损伤阴茎，致使阴茎感染细菌而溃烂，引起死亡，其死亡率高。

1. 预防方法

该病以预防为主。不购买使用添加性激素的配合饲料，有些地方业主自带原料到饲料厂加工，现场监督。如在龟鳖池中发现少量雄幼龟鳖阴茎伸出体外，则应立即停止投喂原有的配合饲料，改用其他不含性激素牌号的配合饲料。发现该龟鳖病，应及时将病龟鳖捕出，药浴消毒后，放在隔离池中（密度要稀）暂养，及时作为商品龟鳖处理。对于珍贵的龟类，要加强巡视，一旦发现生殖器脱出，及时用低浓度的碘酒消毒，并将生殖器送回体内。

2. 治疗方法

先用消毒剂如稀碘液清洗，再用甘油等润滑油类或蜂蜜、蔗糖等高渗液涂抹阴茎，待阴茎缩回后在泄殖孔周围缝合，7天后拆线。对已感染甚至坏死的阴茎应在麻痹状态下予以切除。但切除手术后，雄性功能失去，只能作为商品龟鳖处理。

3. 实例

手术治疗鳄龟生殖器外露。家住河南省博爱县清化镇北关村的孙素贤女士，在近年养殖鳄龟实践中，发现一只雄性鳄龟生殖器外露并被咬伤继发感染后果断采取手术治疗。她先将鳄龟生殖器从基部用线紧扎，几天后扎线外的部分生殖器逐渐坏死，此时用消毒剪刀剪除坏死部分，用碘伏涂抹生殖器手术创口防止细菌感染，并在生殖器附近注射庆大霉素 8 万国际单位抗菌消炎。结果此龟活下来，但不能完成交配，2009 年春季补充一只雄性鳄龟。

二、脂肪代谢不良症

1. 症状表现

发病初期，外部症状不明显。病重后出现外表病症：身体浮肿或极度消瘦，病龟鳖腹部呈暗褐色并有灰绿色斑纹，无光泽，四肢和颈部肿胀，皮下出现水肿，四肢肌肉软而无弹性，鳖裙边薄而且有皱纹。解剖，有恶臭味，体内脂肪组织呈土黄色或黄褐色，肝脏发黑，骨质软化。龟鳖体外观变形，背部明显隆起，龟鳖体变高而重，行动迟缓，常游于水面，最后停食死亡（彩照 97）。

2. 病因

长期投喂腐败变质的鱼、虾、肉和变质的干蚕蛹等高脂肪动物饲料，致使饲料变质酸败，以及饲料中缺乏维生素等原因，龟鳖吃食后变性脂肪酸在体内大量积累，导致脂肪代谢异常，肝、肾功能衰退，代谢机能失调，逐渐发生病变。该病较易在摄食旺盛的成龟鳖池中发生。

3. 病例

①饲养管理不当引起此病。亲龟鳖在繁殖季节投喂一些新鲜动物饵料，对产卵有利。但投喂变质的动物饵料就会发生疾

病。江苏海安中洋集团水产养殖公司1994年6月由于冷藏箱损坏，未能及时修复，从箱中取出的小杂鱼已腐烂变质，仍投喂亲鳖，导致饲料中变性脂肪酸在亲鳖体内积累，造成代谢机能失调，逐渐酿成疾病。此外，残饵严重造成水污染。1个月后，亲鳖疾病严重以致死亡。

②北京一家养鳖场1998年从四川引进幼鳖，因该病死亡20%，原因是2个月前此批鳖在四川被投喂变质的“泛池鱼”。

③2005年，江苏省苏州市高新区镇湖街道一位养殖户饲养的中华鳖，由于投喂了大量腐败变质的冰冻海鱼，结果2个月后出现暴发性死亡，诊断是脂肪代谢不良症的晚期。其典型症状为：鳖体高度隆起，厚重，腹部灰绿色斑纹，四肢肿胀，皮下水肿。剖检闻到一股臭气，脂肪由原来的白色浅粉红色变为黄褐色，肝脏发黑。

④浙江省湖州市民李建华饲养的黄缘盒龟亲龟，使用杂鱼投喂，由于夏天，杂鱼收集后没有冰箱，放置在地上被苍蝇叮咬留下致病菌，当黄缘盒龟摄食此杂鱼后，2个月后发现四肢肿胀，全身性浮肿等晚期病症，为典型的脂肪代谢不良症。尽管采用中药和抗菌药物浸泡，但不见效果。如果在早期发现，采用必要的抗菌素注射，会有显著的效果。

⑤2009年9月8日，广东信宜的网友水静犹明反映，她老家养殖的黄缘盒龟有问题。有一只雄龟，2009年3月份拿回家时没什么问题，但1个多月前，家里人说这只雄龟，除勉强吃些蚯蚓外，其他什么都不吃，后来她没办法了，给龟投喂香蕉试试，开始还吃一些，后来对香蕉也不感兴趣了。又投喂蚯蚓，所以这段时间如果它吃就只喂蚯蚓。经过观察，我发现它

的右后腿稍肿，眼窝稍有凹陷，精神不佳，给它东西吃它只是闻闻，不张嘴咬，目前只吃半条蚯蚓，爬行时拖着后腿爬，但有排泄物，不成形，因吃蚯蚓，呈黑色，我该采取什么措施啊？我们分析，这只黄缘盒龟喜欢摄食蚯蚓，但所食蚯蚓没有经过消毒处理，直接投喂，蚯蚓摄食牛粪、猪粪以及垃圾等，细菌含量较高，容易通过龟摄食将致病菌带入体内，蚯蚓容易变质，尤其在夏天。据测定，蚯蚓的营养成分，蛋白质含量占干重的53.5%～65.1%，脂肪含量为4.4%～17.38%，碳水化合物为11%～17.4%，灰分为7.8%～23%。蚯蚓的脂肪含量也较高，仅次于玉米，而高于秘鲁鱼粉、饲用酵母和豆饼。蚯蚓体内还含有丰富的维生素A、维生素B、维生素E，各种矿物质及微量元素。据此分析，蚯蚓的脂肪含量高于一般的动物性饵料，过多的脂肪被龟摄食后容易引起脂肪代谢不良症，带菌的蚯蚓被黄缘盒龟摄食后也可能导致脂肪代谢不良症，根据病龟后腿微肿胀，拖着爬行，眼窝微凹陷，排泄物不成形，仍能少量进食等症状表现，初步诊断为轻度脂肪代谢不良症。因此，建议防治方法：用3%食盐水浸泡蚯蚓片刻，再投喂，并注射诺氟沙星，此龟体重500克左右，注射剂量每天1次1.5毫升，连续注射3天，观察效果，如果有好转，停1天，根据情况继续注射第二、第三疗程，直至痊愈（彩照98、彩照99）。

⑥雷先生养殖的黄缘盒龟亲龟，发生脂肪代谢不良症。造成的原因是2个月前，投喂的蚯蚓未经消毒处理，残饵腐烂变质，亲龟摄食后，症状慢慢反应出来，表现为两前肢肿胀不能行走，靠后肢推动前行。来电反映后，笔者建议用庆大霉素或丁胺卡那霉素分别和地塞米松混合注射治疗。同时采用口灌葡

萄糖的方法，保持体力。

⑦金头闭壳龟是一种极品观赏龟。上海杨岸山先生2008年11月从湖北买来3只饲养，每只10万元。今年7月有一只龟下蛋，但未受精。7月初这只最大体重为530克的龟生病了，突然出现呕吐现象，按照肠胃炎治疗，采用山楂决子、霍香正气水浸泡10天，有好转，能吃一点东西，后来喂了食物后，病情更加严重，很难受，张大嘴呼吸，眼睛也闭了，后来注射9针庆大霉素，并用0.4%的维生素C加5%葡萄糖、美国进口的合生元和江中牌健胃消食片每天坚持填喂，前后治疗2个月，有好转，但未恢复，发现前肢在水中好像伸不直。于是2009年9月15日网上咨询笔者，经诊断为脂肪代谢不良症，主人说，投喂了脂肪含量较高的“金蝉粉”和“蚕蛹粉”，由于放置时间较长，可能变质。找到病源后，采取积极的注射治疗方法，用0.25克头孢呋辛钠针剂、地塞米松、维生素C、维生素B_6等注射，维生素另注，每天1针。治疗前，前肢微肿，很瘦，皮包骨头，不爱动。3针抗菌素打完了，状态比前两天又有好转，比原来活动多了，前腿略有消肿，能吃玉米粒大的虾肉4～5粒，大小便也顺畅了；继续注射维生素3针，浅水静养，水中放了2片维生素C片和2片复方维生素B，前腿完全消了，摄食、大便基本正常，停药，至此6天治疗，初步康复（彩照100）。

4. 防治

该病以预防为主。注意饲料卫生，投喂时，要保证饲料新鲜，特别在炎热季节，不投喂腐败变质或霉变的饲料，最好以人工配合饲料为主，未过期、不霉变，当天加工，当天投喂，可防止该病发生。食台要设在阴凉背光处或水下，防止烈日曝晒。此外应经常在饲料中添加维生素 E，以防止饲料中的蛋白质、脂肪氧化变质。对已经发病的龟鳖采用氟哌酸拌食喂服，每千克体重用药 30 ~ 50 毫克。对严重病症，前肢弯曲，浑身肿胀，原则上采取注射抗生素积极治疗。一般选用丁胺卡那霉素 20 万国际单位/千克，或喹诺酮类 2 毫升/千克，或庆大霉素 2 毫克/千克。或采用经典的合剂注射，3 针见效，具体是：每千克龟鳖体重使用头孢哌酮 200 毫克、丁胺卡拉霉素 20 万国际单位、地塞米松 2. 5 毫克。每天 1 针，连续 3 天。

三、肿瘤病

病因不详。是否由于过多使用抗菌素及其他副作用较大的药物，致使基因突变而引起，有待深入研究。其表症为肿块、肿胀和畸变赘生物。主要分布在颈部，有时发生在脚趾等部位。有两种情况，一种肿瘤组织柔软，能抽出部分水来；另一种肿瘤组织出现硬结或疙瘩肉状，无积水。该病在养殖期间发生，群体发病率不高，有一定的死亡率。目前尚无有效的治疗方法。对于能抽出水的肿瘤，抽水后，注射氟苯尼考，消炎消肿。并可注射 25% 葡萄糖 5 毫升，以推迟其死亡时间。也可采取果断的措施，用剪刀将肿瘤切除，并用青霉素和链霉素混合溶液浸泡后干放，待康复后下池。

鳄龟易发肿瘤，肿瘤发生部位多在颈部和脚部，手术治疗是可行的方法。河南省博爱县清化镇北关村孙素贤女士在 2009 年发现自家养殖的 3 只鳄龟患肿瘤病（彩照 101），来电咨询。根据笔者建议，孙女士将 3 只病灶都在鳄龟的脚部肿瘤切除，在手术创口涂抹碘伏，并在患部注射 8 万单位庆大霉素，再用纱布将手术部位包扎，干放观察，结果 3 天后创口基本痊愈。第 3 天不仅肿瘤消失了，而且摄食基本恢复正常。

四、畸形病

畸形病在生产中比较常见，龟鳖都有发生。发现得较多的是金钱龟、石龟、乌龟、黄缘盒龟、鳄龟、珍珠鳖等。主要特征是，背部特别拱曲，脊棱弯曲，尾部萎缩，甲壳缺刻，甚至缺少一只脚等（彩照 102 至彩照 104）。造成畸形的原因主要有：亲近交配引起的后代基因突变；龟鳖在孵化中，胚胎正在发育过程中，突然遭受雷电袭击，引起强力震动，破坏了胚胎的正常发育；在孵化中人为搬动，用于观察时将卵取出，灯下观察其发育阶段时动作过于猛烈；采集龟鳖卵时没有做到轻拿轻放，用工具挖开卵穴时用力较大等。因此，在生产实践中，注意选择远缘的亲龟，龟鳖卵的轻拿轻放，雷暴雨天气及时关好门窗，减少震动对龟鳖卵孵化中胚胎发育的影响。

实践中发现，高锰酸钾应用于龟体浸泡消毒是一件很普通的事，但过度使用，可能导致畸形发生。广东读者水静犹明就反映了这样的问题：她数年前曾饲养过两批当年的石龟、金钱龟苗，第一批是 8 月份引进的当年 6 月份的苗，共 13 只。第二批是 11 月份引进的 9 月份的苗，共 50 只。饲养第一批苗时，因数量少，且是第一次饲养，当时是当宠物来伺候的。饲养前她曾浏览过网上的一些资料，说龟体可用高锰酸钾消毒，于是，当时每周起码用高锰酸钾消毒龟体 1 次。其中有 1 次，发现 4 个龟苗背甲有白色絮状物，于是赶紧消毒，放多了高锰酸钾，而且因与龟友网上热聊，把4个小宝贝在深紫色的高锰酸钾溶液里整整泡了一个半小时，把捞起时它们的皮肤似乎都有些变色了。饲养第一批龟苗时，11月初当地曾有一次明显的降温过程，当时龟苗因为放在阳台上，没及时移入室内，而致其中的4只龟苗感冒，明显症状是流鼻涕、张口呼吸。于是赶紧隔离消毒，用庆大霉素等药物药浴治疗。其他未发现感冒症状的，也用高锰酸钾消毒，然后用板蓝根泡水预防，其他的龟仔，则消毒工作更是加紧了。饲养第二批苗时，由于有了第一批苗的经验，在饲养过程中除用高锰酸钾消毒器具外，并没有用高锰酸钾来消毒龟体，并注意水温的相对恒定，避免龟的应激反应。养殖结果，第一批石龟有畸形的，而第二批没有用高锰消毒消毒的没有一个畸形的。

后来，水静犹明遇到当地的一位朋友，他3年前引进了300多只当年的石龟苗，也是第一次饲养。可能是太勤快了，经常用高锰酸钾消毒。结果，300只苗中，有150多只苗是畸形的。她还听说博罗一位养殖户，有一年养了数百只石龟苗，因要外出一段时间，嘱咐十多岁的儿子给龟苗消毒，结果他儿子经验不足，高锰酸钾下多了，数百只龟苗大部分都变成了畸形。

在龟养殖过程中，水静犹明不赞成用高锰酸钾直接消毒龟体，但可用于饲养场地和器皿的消毒。需注意以下几点：①对物品消毒，用10～20毫克/升的溶液，浸泡作用10～30分钟；②水溶液暴露于空气中易分解，应临用时配制；③消毒后的物品和容器可被染为深棕色，应及时洗净，以免反复使用着色加深难以去除；④因氧化作用，对金属有一定腐蚀性，故不宜长期浸泡。消毒后应将残留药液冲净；⑤勿用湿手直接拿取本药结晶，否则手指可被染色或腐蚀；⑥长期使用，易使皮肤着色，停用后可逐渐消失。

水静犹明的亲身经历，对广大读者有很好的参考价值。近年来，浙江省湖州市农民从美国引进的角鳖在养殖过程中发现有畸形，比例甚至有一半，农户不敢再进角鳖苗，可能与过度使用高锰酸钾有关。

五、氨中毒

1. 病症

四肢、腹甲出血，溃疡，或起水泡，病情严重时甲壳边缘长满疙瘩，裙边溃烂成锯齿状。稚、幼鳖中毒后腹甲变得柔软并充血，身体萎瘪，瘦弱。氨中毒还可表现前肢弯曲，不能伸直。这种鳖病发生在温室养殖中，死亡率 20% 左右。1999 年 4 月下旬笔者在浙江省浦江县发现这种鳖病，5 月上旬在江苏省苏州市也发现了同样的鳖病。主要特点是：病鳖前肢弯曲，手拉不能伸直，后肢正常，其他外表完好，解剖后可见其肺呈灰黑色，糜烂状，肺组织内充满直径为 1 毫米的小气泡，其他内脏未见病变。病鳖因前肢弯曲失去活动功能在水中游泳困难，不能爬到食台上摄食，头部经常伸出水面，有时打转。浙江业主向笔者反映，温室池水长期未更换，水质恶化，将污水排出温室外池塘中，出现鲫鱼中毒死亡现象，说明温室内养鳖水质已严重败坏，鳖已不能正常生存，导致畸形。江苏的业主反映情况形似，也是因燃料限制不能经常换水，原来每周换 1 次水，现在 2 周才换 1 次水，尽管采用无沙养殖，但未进行水体微调，残饵粪便聚集，水质变坏，更主要的是温室没有通风设备，又停开增氧设备，全封闭条件下造成温室内空气浑浊，进温室投饲人员感到头昏胸闷，显然是水体和空气中氧气极少，氨气、硫化氢、甲烷、二氧化碳等有毒气体浓度较大。溶氧低、分子氨和亚硝酸盐等协同作用，使鳖的代谢功能失调，神经系统被破坏，免疫力下降，是诱发鳖发病的主要环境因素，在缺氧情况下，条件致病微生物容易繁殖，毒性增强，引起鳖的中毒。

2. 病因

水质因长期不能更换，鳖的排泄物和残饵过量沉积发酵，水质恶化，引起氨的含量增高，氨氮含量高达 100 毫克/升以上时，会引起鳖的氨中毒症。

3. 危害及流行情况

病鳖食欲不振，常爬在岸边，稚、幼鳖中毒后较难恢复，生长严重受阻，陆续死亡。该病一般在夏季高温季节和温室饲养池水质恶化时易发作。

4. 治疗方法

①改善生态环境，将温室门窗打开，通气，彻底换“等温水”，将病鳖挑出，用等温清水暂养，逐步降温后投放到室外专用病鳖池，最好是有斜坡的土池，让病鳖慢慢爬到土池坡上休息，待恢复体力后自然下水。对温室内病鳖池新水，用 0.5 毫克/升低浓度的二氧化氯全池泼洒消毒，48 小时后接种有益微生物 EM，泼洒浓度为 10 毫克/升，连续 3 天，维持水体微生态平衡；②增强抗病能力，对温室内尚未产生病变的幼鳖和

室外池已恢复体力和食欲的病鳖口服抗病中药、维生素和微生态制剂。温室池由于施用杀虫杀菌剂，有益微生物减少，应投入纯培养的光合细菌或EM有益微生物制剂，可净化水质。使用具解毒和抗致畸的中药配方：山豆根、大青叶和生甘草以1:4:1组合，按饲料6%添加，连续服用7~10天。口服EM微生态制剂2毫升/千克饲料，连续服用7~10天。较大剂量服用维生素D、维生素C、维生素B_6。

5. 实例

2009年8月11日，浙江省湖州市善琏镇养鳖户陆学民来电反映，他的温室鳖出现一种奇怪的疾病，不知道是肠炎病还是爱德华菌病。3万只鳖，900平方米温室，已经养殖4年鳖的他，无从下手。最近死亡一天比一天多，已经死去一半。问题发生在鳖苗养到50克左右过程中，30厘米水深，每半个月进行1次微调，温室中发现异臭，人进温室感到头晕胸闷，尽管现在全池换水，但已经晚了，特征是死亡的鳖沉入水底，前肢弯曲，腹部体色变淡，死亡前仍能摄食。针对这一情况，笔者分析认为，此病属于环境严重污染引起的氨中毒，或者说环境胁迫引起的曲肢病（彩照105）。

六、应激性疾病

龟鳖应激反应，是常见的非生物性病害之一，在生产实践中普遍出现的难题。目前没有特效药治疗，但可以预防。积极的预防方法是，在应激来临前以及产生应激后，及时采用含量高稳定性的抗应激药物，常用抗应激药物主要是维生素C，主要用以刺激龟鳖体免疫力。其实，在生产中常遇到应激性龟鳖病，有时难以判断，不知道采取什么样的方法，才能对症治疗。应激发生后，龟鳖体质下降，本来由非生物性原因引起，但细菌和病毒继发感染后，产生感冒症状，典型症状是口吐白沫，伸长头颈仰垂、咳嗽、呼吸急促，眼睛发白，四肢无力，停食。至此已转变成传染性疾病。因此，在治疗过程中必要时可适当使用抗菌素和抗病毒感染药物。

1. 实例 1

浙江省湖州市善琏镇皇坟村沈永祥。2007 年 10 月 13 日来电反映，温室的鳖突然停食了。笔者赶到现场，户主反映：第一年养鳖，新建温室面积 750 平方米，放养鳖苗 3.1 万只，已达 250 克左右规格，主要使用生石灰、聚维酮碘、维生素 C 和有益菌制剂进行病害预防，从未使用国家禁用药物，一直正常。10 月 11 日上午摄食正常，一次摄食量 23.5 千克，下午突然停食，直至 13 日上午仅少量摄食，仍未恢复。笔者走进温室观察，鳖表现平静，体表完整没有任何病灶。根据户主回忆的情况得知，11 日下午因“罗莎”台风袭击，冷水进入温室，户主担心水温下降，将高于正常水温 2℃ 的新水注入温室养殖池。由此可以推断：一正一反相差 4℃ 左右的水温，即温差引起的应激反应，是造成鳖停食的原因。由于温差不是太大，且及时采取措施，未发现有死亡。采取的治疗方法：保持温度稳定，使用浓度 10 毫克/升维生素 C 全池泼洒（同时口服维生素 C，用药量为 10 克/千克饲料。对严重池使用 5 毫克/升的罗红霉素全池泼洒。注意维生素 C 和罗红霉素不能同时使用）。用药后户主反映，14 日 24：00 检查，已见好转，一次摄食量已提高到 18 千克，17 日食量渐增，基本恢复，24 日完全康复。

2. 实例2

金钱龟亲龟遭受雷暴雨袭击应激后严重感冒治疗一例。发生在广东顺德陈村。临床症状：外表与正常龟似乎没有区别，主要表现病龟伸长头颈透气，间歇性呼吸急促，严重时每5分钟嘴巴张开4次，好像咳嗽状，过后头部无力而低垂至养殖容器底部，四肢无力缩回，摄食停止（彩照106）。若未及时发现和对症下药，易引起死亡。这种病治疗难度较大，很多养龟者对此无从下手。

（1）**发生原因** 温差引起。如高温季节中午非等温换水；温室未经逐渐降温就将龟移出室外。当一场暴雨对正在晒背的金钱龟袭击后2天左右，开始发现此病，其实是感冒所致上呼吸道感染。

（2）**预防方法** 坚持恒温放养和恒温换水，在盛夏季节暴雨来临时将台上晒背的龟全部赶入水中或能遮雨的产卵棚内，以免遭温差袭击，造成应激，引发感冒。

（3）**治疗方法** 因此病来势凶猛，注射抗菌素见效快。肌肉注射，部位为后肢基部。第1～3天，用丁胺卡那霉素20万国际单位/千克、维生素C 1毫升/千克、地塞米松0.5毫升/千克，每天1次，连续3天；第4天停药；第5～7天用庆大霉素8万国际单位/千克、维生素C 1毫升/千克、地塞米松0.5毫升/千克，每天1次，连续3天；第8天停药；第9～11天用头孢米诺钠针0.5克/千克、维生素B_6 1毫升/千克、地塞米松0.5毫升/千克，每天1次，连续3天。上述龟经过3个疗程，共11天的治疗，病情逐步好转，最后痊愈，并恢复正常摄食。

3. 实例3

鳄龟应激反应治疗一例。河南省博爱县清化镇北关村孙素贤女士培育的鳄龟亲龟，2009 年繁殖季节发生一起应激反应病例。一只雌性鳄龟亲龟，体重 8.5 千克，在露天池遭受雷暴雨袭击，引起应激，导致感冒。表现症状是口吐白沫，咳嗽，一会儿仰脖子，一会儿头部垂落地面，停食（彩照 107）。采取 3 个疗程进行治疗：第一疗程，每天使用青霉素 80 万国际单位和地塞米松 5 毫克注射，连续注射 20 天，在治疗期间，口灌葡萄糖，精神好转，放入池塘，在池角独处，观察 10 天，未见摄食；第二疗程，改用庆大霉素 8 万国际单位、地塞米松 5 毫克和维生素 C 0.1 克混合注射，每天 1 次，打 3 天停 1 天，注射 6 针后暂停，继续观察 10 天，在治疗期间仍用葡萄糖灌服，有一定效果，但仍未恢复摄食；第三疗程，继续使用庆大霉素、地塞米松和维生素 C 混合注射治疗 3 天，鳄龟终于恢复摄食，喂以鳙鱼块，取得较好的治疗效果。

4. 实例4

2009 年 7 月 29 日，河南省周口市贾震先生通过手机短信反映，他在暂养鳄龟稚龟时发现莫名死亡。他说："最近给鳄龟稚龟换水后死了 3 只，过去从来没有过这种现象，很是困惑。具体情况是在水盆里暂养鳄龟稚龟，水位刚过龟背，水是等温水。把稚龟从脏盆中逐个拿出放入浅水的盆里，几分钟后就发生突然死亡，头伸着脖子迅速胀大，已经有 3 只在 3 次换水后死亡，症状倒像是呛水。可我在盆里放水很浅，水温也应该没有问题，这是为什么呢?" 笔者认为是放养方法有问题。正确做法是在准备好的浅水容器里放一块面板，此面板与水面倾斜15°～30°，将稚龟放在面板上，让稚龟自行慢慢爬入水中，而不能人为将稚龟直接投入水中，即使水位浅，也需要渐进地、慢慢地让稚龟自行爬入水中。这才是避免鳄鱼应激反应的科学放养方法。

5. 实例5

2007年9月4日，笔者在江苏省宜兴市见到一家养鳖场温室中，稚鳖因屋顶失修滴水温差应激引起的风寒症，即西医中的感冒。病灶特殊，病鳖鼻子肿胀，似囊肿，剥开后里面见有一粒小米样的病灶物，此物像囊状，内含脓样物质（彩照108、彩照109）。对此，采取的治疗措施是立即修补温室，控制恒温养殖环境，对病鳖进行药物治疗，由于鳖体较小，使用土霉素和罗红霉素交替浸泡，终浓度为40毫克/升。

6. 实例6

2007年10月份，江苏省苏州市民家养的彩龟发病，经笔者诊断为应激反应引起的感冒，采用注射抗菌素、药液浸泡和口服葡萄糖后，有所好转。治疗前眼睛紧闭，治疗后眼睛睁开（彩照110）。

7. 实例7

应激随处发生，在养殖过程中，稍不注意，就会有应激发生的可能。雷先生养殖黄缘盒龟已有好多年，专注繁殖，比较顺利，但2009年还是死去5只亲龟。2009年7月6日来电请笔者帮助找原因。原来，他利用地理优势，使山上溪水流经黄缘盒龟养殖生态园中蓄水池的方法，让黄缘盒龟洗澡，本来是搞创新。仔细分析发现，流经的溪水与外界温度不一致，相差

10℃，这样不断流经的冷水，对高温下需要洗澡的黄缘盒龟来说，爬进溪水中，受到冷水的强烈刺激，产生应激是必然的，如果体质较差的黄缘盒龟受此应激，就容易发生感冒，若得不到及时治疗就会引起死亡。原因找到后，笔者建议采取围栏的方法，在溪水池周围加上围栏设施，暂时止住溪水，待溪水温度与外界一致时，打开围栏，让黄缘盒龟进去洗澡。需要换水时，让溪水继续流经蓄水池，换掉脏水。对已经发病的亲龟，药物注射后痊愈，注射的药物为每千克体重使用庆大霉素 4 万国际单位、头孢拉定 200 毫克、地塞米松 2.5 毫克合剂，注射量小龟 1 毫升，中龟 2 毫升，大龟 3 毫升。

8. 实例 8

2009 年 9 月 22 日清晨，笔者被一串电话铃声惊醒，从化打来电话咨询问题。该从化市民 1 个月前从市场上买回来 1 只 3.5 千克重的野生鳖，舍不得吃，养至现在一直不摄食，找不到原因。经了解，他买回来的时候正值高温季节，回来就放养在一只缸里，直接用自来水饲养，现在脚部有力，不肯摄食。据情分析，是应激引起的不良症状。因为在高温下，直接使用温差较大的自来水，会使鳖产生强烈应激反应。一般，温差 5℃就会出问题，如果温差 10℃，情况更糟。该市民买回这只野生鳖后一直用自来水直接换水，没有经过升温与自然温度等温的过程，采取等温换水，问题就出在这里。

第五节　知识点：龟鳖病害防治突出问题

龟鳖养殖是以技术为基础的系统工程，其病害防治是技术含量较高的环节。在龟鳖病害防治中，较为重要的问题有 3 个，就是安全、诊断和应激。安全优先，是龟鳖生产原则和对人类健康负责任的态度；诊断角度要全面，是认识龟鳖病害根源和处理病害的正确途径；应激反应，是龟鳖养殖中经常发生的现象，也是不明死亡的主因。应综合分析并探讨科学解决方法。

一、安全优先原则

是效益优先，还是安全优先，实际是以钱为纲还是以绿为纲的不同理念。

效益固然重要，没有效益，就不能生存，但是我们首倡的依然是安全优先，是以无公害、绿色、有机食品为终极产品推向市场，给消费者带来安全、营养和健康。因此，我们强调健康养殖，就是在生产中杜绝使用国家禁用的渔药，改善养殖环境，投喂新鲜动物饵料和全价饲料，严格按照国家标准进行饲养管理，养成安全的健康龟鳖。从出口食品被查出不安全隐患多次在国际上受阻，到国内将要建立安全食品市场准入制度，这些现象均表明，安全养殖生产以及安全优先原则必须放在第一位。

彻底改变以钱为纲的思想，转变为以绿为纲的新思维。将绿色食品龟鳖生产当成我们的生命线，创新品牌，仿野生，无公害，这些技术市场路线已经被实践证明不仅不影响经济效益，反而能创造更高的附加值，增加经济效益，产出的绿色食品符合保障人类健康的终极目标。科学养殖就是要以绿为纲，生产优质高效的龟鳖产品贡献人类。

二、诊断角度思考

龟鳖病害发生后，诊断角度不仅从环境、病原和龟鳖自身三方面去查找病因，而且要从饲料、应激、操作等方面找它因。病从口入，说明饲料不卫生或变质会带来疾病；天气突然改变，雷暴袭击正在晒背的龟鳖导致应激反应；人为操作不当，将龟鳖苗种直接投放水体中，将水龙头对着龟鳖直接冲水，这些不当操作都是产生疾病的根源。在传统思路上，一旦发病，应从环境、病原、龟鳖自身三方面综合思考，挖出病因。比如，温室中换水引起的温差过大，龟鳖苗放养温室需要逐渐升温，龟鳖转移到温室外露天池需要逐渐降温，以及在运输过程中随意加冰，都会导致温差太大，引发应激反应，在龟鳖自身难以调节下，即超出调节的范围，就会发生疾病。我们不能忽视病原对龟鳖疾病的致病作用，但不能只考虑病原因素来进行诊断。在养殖农户中，经常的思考方法就是，发生疾病，首先考虑此病是什么病原引起的，立即想用药进行处理，因此，盲目投药，各种药物都投，结果收效甚微，甚至加快死亡。其实，这都是没有正确诊断的结果。

三、应激反应对策

实质上，应激是生态环境中，有害的外在胁迫因素产生的致病力，超过了生物体自身的调节能力产生的结果。强力的应激，对龟鳖动物致病的打击，会引起莫名死亡和难以辨别的症状，是不以人们的意志为转移的病害。

天气突然变化，雷暴雨袭击，对正在晒背的龟鳖是致命的打击，每年都会引起大量龟鳖的应激死亡；环境因子的改变，如异地 pH 值不一致，龟鳖苗种放养后产生应激死亡；运输前喂食过多，以及在高温季节运输中投放冰块降温，到达目的地后发现脱水并产生莫名死亡，其实是应激反应引起的；在养殖过程中，对养殖对象如黄缘盒龟进行冲水刺激，有时是降温、打扫卫生等需要，对龟头、龟背等直接冲水，受到刺激后，一般会发生应激反应，当然不会马上表现出来，过一段时间，疾病就会发生，显然是应激引起；换水是龟鳖养殖中经常要做的事，如果水温相差很大，就会发生问题，严重的会产生感冒、白眼、流鼻涕、急呼吸、头部反复上抬下垂等应激症状；龟鳖移入移出温室，没有渐进升温或降温，后果很严重，如果温差很大，可引起大量应激死亡；龟鳖放养时，直接将龟鳖投放入水中，也会导致应激；龟鳖苗放养时，水位太深，放入水体后的龟鳖容易发生呛水等应激，时间过长会引起死亡。

上述现象都是在实践中常见的，其实还有很多，不一而足。应激是龟鳖养殖的大敌，遇到应激，不要乱下药，必须先查到应激源，采取相应措施。比如在雷暴雨来临前，先服用防止应激药物，并将正在晒背的龟鳖赶入水中，在雷暴雨后，立即服用防止应激药物。对已经发生的应激病，可全池泼洒防止应激的药物。对其他应激病，最重要的是采取科学的操作方法，使用防止应激的药物进行预防，一般在饲料中经常适量添加维生素 C 进行应激预防，用量为 0.5～4 克/千克，在应激后添加高剂量的维生素 C，用量为 6～10 克/千克。抗应激的药物还有缓激因子（AHT，一种植物提取）、维生素 B、亚硒酸钠、左旋咪唑、黄芪、补骨脂、淫羊藿等。在平时的养殖中，经常在饲料中添加维生素 E、维生素 C、维生素 B_5、维生素 B_6和维生素 B_{12}等复合维生素，具有抗应激和增强免疫力的功效。

第十二章
常用药物

本章重点介绍龟鳖常用消毒剂、常用西药、配伍禁忌以及禁用渔药清单。西药部分，有些药物只是介绍，弄清基本原理，不等于就可使用，实际应用应该根据国家有关规定，对于出口企业，还要根据商检部门的规定以及进口国对于药物残留的要求组织生产。无论从自身还是从保护人类身体健康的大局考虑，要自觉执行国家标准，健康养殖，产出无公害、绿色甚至有机食品级龟鳖。

第一节　常用药物

一、消毒药物

随着我国工厂化养龟鳖和养龟鳖专业户的增多，使饲养场及周围环境日益被病原微生物所污染。又由于对消毒剂使用不尽合理，某些疾病的病原体也会继续在大多数的养龟鳖环境中存在，给饲养业造成极大的经济损失。控制疾病的发生，无论是传染性病还是非传染性病，都应当以预防为主。对疫病的免疫注射或用其他药物预防，人们都有比较清楚的认识；但对消毒能有效预防或控制疾病流行，综合提高防疫水平，保障养龟鳖业健康发展也应同样关注。为了保持良好的饲养环境，正确使用好消毒剂进行消毒是非常重要的，实践证明，饲养的各个环节都离不开消毒剂消毒。根据有关资料记载，龟鳖常用消毒剂及其使用方法见表 12－1。

表 12－1　龟鳖常用消毒药物

类别	名称	浸泡		遍洒	使用范围
		浓度/（毫克·升$^{-1}$）	时间/分钟	浓度/（毫克·升$^{-1}$）	
含氯类	二氧化氯	1 3 5	5～10 5～10 5～10	稚龟鳖 0.1 幼龟鳖 0.3 成龟鳖 0.5	病毒、细菌、真菌
含氯类	强氯精	3	30	0.5	病毒、细菌、真菌
含氯类	优氯精	3.5	30	1.5	病毒、细菌、真菌
含氯类	漂白粉	10	60	1～2	病毒、细菌、真菌
染料类	利凡诺	100	60	0.5～1.0	细菌
染料类	中性吖啶黄	200	60	10	细菌、真菌、寄生虫
染料类	亚甲基蓝	10	60	0.3～0.5	真菌
染料类	龙胆紫	1×10^4～3×10^4 涂抹		0.3	细菌
酸碱盐类	生石灰	40	60	20～25	病毒、细菌、真菌
酸碱盐类	食盐	3×10^4～5×10^4	3～5	1×10^3～4×10^3	细菌、真菌、寄生虫
酸碱盐类	小苏打			500	与食盐合剂，渗透作用
酸碱盐类	硼酸	3×10^4～5×10^4	60		细菌

续表

类别	名称	浸泡		遍洒	使用范围
		浓度/（毫克·升$^{-1}$）	时间/分钟	浓度/（毫克·升$^{-1}$）	
重金属盐	硫酸铜	10	30	1.0～1.5	寄生虫
	聚维酮碘	20	20～30	1	病毒、细菌、芽孢、真菌及其孢子、原虫
中药	大黄	—	—	1.50～3.75	细菌、病毒
	五倍子	—	—	2～4	细菌
	苦参	—	—	3	真菌、寄生虫
	明矾	—	—	0.5～2.0	细菌、寄生虫
	高锰酸钾	10～15	30	2～4	病毒、细菌、真菌、寄生虫
	双氧水	17.5	10～15	—	细菌
	臭氧	—	5～15	—	病毒、细菌、真菌、寄生虫
	新洁尔灭	—	—	0.02	细菌
	洗必泰	10～20	30	—	细菌
	敌百虫	10	30	1	寄生虫

二、常用西药

常用西药主要包括抗菌类、抗病毒类、营养性维生素类。有些药物作为饲料添加剂，有些药物可用于注射、浸泡或泼洒。

抗生素是细菌、放线菌、真菌等微生物的代谢产物，或是用化学合成法制造的相同或相似物质，低浓度的抗生素对特异微生物的生长有抑制或杀灭作用，也有明显的促进动物生长的作用。

抗生素的作用机制是：①阻碍敏感菌的细胞壁合成（如青霉素、先锋霉素等）；②干扰细菌原生质膜的功能（如多黏菌素、杆菌肽）；③抑制细菌蛋白质的合成（如链霉素、四环素等）；④影响细菌的核酸代谢（如新生霉素）。

新霉素与新生霉素容易混淆，它们的区别是：新霉素属氨基糖苷类抗生素，对革兰氏阴性菌具有良好的抗菌活性，作用机制为抑制蛋白质的合成；新生霉素是由链丝菌产生的抗生素，抗菌范围与红霉素（禁用渔药）相似。低浓度有抑菌效果，高浓度才能杀菌。对革兰氏阳性菌作用强，但易产生耐药性，作用机制为干扰细菌核酸的代谢。

随着药物作用机理研究的深入，可将抗生素分为 4 类：①繁殖期杀菌剂——青霉素、先锋霉素；②静止期或慢效杀菌剂——链霉素、卡拉霉素、庆大霉素；③快效抑菌剂——氯霉素（禁用渔药）、红霉素（禁用渔药）、四环素类；④慢效抑菌剂——磺胺药（多数为禁用渔药）。这种分类对于抗菌药物的联合应用有一定的指导意义。第一类和第二类药物的联合使用可产生协同作用，这是由于细胞壁的完整性被破坏后，第一类药物易于进入细胞内所致，而第三类药物可迅速阻断蛋白质的合成，使细菌基本处于静止状态。因此与第一类合用时有导致后者活性减弱的可能，即产生拮抗作用。第三类与第二类合用，常可获得累加或协同作用，一般不发生拮抗现象。而第三类对第一类的抗菌活性无重要影响，合用后有时可产生累加作用。同类药物有的也可联合使用。

在抗菌类药物中，抗生素类中的红霉素、氯霉素、泰乐菌素、杆菌肽锌已被禁止用于鱼病防治及作为饲料药物添加剂。磺胺类中的磺胺噻唑（消治龙）、磺胺咪（磺胺呱）被禁用。喹诺酮类中的环丙沙星已被禁用，恩诺沙星药残已作为限制鳗鱼出口日本的一主要因子。另一类抗菌药物硝基呋喃类中的呋喃唑酮（商品名为痢特灵）、呋喃西林（又名呋喃新）、呋喃它酮、呋喃那斯也已被禁用。养殖户在生产过程中可用其他抗菌药物代替。

1. 青霉素类

常见青霉素类药物 14 种，主要作用机制是阻碍敏感菌的细胞壁合成，敏感菌的细胞壁主要由黏肽构成，青霉素能阻碍这种黏肽的肽链相互连接，从而造成细胞壁的缺损。其低浓度抑菌，高浓度杀菌。一般用于链球菌、肺炎双球菌、葡萄糖球菌、脑膜炎双球菌、破伤风杆菌、白喉杆菌、炭疽杆菌、放线菌和螺旋体等的感染。

（1）**氨苄青霉素**　对革兰氏阳性菌和革兰氏阴性菌均有杀菌作用，耐酸，但可被青霉素 G 葡萄糖球菌破坏，故对抗青霉素酶或能产生 β－内酯胺酶的细菌菌株的感染无效，氨苄青霉素对大多数绿脓杆菌亦无抗菌效果。

（2）**羧苄青霉素**　与庆大霉素联合使用具有协同作用，即使出现耐药性的绿脓杆菌仍可有效，然而此两药不可混于同一注射液中使用，否则可使庆大霉素明显失效。但可各个注射，并不影响疗效。

（3）**羟氨苄青霉素（阿莫西林，Amoxicillin）**　白色晶粉，微溶于水，对酸稳定，在碱性溶液中易破坏，可被青霉素酶水解失效。为广谱半合成青霉素，优于氨苄青霉素，对呼吸道、消化道、泌尿道及软组织感染，对肺部感染均有较好的疗效。主要用于治疗敏感的革兰氏阴性菌株，如流感嗜血杆菌、大肠杆菌、奇异变形杆菌、淋球菌、链球菌、肺炎球菌、不产青霉素酶的葡萄球菌的感染。用于治疗龟鳖病，主要针对呼吸道疾病具有特效。用药方法为全池泼洒，用量为3～15毫克/升。

（4）**羧噻吩青霉素**　抗菌范围与羧苄青霉素相同，但其抗绿脓杆菌作用大于羧苄青霉素2～4倍。

（5）**氮草脒青霉素**　为广谱的脒基青霉素。但主要作用于革兰氏阴性杆菌，对大肠杆菌有杀死作用，与氨苄青霉素有协同作用。

笔者多次试验，龟鳖用青霉素腹腔注射毒副作用大，30分钟内就能引起病龟鳖窒息死亡，对健康龟鳖注射安然无恙。链霉素注射也出现类似情况，应用时忌用青霉素和链霉素注射病龟鳖。然而，叶重光用青霉素涂抹治疗龟鳖的疖疮病、穿孔病、腐皮病等效果显著。方法是在病龟鳖的病灶处每3小时涂抹1次高浓度的兽用青霉素，一夜连续3次，经治疗后，清晨病灶结痂基本痊愈。青霉素不能与水、碘酒、高锰酸钾、高浓度的酒精、过氧化氢、铜、汞、铅等重金属盐、高浓度甘油等物质相遇，否则易产生毒副作用或沉淀失效。

2. 头孢菌素类

抗菌作用同青霉素，主要是抑制细菌细胞壁的合成。对青霉素G过敏者，一般能耐受本药。头孢菌素对许多革兰氏阳性菌和革兰氏阴性菌均有效，尤其对耐青霉素的葡萄糖球菌有效。

（1）**头孢菌素Ⅰ** 为广谱抗生素。它能阻碍敏感菌的细胞壁合成。用治耐青霉素金色葡萄球菌、链球菌、肺炎球菌、白喉杆菌、梭状芽胞杆菌、大肠杆菌、肺炎杆菌、流感杆菌、变形杆菌感染。不良反应：皮疹和胃肠道反应，对肝脏有轻度损害。代表药物：头孢噻吩钠、头孢氨苄、头孢羟氨苄、头孢唑啉、头孢拉啶、头孢硫脒、头孢克罗、头孢噻啶头孢来星、头孢乙腈、头孢匹林、头孢替唑。

（2）**头孢菌素Ⅱ** 为广谱抗生素，抑制细胞壁的合成而具杀菌作用。对许多革兰氏阳性菌和革兰氏阴性菌均有效，尤对耐青霉素的葡萄球菌有效，高浓度的青霉素酶仍可减低其活性。其他能产生头孢菌素酶的细菌亦可使其失去活性。口服不吸收，必须注射给药。分布到体内各组织、体液，扩散到脑脊液量少。该药的生物半衰期约为 1.5 小时，主要经肾小球过滤，随尿排出。用于敏感菌所致的呼吸道、尿道感染、脑膜炎及其他感染。不良反应：过敏反应包括皮疹、荨麻疹等。注意事项：因其肾脏毒性，故日剂量不宜过大，并需酌减剂量。同时给以利尿酸或其他肾毒性的抗生素合用，如庆大霉素等有增加肾脏损害的危险。代表药物：头孢呋辛钠、头孢呋辛酯、头孢孟多、头孢克洛、头孢替安、头孢美唑、头孢西丁、头孢丙烯、头孢尼西。

（3）**头孢菌素Ⅲ** 为广谱抗生素，对敏感的大肠杆菌、克雷白氏杆菌、产气杆菌、变形杆菌、葡萄球菌、链球菌各菌株的抗菌作用较强。该药仅部分被胃肠道吸收。血浆药物浓度低，即使口服，有口服量的25%～30%随尿排出，而且大都是具有抗菌活性的代谢产物——脱乙酰头孢菌素Ⅲ。尿中药物浓度高。目前临床上仅适用于敏感菌所致急性、慢性泌尿道感染。代表药物：头孢米诺、头孢哌酮、头孢曲松（菌必治）、头孢噻肟钠、头孢他啶、头孢唑肟、头孢甲肟、头孢匹胺、头孢替坦、头孢克肟、头孢泊肟酯、头孢他美酯、头孢地秦、头孢噻腾、头孢地尼、头孢特仑、头孢拉奈、拉氧头孢、头孢布烯、头孢罗齐。

（4）**头孢菌素Ⅳ** 为广谱抗生素。它对葡萄球菌产生的青霉素酶抗性大于头孢菌素Ⅱ，但某些革兰氏阴性杆菌产生的β－内酰胺酶反而可抑制该药以及其他头孢菌素类的活性。头孢菌素Ⅳ在磁性介质中作用较强。人用口服经胃肠道完全吸收，服后1小时可达血浓度高峰。其生物半衰期为1.2小时。于服药后8小时内，可经肾脏以原型排泄服量的90%。用于敏感菌所致的尿道和呼吸道感染。代表药物：头孢吡肟、头孢匹罗、头孢唑南。

选用头孢菌，要对症合理用药。一般来说，如果是革兰氏阳性菌感染，应当首选第一代；如是革兰氏阳性菌和阴性菌混合感染，应选择广谱的第二或第三代；如果是革兰氏阴性菌（如绿脓杆菌）感染，则应首选第三代。第一代肾毒性较大，第二代或第三代抗菌谱广且肾毒性较小，第四代虽然优于前三代，但其抗菌谱广，使用时易将体内正常有益细菌杀死，造成菌群失调，引起二重感染等，故一般不作为首选用药，重症细菌感染才使用。

由于抗生素具有优点的同时，也具有一定的毒副作用、耐药性、残留性、损害有益微生物等众所周知的原因，一般不主张全池泼洒抗生素，但可用于龟鳖体浸浴消毒。如果细菌性龟鳖病情严重，在温室小水体中可适当考虑使用抗生素全池泼洒的方法。如使用终浓度为0.5毫克/升的头孢菌素全池泼洒，治疗鳖的白点病效果较为显著。

3. 四环素类

四环素类抗生素常见的有：四环素、土霉素、金霉素、强力霉素（多四环素）、盐酸去甲金霉素、甲烯土霉素、氯甲烯土霉素、二甲胺四环素、四氢吡咯甲基四环素、氢羟甲基四环素等。共同特点：主要作用是抑菌，广谱抗菌，对革兰氏阳性菌和革兰氏阴性菌均有效，包括一些青霉素耐药菌株。对革兰氏阴性菌作用强。抗菌机制：阻止氨基酰tRNA与核糖体结合，妨碍细菌的蛋白质合成。

四环素对肺炎球菌、溶血性链球菌、葡萄球菌、炭疽杆菌、梭状芽胞杆菌、破伤风杆菌以及大肠杆菌、肺炎杆菌、产气杆菌等的作用较好。此外对螺旋体、立克次氏体、阿米巴原虫、衣原体等也有抑制作用。四环素对革兰氏阴性杆菌如大肠杆菌、变形杆菌的作用较强。主要用于这些敏感菌所致感染。对四环素敏感的细菌，一般产生耐药性较慢。常见耐药菌株为葡萄球菌、大肠杆菌、溶血性链球菌和肺炎球菌。然而对四环素产生耐药性的葡萄球菌、链球菌、大肠杆菌对二甲胺四环素仍敏感。口服吸收不完全且不规律，本药生物半衰期为8.5小时。同时服用牛奶、二价和三价金属离子如钙、镁、铝离子，因与药物形成络合物，可影响其吸收。也不宜与碳酸氢钠同服，因后者使pH值升高，能降低其溶解度而影响其吸收。在体内广泛分布各组织。但长期服用，可产生维生素 B 和维生素 K 的缺乏。

盐酸去甲金霉素对绿色链球菌和流感嗜血杆菌作用大于四环素。

强力霉素盐酸盐对葡萄球菌、链球菌作用大于四环素。

甲烯土霉素盐酸盐口服易吸收，但排泄慢。

氯甲烯土霉素对化脓链球菌、肺炎杆菌作用大于甲烯土霉素。

二甲胺四环素盐酸盐对耐四环素的葡萄球菌、链球菌、大肠杆菌仍有效。

四氢吡咯甲基四环素口服不吸收，可作注射药物。氢羟甲基四环素口服易吸收，作用和用途同四环素。

由于四环素类抗生素的抗菌谱广、口服方便，在临床上应用广泛。近年来，细菌对四环素类耐药现象严重，因此对大多数常见致病菌所致感染的疗效已较差。半合成四环素类的抗菌活性高于四环素，耐药菌株较少，且用药次数少，不良反应轻，故有取代四环素和土霉素的趋势。金霉素口服已基本不用。

细菌对不同品种呈交叉耐药。四环素类中米诺环素的抗菌作用最强，多四环素其次，四环素和土霉素最差。

四环素类对许多厌氧菌和兼性厌氧菌的作用良好，尤其对放线菌属的作用强大。但比氯霉素、克林霉素和甲硝唑为差。

四环素类属快效抑菌剂，在高浓度时也具有杀菌作用。

四环素类超量长期服用可损伤肝肾。本品可引起二重感染，引起二重感染的细菌或真菌均是耐四环素的菌株。

强力霉素（脱氧土霉素、去氧土霉素、伟霸霉素、多四环素）常与甲氧苄氨嘧啶合用。

胍哌甲基四环素与四环素抗菌谱相似，有抗病毒作用，可与甲氧苄氨嘧啶合用。

四环素类抗生素是否可作饲用，在我国争议较大。主要由于人类医疗临床大量使用，长期添加产生耐药性会降低人的医疗疗效。但此类抗生素，我国不仅可以生产，而且产量大、质量高、价格低。

土霉素（Oxytetracycline）由美国辉瑞药厂1949年开发，是我国生产及使用最多的抗生素。为灰白或金黄色结晶粉末。土霉素钙盐，黄褐色干燥粉末，在碱性溶液中易被破坏。在促进生长、提高饲料转化率方面，对幼龄龟鳖效果明显。由于易被吸收而残留在龟鳖体中，并能产生抗药性，其使用范围与用量正在逐年下降，用法及用量也较严格。注意休药期。

龟鳖病防治使用剂量：四环素、土霉素和金霉素为40毫克/（千克体重·日），甲烯土霉素为12毫克/（千克体重·日），多四环素为4毫克/（千克体重·日）。

4. 氟苯尼考

氯霉素已被农业部列入无公害水产品禁用渔药清单。但在氯霉素类中甲砜霉素、氟苯尼考目前可以代替氯霉素使用。氯霉素是由 *Streptomyces venezuelae* 的某些菌株生产的广谱抗生素，现在主要是人工合成。氯霉素具有抑菌作用，能阻止细菌蛋白质的合成。氯霉素对革兰氏阴性菌的作用较对革兰氏阳性菌强。肠杆菌科细菌，如大肠杆菌、产气杆菌、聚团肠杆菌、阴沟杆菌、克雷伯菌属、沙雷菌属、嗜水气单胞菌、普罗菲登菌属和沙门氏菌属等均对氯霉素敏感，而不动杆菌属、绿脓杆菌、普通变形杆菌等则耐药。近年对氯霉素的耐药菌株有逐渐上升趋势，金黄色葡萄球菌的耐药率由1980年的11.8%上升到67.4%。氯霉素与甲砜霉素有交叉耐药性，与红霉素等大环内酯类和林可霉素类联合运用出现拮抗作用。氯霉素极为稳定，在干燥状态下可保持抗菌活性5年以上，水溶液可冷藏几个月，煮沸5小时对抗菌活性也无影响。

甲砜霉素是氯霉素的衍生物，1952年由人工合成，我国在1971年开始应用。比氯霉素更稳定，易溶于水。抗菌谱与氯霉素相同。甲砜霉素甘氨酸盐酸盐的1.26克剂量大约相当于甲砜霉素1.00克。甲砜霉素及其甘氨酸盐的抗菌范围和作用、用途，均与氯霉素基本相同。甲砜霉素尚有免疫抑制作用。口服易吸收，体内较少与葡萄糖醛酸结合，血药浓度比氯霉素高，作用较强，半衰期约5小时。主要随尿排泄。部分由胆汁排泄。比氯霉素易致可逆性骨髓抑制，但很少出现再生障碍性贫血。其他毒性及用药注意同氯霉素。同时服用丙磺舒可使排泄缓慢，血药浓度增高。甲砜霉素不在肝内代谢灭活，故肝功能不全时血药浓度不受影响。在肝内不与葡萄糖醛酸结合，胆汁浓度高，肾功能影响血药浓度。甲砜霉素甘氨酸盐酸盐的优点是无苦味，很易溶于水。防治龟鳖病，甲砜霉素使用剂量为：50毫克/(千克体重·日)。治疗细菌性疾病有时用甲砜霉素全池泼洒，终浓度为3~15毫克/升。

氟苯尼考是农业部新兽药审评委员会赋予florfenicol的中文标准命名。有些人又称之为氟甲砜霉素，它是由一家外国公司研制成功的最新一代动物专用的氯霉素类广谱抗生素。其结构与甲砜霉素，氯霉素相似，但抗菌活性、抗菌谱及不良反应方面明显优于甲砜霉素和氯霉素。主要用于防治鱼类、龟鳖类、牛、猪、禽、宠物等动物的各种敏感细菌引起的感染性疾病。它的抗菌机理与氯霉素、甲砜霉素相似，但其抗菌能力可达甲砜霉素的 10 倍之多。抗菌机理是能与细菌核糖体上的 50S 亚基紧密结合，阻碍了肽酰基转移酶的转肽反应，从而抑制肽链的延伸。同时，还选择性地作用于组成细菌核蛋白体的 70S 核蛋白体，从两方面干扰细菌蛋白质的合成。氟苯尼考与氯霉素和其他类抗生素相比，具有以下优势：①极广的抗菌谱；②体内外试验表明，其抗菌活性优于目前常用的其他抗菌药；③不易产生耐药性，且与其他常用抗菌药无交叉耐药性；④速效、长效。肌肉注射 1 小时后，血液中可达治疗浓度，1 ~ 3 小时即可达高峰血浓度；⑤一次给药，有效血浓度可维持 48 ~ 72 小时以上；⑥能透过血脑屏障；⑦治疗剂量内使用，无毒副作用；⑧动物专用，不与人类形成交叉耐药性；⑨对环境无危害。氟苯尼考对革兰氏阳性菌及阴性菌均有强大抑杀作用。其吸收快，体内分布广，可作为以下动物疾病治疗的首选药物。可以广泛用于水生动物（鱼、虾、蟹、鲍、贝、龟鳖等），预防和治疗各种急、慢性细菌性疾病，如，对于由细菌引起的烂颈病、腐皮病、甲壳溃疡等疾病有特效。氟苯尼考目前尚未发现耐药菌株。由于氟苯尼考结构上的特点及抗菌机理的不同，故与其他抗菌药不产生交叉耐药性，而且对其他抗菌药已产生耐药性的病原菌仍有强大的杀灭作用。氟苯尼考的安全性在于：氟苯尼考小鼠内服（LD50）10 000 毫克/千克左右，按世界卫生组织的分类标准为微毒物质，治疗剂量的 5 ~ 20 倍仍极安全，不会出现严重的毒副反应。同时，无致突变、致畸等特殊毒性。美国 FDA 和欧洲兽医药产品委员会公布的数字表明，氟苯尼考对牛的休药期是 28 天。氟苯尼考本身为类白色或白色的粉末，不溶于水，它可以通过粉剂混饲、针剂肌肉注射、水溶剂泼洒等 3 种不同制剂形式给药，以利于快捷、高效、安全、方便。

目前氟苯尼考的商品名氟尔康制剂的种类及规格有：①氟尔康针剂（30% 氟苯尼考）规格：2 毫升/支；10 毫升/支；②氟尔康粉剂（2% 或 10% 氟苯尼考）规格：50 克/袋（2% 氟苯尼考）；100 克/听（10% 氟苯尼考）。推荐剂量，龟鳖肌肉注射给药：0. 3 ~0. 5 毫升/千克体重；每吨饲料加入 10% 氟尔康粉剂 500 克。使用氟尔康的休药期：根据国外有关资料和农业部有关规定（暂定）：水产类为 7 天。

龟鳖用可注射给药，且可口服和全池泼洒，但一般不提倡遍洒抗生素。

5. 多烯类

此类抗生素主要用于抗真菌，防治龟鳖的真菌性疾病，如水霉病、白斑病等。常见多烯类药物有：两性霉素 B、制霉菌素、杀念球菌素、球红霉素（抗生素 414）。对白色念珠菌、新隐球菌、荚膜组织胞浆菌等有抑制作用。作用机制：与真菌胞浆膜的固醇结合，改变胞浆膜的通透性，致使真菌细胞内容物如钾离子、氨基酸等渗出膜外，阻止真菌的生长。因为细菌的细胞膜不含固醇，故对细菌无效。在治疗真菌性白斑病时，常常遇到的难题是，细菌与真菌之间有一个相对稳定的微生态平衡关系，采用一般杀菌消毒药物，细菌被杀死，而真菌反而有加速蔓延的趋势，因此，采用多烯类抗真菌药物，对细菌无杀灭能力，从而使细菌得到保护并对真菌起到抑制的作用。抗真菌药物有制霉菌素、克霉唑等，另外食盐、亚甲基蓝等也可起到抗真菌作用。

6. 多肽类

此类药物包括杆菌肽（枯草菌素、枯草菌肽、崔西杆菌素）、多黏菌素（黏杆菌素、抗敌素）、持久霉素（恩拉霉素）和维吉尼霉素（速大肥）。常用的有杆菌肽锌、硫酸多黏菌素两种，日本产“万能肥素”就是用杆菌肽锌与硫酸黏杆菌 5∶1 配制而成，用于动物防病促生长。杆菌肽锌在我国已被列入无公害水产品禁用渔药清单。

7. 氨基糖苷类

此类药物包括我们熟悉的龟鳖用效果比较好的抗生素，常用的有庆大霉素、卡那霉素、丁胺卡那霉素、链霉素（副作用大）、新霉素，可开发使用的有阿米卡星、巴龙霉素、妥布霉素、春雷霉素、里多霉素、西梭霉素、维生霉素、越霉素 A、潮霉素 B 等。由链球菌属的培养滤液中取得者，如链霉素、新霉素、卡那霉素、妥布霉素、核糖霉素等；由小孢菌属的滤液中获得者，如庆大霉素、西索米星等；半合成氨基糖苷类，如阿米卡星，它是卡那霉素的半合成衍生物。

氨基糖苷类共同特点：水溶性好，对革兰氏阴性菌、葡萄球菌具有良好的抗菌活性，对细菌的作用机制主要为抑制细菌的蛋白质合成。但细菌对不同品种之间有部分或完全性交叉感耐药，胃肠道吸收差，具有不同程度的肾毒性。

氨基糖苷类与青霉素联合有协同作用；与头孢菌素联合，

会引起急性肾小管坏死；与多黏菌素类联合，增加肾小管的毒性。

（1）**链霉素** 对革兰氏阴性菌作用较强，但对第八对脑神经（前庭、耳蜗）有损害，对肾有毒性。细菌对此药有耐药性。龟鳖用副作用大，注射30~120分钟后会引起患病龟鳖暴死，值得引起注意。在龟鳖病防治中，常用链霉素与青霉素、四环素类配合治疗肺炎、胃肠炎、败血症、穿孔病等。剂量：口服20~30毫克/(千克体重·日)，可浸泡龟鳖体消毒，浓度为50毫克/升。

（2）**新霉素** 作用同链霉素，剂量：80万国际单位/(千克体重·日)。

（3）**庆大霉素** 是庆大霉素C_1、庆大霉素C_{1a}和庆大霉素C_2硫酸盐的混和物。广谱抗菌，抗菌作用大于链霉素和卡那霉素，对革兰氏阳性菌和革兰氏阴性菌均有良好的抗菌作用。对各种大肠杆菌、肺炎杆菌、克雷伯菌属、变形杆菌属、沙门氏杆菌属、志贺菌属、肠杆菌属、绿脓杆菌等均有较好的抗菌活性。20世纪80年代后，很多细菌对庆大霉素产生了耐药性，耐药率20%~40%。葡萄球菌和绿脓杆菌对庆大霉素的耐药发生率较低。剂量：肌肉注射及口服剂量10万国际单位/（千克体重·日)。

（4）**卡那霉素** 由卡那链丝菌的培养液提取的氨基糖苷类抗生素，有杀菌作用，对革兰氏阴性菌包括大肠杆菌、变形杆菌、沙门氏菌、痢疾杆菌、产气杆菌等有较强的抗菌作用，但绿脓杆菌对它有抗性。在革兰氏阳性菌中，仅金色葡萄球菌和表皮葡萄球菌对该药敏感。虽然对结核杆菌有较强的抗菌作用，但其毒性大，只能用作第二线药物。主要毒性是对耳蜗有损害。口服不易吸收，大部分从粪便排出。剂量：注射与口服20毫克/(千克体重·日)，使用卡那霉素的疗程不宜超过14天。

丁胺卡那霉素：是卡那霉素的衍生物，用其硫酸盐。抗菌作用与卡那霉素相同，但抗绿脓杆菌作用比卡那霉素和庆大霉素作用大，对庆大霉素、卡那霉素、妥布霉素有耐药性的大肠杆菌、克氏肺炎杆菌等菌株对本药仍敏感。对龟鳖病防治比较安全，一般用于注射治疗，也可作为口服药。用量：20万国际单位/(千克体重·日)。

8. 喹诺酮类抗菌药物

喹诺酮类，是一种合成抗菌药物，具有广谱、高效、低残留、毒副作用小、不易产生耐药性等优点。汪开毓（1998）等对喹诺酮类抗菌渔药的开发应用进行了专门研究。鞠长增（1997）、伍惠生（1998）等对喹诺酮类药物在龟鳖应用方面进行了有益的探讨。喹诺酮类药物的主要特点是：它抗菌谱广，对革兰氏阳性和革兰氏阴性菌均有效，尤其是对革兰氏阴性菌作用强。高效，可以口服，给药方便，而且用量低，不易产生耐药性。但抗菌机理上与其他抗菌药的作用不同，他们以细菌的脱氧核糖核酸DNA为靶细菌的双股DNA扭曲成为螺旋状，使DNA形成超螺旋的酶称为DNA回旋酶，喹诺酮类能抑制这种酶，进一步造成染色体的不可逆损害，而使细菌不再分裂。实际上就是干扰和破坏微生物的酶系统。它们对细菌显示选择性毒性。当前，一些细菌对许多抗菌药的耐药性可因质粒传导耐药性的影响，此点与其他药物不同，因此本类药物与其他药物间无交叉耐药性，对其他抗菌药产生的耐药株仍有良好的抗菌活性。能穿透细胞外膜，抑杀病菌。毒副作用小，在治疗量内对机体组织无损害。鱼病、龟鳖病的病原菌，多属革兰氏阴性菌，而喹诺酮类药物主要作用于革兰氏阴性菌，正是适应于细菌性鱼病、龟鳖病的理想药物。残留低，排泄快，80% ~90%以原形尿排出，无蓄积作用。

该药应用于鱼病研究，始于20世纪70年代，1973年Endo等人，把噁喹酸等第一代喹诺酮类药物用于鱼病的治疗并进行了报道，从而开创了喹诺酮类鱼药的新时代，取得了较好的效果。此后，随着第二代、第三代喹诺酮类药物的开发，吡哌酸、氟哌酸等逐渐应用于鱼虾、贝、龟鳖类，均取得了更好的效果。以氟哌酸为主要成分的“鱼家乐”等商品鱼药已经形成。

喹诺酮类药物经历了第一代、第二代和目前的第三代，它们各自特点如下。

(1) **第一代喹诺酮类**（Quinolones） 1962—1969年开发，主要抗革兰氏阴性菌，临床用于泌尿系统和肠道感染。主要有萘啶酸（Nalidixic acid）、噁喹酸、吡咯酸。抗菌谱较窄，抗菌作用较弱，生物利用度低，口服吸收慢，副作用大，易产生耐药性，很快被淘汰了。

(2) **第二代喹诺酮类** 20世纪70年代开发，在抗菌谱方面有所扩大，抗菌效力有所增强，比氨苄青霉素及头孢氨苄的作用强，体内代谢、分布等方面均有所改善。适用于呼吸道感染与尿路感染、肠道感染性疾病，但长期使用，可引起肝、肾功能损害。对革兰氏阴性菌有效，主要有新恶酸、噻喹酸、吡

喹酸、吡哌酸。其中吡哌酸国内应用较多。

（3）**第三代喹诺酮类** 20世纪70年代末至80年代初研制的一系列新型氟取代的喹诺酮类衍生物。显著特点是在化学结构上，在喹啉环的6位上导入氟，而7位都连有哌嗪基的衍生物，使本来亲脂性良好的吡酮酸类药物，增强了亲水性，降低了蛋白结合率，提高了生物利用度。抗菌谱明显比第一代、第二代喹诺酮类扩大，对葡萄球菌等阳性菌也有抗菌作用，对革兰氏阴性菌抗菌作用更强。较低浓度就具有抗菌活性，且在体内分布广泛，可用于各系统、各脏器组织的细菌感染。服用次数少、毒性低与其他抗菌药无交叉耐药性，且对众多耐药菌株有良好的抗菌作用，故在畜禽、鱼类和龟鳖类疾病防治上得到广泛应用。主要有氟哌酸（诺氟沙星 Norfloxacin，NFLX）、培氟沙星、依诺沙星、氧氟沙星（氟嗪酸）、氟甲喹、氨氟沙星、妥苏沙星、多氟沙星和萨拉沙星（商品名为福乐星）。目前已在水产养殖上应用的第三代喹诺酮类药物主要有氟哌酸和环丙沙星。目前环丙沙星已被列入国家禁用渔药。出口到日本的水产品拒绝检出恩诺沙星。

氟哌酸，淡黄色结晶，味苦，微溶于水。具有抗菌谱广、作用强等特点，尤其对革兰氏阴性菌，如绿脓杆菌、大肠杆菌、痢疾杆菌、变性杆菌、假单胞菌、气单胞菌等呈高敏。1998年，郭芳彬报道，用烟酸氟哌酸以10毫克/千克体重的剂量肌肉注射，1日2次，对仔猪副伤寒人工感染发病的保护率为100%，优于氯霉素（禁用渔药）对照组的保护率70%；在饮水中添加烟酸氟哌酸83毫克/升和125毫克/升时，对鸡白痢沙门氏杆菌人工感染发病致死的保护率为100%，优于痢特灵（禁用渔药）对照组的保护率80%。1998年，王广和等对鳗鱼革兰氏阴性菌温和气单胞菌进行敏感性试验，结果：氟哌酸抑菌圈为20～24毫米，最小抑菌浓度为0.78～1.56微克/毫升，并选用氟哌酸以每千克饲料添加2～3克投喂、外用1毫克/升浓度的五倍子全池泼洒进行综合治疗，很快控制了病情的发展。抗菌效力是萘啶酸的16～64倍。另据报道，环丙沙星（禁用渔药）对革兰氏阴性菌最低抑菌浓度为0.78微克/毫升，其抗菌活性较第3代头孢菌素、氨基糖苷类抗生素如庆大霉素及同代的氟嗪酸、氟哌酸强2～4倍。

第三代喹诺酮类药物，用于龟鳖病防治，龟鳖使用喹诺酮类，浸泡浓度3毫克/升，时间10～20分钟；泼洒终浓度0.3毫克/升；氟哌酸拌食喂服，每千克体重用药30～50毫克。

第四代喹诺酮类药物，将趋于广谱、长效等特点，从1987年至今，已上市的有妥舒沙星（Tosufloxacin）、司帕沙星（Sparfloxacin）、左氟沙星（Levofloxacin）等品种。它们除了保持第三代喹诺酮抗菌谱广、抗菌活性强、组织渗透性好等优点外，抗菌谱进一步扩大到衣原体、支原体等病原体，且对革兰氏阳性菌和厌氧菌的活性作用显著强于第三代的诺氟沙星等。其中司帕沙星对结核分歧杆菌的强度是第三代喹诺酮类的3～30倍，与异烟肼和利福平相当，是新崛起的治疗结核病的有效药物，在临床上具有重要意义。

喹诺酮类药物与其他药物的协同和拮抗作用：本类药物与青霉素、麦迪霉素、卡拉霉素、黏霉素等合用，具有协同增效作用。但与甲砜霉素、利福平、碱性药物、抗胆碱药、H_2受体阻滞剂、一些呋喃类药物（如呋喃妥英）有拮抗作用，应避免合用。

本类药物长期使用后，有抗药性的倾向，最好不要长期使用，可与其他抗菌药物交叉使用。若配合二氧化氯等消毒剂全池遍洒效果更佳。鉴于兽用抗菌剂与人用药同步、大量地使用，可引起环境产生耐药菌株，不利于对新药品使用寿命的保护，并影响人的疾病防治和人体健康。我国将逐步控制“喹诺酮类”产品的人药移植兽用的进度，今后将重点支持并鼓励科研、生产单位开发研制动物专用“喹诺酮类”产品及其他动物专用兽药产品。

9. 抗病毒药物

目前在龟鳖病防治上使用的抗病毒药物较少，常用的有病毒灵、碘伏等，中药用板蓝根等组方，此外就是用高量的维生素进行防治。病毒性疾病的症状，经常是在病毒增殖高峰过去后才表现，用药效果往往不明显，防治效果多不突出。但目前还未能找到真正有效治疗病毒病的药物。为开发抗病毒药物，现介绍几种西药，以供选择使用。

（1）**吗啉胍（病毒灵）**　本药对 DNA 病毒和 RNA 病毒有明显的抑制作用。国内人类医学临床主要用于防治流感，但疗效不肯定。局部滴眼用于浅表部位真菌感染有效。日本厚生省药效审查，认为吗啉胍实验及临床有效性证据不够充分，已停止使用。片剂，100 毫克/片。龟鳖用：50 毫克/（千克体重·日）。复方吗啉胍含吗啉胍、氨基比林、维生素 C、扑尔敏。

（2）**病毒唑（三嗪核苷）**　为干扰病毒核酸合成的广谱抗病毒药，对 DNA 病毒和 RNA 病毒均有抑制作用。国内试用于流感有效，国外试用于流感、甲型肝炎。不良反应：毒性低，耐受性好，有时出现免疫抑制和致畸胎作用，亦有患者出现白血球减少。片剂，100毫克/片。龟鳖用量参考：50毫克/次，1次/日，连服5天。

（3）**碘苷（碘脲嘧啶、疱疹净）**　一种嘧啶类似物，抑制病毒合成DNA或代替胸腺嘧啶核苷酸渗入病毒核酸，形成无感染的DNA，从而干扰病毒的生长繁殖。本药只抑制DNA病毒，对RNA病毒无效。不良反应：注射给药可致骨髓抑制、胃炎、脱发，偶有黄疸及致癌。本药以外用为主，避免全身用药。

（4）**抑感灵**　为异喹啉中具有抗病毒作用的药物，国内已有合成，对流感甲型、乙型，副流感病毒，Echo病毒及鼻病毒均有抑制作用。

（5）**异丙醇肌苷**　动物实验对流感病毒感染有效，对疱疹、痘疹、脊髓灰质炎、Echo等病毒，能降低病毒产量，不能减少细胞病变。其作用原理可能是改变核糖体的功能，阻止病毒核酸合成与繁殖，亦有人认为是免疫激发剂的作用。试用于病毒性肝炎，据认为对流感、腮腺炎、麻疹感染等可减轻与缩短病程。本药耐受性好，几乎无毒性。

三、抗寄生虫药

（1）**染料类药物**　常用的有亚甲基蓝等，除可防治水霉病外，对龟鳖患钟形虫有一定效果。

（2）**重金属类**　硫酸铜、硫酸亚铁合剂。

（3）**有机磷杀虫剂**　如敌百虫。

（4）**拟除虫菊酯杀虫药** 如溴氰菊酯等。

（5）**咪唑类杀虫剂** 甲苯咪唑、丙硫咪唑等。

必须注意过量的铜可造成龟鳖体内重金属积累，而敌百虫在弱碱性条件下形成敌敌畏，其对动物和人的危害极大。在抗寄生虫药物当中，孔雀石绿具有强毒、危害人体健康，有致癌性，已被禁用，在生产中可用亚甲基蓝和硫醚沙星代替。另一类汞制剂杀虫剂如硝酸亚汞、氯化亚汞、醋酸汞、甘汞（二氧化汞）、吡啶基醋酸汞等各个种类含汞药物已被禁止使用。拟除虫菊酯中氟氯氰菊酯（又名百树得、百树菊酯）、氟氰戊菊酯也被禁用，此类药物虽未全禁，但还是少用为好。另外多种农药如地虫硫磷、六六六、毒杀酚、滴滴涕 DDT、呋喃丹（克百威）、杀虫脒、双甲脒等被禁用。养殖者应杜绝使用这些药物，可用其他杀虫剂代替使用。

四、环境改良剂

包括益生素、沸石、麦饭石、膨润土、三氧化二铁、过氧化钙、三氧化二铝、氧化镁等，主要作用是改善水质、底质以及对微生态平衡、生物指标的调控。

五、调节代谢及促生长药物

激素、酶类、维生素、矿物质、微量元素及其他化学促生长剂等。

六、生物制品和免疫激活剂

生物制品包括各类菌苗、疫苗。如光合细菌、EM 菌、草鱼灭活疫苗等，可起杀虫效果的如苏云金杆菌、阿维菌素等。

七、中草药

包括大蒜素、大黄、黄芩、黄柏、五倍子、水辣蓼、菖蒲、苦参等。将中草药原料煎汁提取有效成分泼洒养殖池或粉碎拌入饲料，可以防治鱼类细菌性和寄生虫等疾病。中草药相对其他药物安全环保，品种功能多样，应作为防治鱼病的首选。

其他如清塘药物中五氯酚钠已被明令禁止使用，在实际生产中可用鱼藤酮及市场上的其他药物如清塘净等代替。化学促长剂中喹乙醇早已被禁止使用；性激素类中甲基睾丸酮、丙酸睾酮等制剂，硝基咪唑中的甲基唑、地美硝唑等已被禁用。

第二节　配伍禁忌

1997 年，林承仪、丁玉玲对药物的相互作用机制进行研究后认为，药物相互作用可以发生在药物吸收之前或在动物体内转运及贮存期间，也可以发生在肝及其他组织的生物转化及排泄过程中。如果使用不当，不仅降低疗效，延缓治疗，甚至发生毒副反应，产生药源性疾病，危及动物生命。为了提高动物产品的品质和数量，降低饲料消耗，减少动物死亡的损失，有必要了解在对动物施加药物过程中药物的相互作用及注意预防用药不当。

一、影响药物吸收的相互作用

吸收是指药物从用药部位进入血液循环的过程。除注射给药外，口服、皮肤及其他途径给药，都须经过细胞膜转运（一般为被动转运），故吸收中的相互作用都在胃肠道发生。

含有碱性成分硼砂的中成药，如冰硼散、拨云散等，不宜与四环素类、苯巴比妥、水杨酸钠、呋喃咀啶同服，因为在碱性条件下，会减少这些药物的吸收、使疗效降低。

同样含有酸性成分中药，如山楂丸、四季青注射液等，不宜与碱性西药碳酸氢钠、氨茶碱等同用。

卡那霉素、杆菌肽、新霉素、多黏菌素 B，会阻碍动物对铁及维生素 B_{12} 的吸收。

液状石蜡，是滑润性泻药，会减少脂溶性维生素 A、维生素 D、维生素 E、维生素 K 的吸收。

乳酶生是活的乳酸杆菌，不能合用抑菌性抗生素、黄连素，因为它们对乳酸杆菌有抑制作用。胃蛋白酶，在 pH 值为 1.5 ~2.5 时活性最强，pH 值为 5 以上全部失效。胰酶，在 pH 值为 8.4 时活性最高，它不宜与胃蛋白酶同服，多与碳酸氢钠等碱性药物同用。

消化器官的 pH 值影响弱有机酸、有机碱药物的解离度及溶解度。通常在酸性条件下，易溶进小肠吸收的药物，若同时服制酸药，则由于 pH 值上升，妨碍充分溶解，使吸收率下降。例如，四环素的等电点 pH 值为 5.5，若合用碳酸氢钠后 pH 值升高，吸收率较单服盐酸四环素减少 50%，而土霉素的血药浓度较其单服盐酸土霉素减少 65.8%。呋喃咀叮系弱酸性药物，若以碱性药物如碳酸氢钠合用后，能使肠液 pH 值升高，致使其离子化程度增加，不易透过细胞膜，吸收减少，且呋喃咀叮在酸性环境中杀菌作用强，有报道，当 pH 值为 5.5 时比 pH 值为8时杀菌力强100倍。

二、分布过程中的药理相互作用

药物吸收后先进入血液循环，然后通过细胞膜屏障进入各组织，主要为被动转运过程。

1. 在血浆或组织的蛋白结合部位药物间的竞争

药物与蛋白结合的竞争与药物在血浆中的浓度、血浆蛋白本身的浓度、蛋白中结合点的数量、药物与蛋白质结合力的高低等方面的因素有关。例如水杨酸钠与血浆蛋白的结合率为80%，磺胺二甲嘧啶为30%，苯巴比妥为20%，氨基比林为15%等。因此蛋白结合力强的药物，可将蛋白结合力弱的药物置换出来，如水杨酸钠可将磺胺二甲嘧啶置换下来，而使磺胺二甲嘧啶的血浆浓度升高，使得抗炎作用提高。

2. 在受体部位的相互作用

药物之间可在同一受体结合部位发生竞争性拮抗，与受体亲和力强的药物可竞争地置换出另一药物，如阿托品类药与氯化胆碱。

三、代谢过程中的药物相互作用

药物生物转化要靠酶的促进，其中最主要的是肝脏微粒体酶，这个酶系统对药物发挥生物转化作用。

1. 酶促作用

反复服用药酶诱导剂时，可提高药酶活性，促进其自身代谢或其他药物的代谢，从而减弱自身或其他药物的吸收，此种现象称酶促作用。酶促作用，可能是某些药物耐受性产生的机制之一，也可解释为一些药物能降低另一些药物作用的原因。例如长期使用青霉素而不起作用，主要是青霉素诱导了细菌体内β－内酰胺酶的活性，使得青霉素的β－内酰胺环破裂。而青霉素的治疗作用与β－内酰胺环有很密切关系。巴比妥具有酶促作用，能加速甲砜霉素、洋地黄毒苷，维生素D的代谢，不宜合用。乙醇能诱导药酶，使得安乃近、苯巴比妥代谢加快，半衰期缩短，药效降低。

2. 酶抑作用

药酶抑制剂，可抑制药酶活性，在合并使用其他药物时，可使其他药的代谢被延缓，从而增强药物疗效，并可能产生蓄积作用。酶抑制作用可能是某些药“高敏性”或联合用药时产生协同作用的机制之一。

四、排泄过程中的药物相互作用

药物以原形或代谢物可以通过肾脏、肝－胆系统、呼吸系统、皮肤汗腺分泌等多种途径排出体外，其中以肾排泄为最重要。当药物或其活性的代谢产物从尿中排泄的快慢有所变化时，则会影响药物在体内的存留时间，即影响药效的长短。药物排泄与尿液pH值关系甚大，大多数弱酸性或弱碱性药物，均以离子化或非离子化两种状态存在于肾小管滤液中，脂溶性非离子化药物可通过肾小管壁返回血液，脂溶性离子化药物则不易通过，弱酸性药物如苯巴比妥、磺胺药、阿斯匹林可用氯化铵、维生素C等酸化尿液药，以降低pH值而提高疗效，也可借助碳酸氢钠提高尿液pH值，加速这些药物的排泄，以治疗因药物浓度过高而导致中毒。实验证明，尿液 pH 值由 8.0 降至 5.6 时，链霉素的抗菌作用可降低到 1/30～1/80。因此用链霉素治疗尿道感染时，加服碳酸氢钠，使尿液 pH 值维持在 7.5 左右，疗效较好。庆大霉素与碳酸氢钠同服，可使剂量减少到 1/5 就显效果。

五、受体部位的药物相互作用

任何药物其发挥药理效应，是由于药物小分子与机体的生物高分子中一部分受体相互作用的结果。这种作用在本质上都是化学的，通过化学键、范德华力、氢键和离子键的方式而结合的，药物的受体可能是蛋白质、脂蛋白、核酸或一些酶系统，合并用药往往可以增强或减弱药物对受体的作用。

1. 增强对受体的作用

合用的药物作用同一受体，使药效增强。例如链霉素、卡那霉素、庆大霉素与新霉素等，均作用于同一受体，其中任何两种药物合用会起选加作用，疗效增强。

2. 减轻对受体的作用

合用的药物作用于同一受体，使药效减弱。例如阿托品与氯化胆碱合用，由于阿托品与胆碱受体结合，使得氯化胆碱吸收减少。

六、抗生素间的药物相互作用

抗生素，对细菌作用的方式有两类：一类是杀菌性抗生素（如青霉素、链霉素类、多黏菌素等）；另一类是抑菌性抗生素

（如四环素族、甲砜霉素、氟苯尼考、磺胺类）。同类抗生素联用时，一般表现为协同作用，而两类抗生素合用时，呈拮抗作用。例如青、链霉素合用时，后者可增强对肠球菌的抗菌作用。青毒素与四环素或甲砜霉素合用时，表现为拮抗。青霉素仅对繁殖期细菌有效，对静止期细菌无效，而四环素、甲砜霉素使正在活跃生长的菌落成为静止状态，而使青霉素疗效减低。四环素与罗红霉素合用，影响细菌蛋白质合成的不同环节，故作用增强，但肝毒性亦增强，治疗中应相应减少剂量。抗生素对细菌的作用方式，也可分四类（表 12－2），对它们之间的相互作用，以及配伍禁忌进一步分析，便于指导养龟鳖生产实践。

表 12－2　抗生素相互作用关系

类型	名称	代表	作用机理	配伍禁忌			
				Ⅰ	Ⅱ	Ⅲ	Ⅳ
Ⅰ	繁殖期杀菌剂	青霉素类、头孢菌素类	能使敏感菌细胞壁的主要成分黏肽的合成，造成细胞壁缺损，失去渗透屏障作用而死亡		增强	拮*抗	无关
Ⅱ	静止期杀菌剂	链霉素、庆大霉素、新霉素、卡那霉素、丁胺卡那霉素	链霉素等对静止期细菌有较强的杀菌作用；多黏菌素类、喹诺酮类对静止期和繁殖期细菌均有杀菌作用；此类抗生素主要影响细菌蛋白质合成	增强		增#强	增强

续表

类型	名称	代表	作用机理	配伍禁忌			
				Ⅰ	Ⅱ	Ⅲ	Ⅳ
Ⅲ	速效抑菌剂	甲砜霉素、氟苯尼考、林可霉素、四环素	快速抑制细菌蛋白质的合成，从而抑制细菌的生长繁殖	拮抗*	增强#		相加
Ⅳ	慢效抑菌剂	甲氧卞氨嘧啶、二甲氧卞氨嘧啶	抑制叶酸转化，间接抑制蛋白质合成而起抑菌作用，效果较慢	无关	增强	相加	

*例外：特殊情况下可以合用，但须注意用药顺序，先用青霉素，2～3小时后用甲砜霉素，避免拮抗作用发生；

#注意：不是所有的Ⅱ类和Ⅲ类都能合用，如氨基苷类和甲砜霉素合用时，因氨基苷类主要使细菌的核蛋白聚合体分解，而甲砜霉素不但能稳定此聚合体，而且阻碍氨基苷类进入细菌体内发挥作用，从而拮抗氨基苷类的杀菌功能。同样的道理，甲砜霉素拮抗喹诺酮类。

第三节　使用准则

龟鳖健康养殖中药物的使用，是参照国家制定的《无公害食品　渔用药物使用准则》（执行中华人民共和国农业行业标准 NY 5071—2002）。

①渔用药物使用以不危害人类健康、不破坏水域生态环境为基本原则。

②水生动植物增养殖过程中对病虫害的防治，坚持“以防为主，防治结合”。

③ 渔药的使用应严格遵循国家和有关部门的有关规定，

严禁生产、销售和使用未经取得生产许可证、批准文号与没有生产执行标准的渔药。

④积极鼓励研制、生产和使用“三效”（高效、速效、长效)、“三小”（毒性小、副作用小、用量小）的渔药，提倡使用水产专用渔药、生物源渔药和渔用生物制品。

⑤病害发生时应对症用药，防止滥用渔药与盲目增大用药量或增加用药次数、延长用药时间。

⑥食用鱼上市前，应有相应的休药期。休药期的长短，应确保上市水产品的药物残留限量符合 NY 5070—2002 要求。

⑦水产饲料中药物的添加应符合 NY 5072—2002 要求，不得选用国家规定禁止使用的药物或添加剂，也不得在饲料中长期添加抗菌药物。

第四节 禁用药物

龟鳖健康养殖中防病治病需要使用一些渔药，有些药物已被国家明令禁止，具体可参照表 12－3 执行。

表 12－3 无公害水产品禁用渔药清单

序号	药物名称	英文名	别 名
1	氯霉素包括（其盐、酯及制剂）	Chloramphenicol	
2	己烯雌酚包括（其盐、酯及制剂）	Diethylstilbestrol	乙烯雌酚
3	甲基睾丸酮及类似雄性激素	Methyltestosterone	甲睾酮

续表

序号	药物名称	英文名	别名
4	呋喃唑酮及制剂	Furazolidone	痢特灵
	呋喃它酮 Furaltadone，呋喃苯烯酸钠 Nifurstyrenate sodium 及制剂亦禁用		
5	孔雀石绿	Malachite green	碱性绿、孔雀绿
6	五氯酚钠	Pentachlorophenol sodium	PCP - Na
7	毒杀芬	Camphechlor（ISO）	氯化莰烯
8	林丹	Lindane、Agammaxare	丙体六六六
9	锥虫胂胺	Tryparsamide	
10	杀虫脒	Chlordimeform	克死螨
11	双甲脒	Amitraz	二甲苯胺脒
12	呋喃丹	Carbofuran	克百威
13	酒石酸锑钾	Antimony potassium tartrate	
14	氯化亚汞	Calomel	甘汞
15	硝酸亚汞	Mercurous nitrate	
16	醋酸汞	Mercuric acetate	乙酸汞
*17	喹乙醇	Olaquindox	喹酰胺醇
*18	环丙沙星	Ciprofloxacin（CIPRO）	环丙氟哌酸
*19	红霉素	Erythromycin	
*20	阿伏帕星	Avoparcin	阿伏霉素
*21	泰乐菌素	Tylosin	
*22	杆菌肽锌	Zinc bacitracin premin	枯草菌肽
*23	速达肥	Fenbendazole	苯硫哒唑氨甲基甲酯
*24	呋喃西林	Furacilinum	呋喃新
*25	呋喃那斯	Furanace	P - 7138（实验名）
*26	磺胺噻唑	Sulfathiazolum ST	消治龙
*27	磺胺脒	Sulfaguanidine	磺胺胍

续表

序号	药物名称	英文名	别名
*28	地虫硫磷	Fonofos	大风雷
*29	六六六	BHC（HCH）或 Benzem	
*30	滴滴涕	DDT	
*31	氟氯氰菊酯	Cyfluthrin	百树菊酯、百树得
*32	氟氰戊菊酯	Flucythrinate	保好江乌

注：不带*者系《食品动物禁用的兽药及其他化合物清单》（农业部第193号公告）涉及的渔药部分；带*者虽未列入193号公告，但列入了《无公害食品　渔用药物使用准则》的禁用范围，无公害水产养殖单位必须遵守。

第五节　知识点：禁用药物不能使用的说明

从保护人类健康出发，抗生素在龟鳖养殖中一般建议不使用。如果要使用，尽量选择国家未禁止的低端抗生素，避免使用高端抗生素。食用龟鳖重症可使用残留小的低端抗生素；观赏龟类可适当使用抗生素，重症观赏龟类才可使用高端抗生素。究其原因，是因为抗生素有三个主要问题：一是使细菌产生抗药性；二是抗生素残留于组织中；三是增加环境压力。

禁用渔药四原则：严禁使用高毒、高残留或具有三致毒性（致癌、致畸、致突变）的渔药，严禁使用对水域环境有严重破坏而又难以修复的渔药，严禁直接向养殖水域泼洒抗菌素，严禁将新近开发的人用新药作为渔药的主要或次要成分。以下是我国部分禁用渔药及其危害。

（1）**氯霉素**　该药对人类的毒性较大，抑制骨髓造血功能造成过敏反应，引起再生障碍性贫血（包括白细胞减少、红细胞减少、血小板减少等）。此外该药还可引起肠道菌群失调及抑制抗体的形成。该药在国外较多国家也已禁用。

（2）**呋喃唑酮** 呋喃唑酮残留会对人类造成潜在危害，可引起溶血性贫血、多发性神经炎、眼部损害和急性肝坏死等疾病。目前已被欧盟等国家禁用。

（3）**甘汞、硝酸亚汞、醋酸汞和吡啶基醋酸汞** 汞对人体有较大的毒性，极易产生富集性中毒，出现肾损害。国外已经在水产养殖上禁用这类药物。

（4）**锥虫胂胺** 由于砷有剧毒，其制剂不仅可在生物体内形成富集，而且还可对水域环境造成污染，因此它具有较强的毒性，国外已被禁用。

（5）**五氯酚钠** 它易溶于水，经日光照射易分解。它造成中枢神经系统、肝、肾等器官的损害，对鱼类等水生动物毒性极大。该药对人类也有一定的毒性，对人的皮肤、鼻、眼等黏膜刺激性强，使用不当，可引起中毒。

（6）**孔雀石绿** 孔雀石绿有较大的副作用。它能溶解足够的锌，引起水生动物急性锌中毒，更严重的是孔雀石绿是一种致癌、致畸药物，可对人类造成潜在的危害。

（7）**杀虫脒和双甲脒** 农业部、卫生部在发布的农药安全使用规定中把杀虫脒列为高毒药物，1989 年已宣布杀虫脒作为淘汰药物；双甲脒，不仅毒性高，其中间代谢产物对人体也有致癌作用；还可通过食物链的传递，对人体造成潜在的致癌危险。该类药物，国外也被禁用。

（8）**林丹、毒杀芬** 均为有机氯杀虫剂。其最大的特点是自然降解慢，残留期长，有生物富集作用，有致癌性，对人体功能性器官有损害等。该类药物国外已经禁用。

(9) **甲基睾丸酮、己烯雌粉** 属于激素类药物。在水产动物体内的代谢较慢，极小的残留都可对人类造成危害。

甲基睾丸酮，对妇女可能会引起类似早孕的反应及乳房胀、不规则出血等；如大剂量应用，影响肝脏功能；孕妇有女胎男性化和畸胎发生，容易引起新生儿溶血及黄疸。

己烯雌粉，可引起恶心、呕吐、食欲不振、头痛反应，损害肝脏和肾脏；可引起子宫内膜过度增生，导致孕妇胎儿畸形。

(10) **酒石酸锑钾** 该药是一种毒性很大的药物，尤其是对心脏毒性大，能导致室性心动过速，早搏，甚至发生急性心源性脑缺血综合征；该药还可使肝转氨酶升高，肝肿大，出现黄疸，并发展成中毒性肝炎。该药在国外已被禁用。

(11) **喹乙醇** 主要作为一种化学促生长剂在水产动物饲料中添加，它的抗菌作用是次要的。由于此药的长期添加，已发现对水产养殖动物的肝、肾能造成很大的破坏，引起水产养殖动物肝脏肿大、腹水，造成水产动物的死亡。如果长期使用该类药，则会造成耐药性，导致肠球菌广为流行，严重危害人类健康。欧盟等国已禁用。

附　录

附录 1

龟鳖行业部分相关单位名录

附表 1－1　我国龟鳖行业部分相关企业名录

名称	主营	地址	负责人	联系电话	网址
全国健康养鳖协作网	鳖产业发展研究	湖北省武汉市武昌东湖南路 7 号中科院水生所	汪建国	13807188765	http://www.ihb.ac.cn/

续表

名称	主营	地址	负责人	联系电话	网址
中国龟鳖网	门户网站	江苏省苏州市三香路168号	章剑	13951112930	http://www.cnturtle.com QQ:516712903
中华龟鳖产业联盟	龟鳖产业研究	湖北省武汉市湖北省水产研究所	吴遵霖	027－87822074	http://www.ctinu.com.cn
杭州龟鳖研究所	龟鳖养殖技术	浙江省萧山区商城西村3－2－122	赵春光	0571－82060582	
杭州养鳖协会	协调交流培训服务	浙江省杭州市中山中路268号	李建田	0571－87806176	http://www.hz－agri.gov.cn
广东中华鳖养殖协会	产业协调	广东省广州市南村路10号	刘锡梧	020－84234149	http://www.gdftec.com/article.asp? ArticleId＝416
广西钦州龟鳖产业协会	龟鳖产业协调	广西钦州文峰南路110号	陈兴乾	0777－2826008	http://www.tygb888.net/
江苏华鑫集团	龟鳖养殖、饲料加工	江苏省吴江市八都镇夏家斗	张剑明	0512－63870129	http://www.cnapt.com/corp－detail.asp? u＝hxjtgs

续表

名称	主营	地址	负责人	联系电话	网址
广东绿卡实业有限公司	中华鳖、乌龟及饲料	广东省东莞市虎门镇莞太公路白沙路段250号	曾旭权	0769－85516193	http://www.luka.com.cn/
江西金龟王实业有限责任公司	乌龟等龟类养殖	江西省弋阳县龟峰杨桥	费成益	0793－5845228	www.jinguiwang.com
湖北盛昌养龟基地	龟类养殖	湖北省荆门市京山县钱场镇吴岭村	盛常斌	0724－7331986	http://www.qianxilong.net/index1.htm
杭州萧山天福生物科技有限公司	日本鳖、深加工	浙江省萧山区通惠北路35号	张建人	0571－82831902	http://www.jinglei.net.cn/
山西省武乡县龟类动物养殖场	乌龟、黄喉、黄河鳖	山西省长治市武乡县丰州镇桥西太行纪念馆西150米	王晋峰	0355－6438443	
河南省周口市豫东特种场	鳄龟	河南省周口市七一路西段行政服务中心卫生局窗口	贾震	13949959905	

续表

名称	主营	地址	负责人	联系电话	网址
宜兴漕东龟鳖养殖场	日本鳖、鳄龟、角鳖	江苏省宜兴市万石镇漕东村	周叔超	13906123073	
湖北省天门市新奇特龟鳖养殖基地	黄缘盒龟亲龟、苗种	湖北省荆州市天门市区	孙 斌	0728 －5250718 13986951051	QQ:825985916
江苏省常熟市绿毛龟养殖基地研究所	绿毛龟	江苏省常熟市河东街 299 号	李忠国	0512 －52784631	http://www.qiease.com/shop/index_1596352.html
国家级绍兴市中华鳖原种场	中华鳖	浙江省绍兴市皋埠镇仁渎畈	谢中富	0575 －8774808	http://www.gaobu.gov.cn/blue/2/index5.htm
国家级湖南中华鳖原种场	中华鳖	湖南省长沙市开福区双河路		0731 －6673797	
福州海马饲料有限公司	高档龟鳖饲料	福建省福州市马尾经济技术开发区渔港路 1 号	翁建顺	0591 －83988573	http://www.seahorsefeed.cn
福建天马饲料有限公司	高档龟鳖饲料	福建省福清市上迳镇排边工业区	陈庆堂	0591 －85627188，85621933	http://www.jolma.cn

续表

名称	主营	地址	负责人	联系电话	网址
宁波天邦股份有限公司	高档龟鳖饲料	浙江省余姚市北滨江路777号	张邦辉	0574－62817777	http://www.tianbang.com
杭州高成生物营养技术有限公司	饲料添加剂	浙江省杭州市文三路252号	黄 伟	0571－88854325	http://www.gaochengsw.com
武汉华扬动物药业有限责任公司	应激宁	湖北省武汉市东湖高新区关南东二园黄龙山路	何汝斌	027－87949666	http://www.huayangdb.com
山东天神饲料有限公司	中华鳖饲料	山东省济南市槐荫区段店镇位里庄3号	轩子群	0531－87515431	http://www.tianshenfeecl.com

参考文献

川崎义一. 1986. 甲鱼——习性和新的养殖法. 蔡兆贵，单长生，译. 长沙：湖南科学技术出版社.

王鸿泰，姚爱琴，黄凤翥，等. 1998. 中华鳖肺出血病的初步研究. 湖北农学院学报，18（4）：330－333.

中国科学院水生生物研究所鱼病学研究室. 1997. 鳖的防病养殖. 北京：中国科学技术出版社.

卞伟，王冬武. 1999. 淡水龟类的养殖. 北京：农村读物出版社.

叶泰荣，李家乐，李应森，等. 2007. 鳄龟（Chelydra serpentina）的营养成分分析. 现代渔业信息，22（6）：6－9.

朱新平，陈永乐，刘毅辉，等. 2005. 黄喉拟水龟含肉率及肌肉营养成分分析. 湛江海洋大学学报，25（3）：4－7.

朱新平，陈永乐，张菁，等. 2004. 黄喉拟水龟细胞核 DNA 含量的分析. 动物学研究，25（2）：177－180.

朱新平，陈永乐，刘毅辉，等. 2001. 黄喉拟水龟、三线闭壳龟、鳄龟的生长比较研究. 水产学报，25（6）：507－511.

伍惠生，江洁明. 1990. 绿毛龟. 北京：中国农业出版社.

伍惠生. 1998. 鳖类疾病及其防治对策（一）. 渔业致富指南，（6）：

28－29.

邬国民，徐寿山，邹记兴，等．2006. 制定蛇鳄龟种龟最适营养需要量以提高蛇鳄龟的繁殖力．科学养鱼，(12)：67－68.

刘建雄，汪建国，陈鸿英．1997. 鳖的疾病防治与养殖动态．鱼类病害研究，19（1－2)：4－13.

阳建春，周永富．1997. 金钱龟乌龟人工养殖技术．广州：广东科技出版社．

杨广，杨先乐，陈昌福．1998. 中华鳖红底板病病原的研究．湖北农学院学报，18（2)：130－133.

杨先乐，柯福恩，叶重光．1995. 鳖病及其防治．北京：中国农业科学技术出版社．

李贵生，唐大由．2000. 三线闭壳龟肌肉氨基酸分析．四川动物，19(3)：165－166.

何建国，翁少萍，叶巧珍．1997. 中华鳖两种病毒及组织病理简报．鱼类病害研究，19（1－2)：96.

汪开毓．1998. 喹诺酮类新型抗菌鱼药的开发应用．鱼类病害研究，20（1－2)：33－36.

张奇亚，李正秋，桂建芳，等．1997. 中华鳖病毒病及其免疫防治的研究．鱼类病害研究，19（1－2)：95.

陈在贤，郑坚川，江育林．1997. 从“红脖子病”的甲鱼体内分离到的一株病毒及其部分特性的初步研究．鱼类病害研究，19（3－4)：59.

陈怀青，陆承平．1997. 中华鳖运动性气单胞菌败血症的诊断及防治对策．鱼类病害研究，19（1－2)：97.

陈晓凤，周常义，杨维能．1997. 稚鳖“白点病”病原的研究．鱼类病害研究，19（1－2)：47－49.

陈敏瑶，梁健宏，刘汉生，等 . 2004. 三种介质对黄喉拟水龟孵化率的影响 . 淡水渔业，34（2）：25－26.

林承仪，丁玉玲 . 1997. 药物相互作用机制与注意用药不当 . 兽药与饲料添加剂，2（3）：22－24.

罗相忠 . 1995. 一种新型适用的鱼巢——塑料网片 . 科学养鱼，（8）：18.

罗继伦，黄畛 . 1999. 乌龟养殖新技术 . 北京：中国农业出版社 .

周工健 . 1998. 光照强度与三线闭壳龟活动的关系 . 湖南师范大学自然科学学报，21（1）：93－96.

周维官，覃国森 . 2008. 不同饵料养殖黄喉拟水龟效果的研究 . 四川动物，27（2）：283－286.

俞开康 . 1998. 水产养殖动物健康管理技术 . 科学养鱼，（3）：31－32.

祝培福，郑向旭，姚建华 . 1998. 人工光照对温室亲甲鱼产卵影响的研究 . 淡水渔业，28（3）：34－35.

钱谷兰，等 . 龟养殖 . 1994. 北京：科学技术文献出版社 .

郭廷平 . 1994. 引“美国甲鱼”试养初报 . 福建水产，（1）：29－32.

郭超文，聂刘旺，汪鸣 . 1995. 中国四种龟的细胞遗传研究 . 遗传学报，22（1）：40－45.

黄斌，陈玉栋，杨艳磊 . 2008. 大别山区黄缘闭壳龟的形态生物学种群特征分析 . 信阳师范学院学报（自然科学版），21（3）：404－408.

黄耀泰 . 1998. 消毒与消毒剂 . 兽药与饲料添加剂，3（5）：22－24.

章剑 . 1999. 人工控温快速养鳖 . 北京：中国农业出版社 .

章剑 . 1999. 鳖病防治专家谈 . 北京：科学技术文献出版社 .

章剑 . 2000. 温室养龟新技术 . 北京：科学技术文献出版社 .

章剑 . 2001. 龟饲料与龟病防治专家谈 . 北京：科学技术文献出版社 .

章剑.2008. 龟鳖病害防治黄金手册. 北京：海洋出版社.
葛继志，张颖，葛盛芳.1998. 鳖出血性败血症病原菌研究初报. 淡水渔业，28（3）：11－12.
温桂傲.1996. 龟鳖快速养殖技术. 广州：广东科技出版社.
蔡完其，孙佩芳，刘至治.1997. 中华鳖爱德华氏菌病病原、病理及药物筛选的研究. 鱼类病害研究，19（1－2）：99.
潘建. 1998. 亲鳖越冬期各种死亡症分析及预防探讨. 中国水产，（10）：25－26.
薛明. 1997. 碘伏——高效多功能杀菌剂. 兽药与饲料添加剂，2（1）：13－14.
鞠长增.1997. 鳖的养殖与疾病防治. 郑州：河南科学技术出版社.
魏丽娟，苑七星. 1998. 光合细菌在水产养殖业中的应用. 中国水产，（11）：25.